江苏省哲学社会科学基金项目“当代水伦理生态哲学基础研究”(09ZXA001)课题成果

教育部高校示范马克思主义学院和优秀教学科研团队建设项目(17JDSZK115)资助

水伦理的生态哲学基础研究

曹顺仙◎著

人民出版社

序

这是曹顺仙教授的一部具有鲜明时代特点的关于水伦理的学术专著。水是大自然中最有灵性的一部分。作为生命之源，人水关系是人类文明得以持续健康发展的重要前提条件，因而成为古今中外的智者们不断思考的重要主题之一。

在中西方传统伦理文化中，自然之水常常与道、德相连，水性被看成是高尚的品德。“上善若水。水善利万物而不争。处众人之所恶，故几于道。”中国老子哲学正是对水性的感悟并旁及社会、人生之后形成的生存智慧的结晶。美国自然主义的代表梭罗在他的名著《瓦尔登湖》中，视湖水为地球的眼睛，人类心灵的眼睛，人们通过湖水可以衡量出自己灵魂的深度。他笔下那一湾美丽的瓦尔登湖，激起人们对湖水的无限向往。

从水之德到水之伦理的历史性进化，源于现代西方环境伦理思想的生成。美国环境伦理思想的先驱利奥波德把土壤、水、植物和动物看成是一个共同体。他指出大地是可爱的且应受到尊重，那些能够促进共同体利益增长的行为是合乎伦理的，反之是不合乎伦理的，利奥波德完成了伦理从人与人之间到人与自然之间的拓展。尽管利奥波德不是单独讲述水伦理，但是，他无疑把水作为与人共处的大地共同体的一员纳入了伦理范围之内，为日后水伦理的兴起奠定了基础。

水伦理真正开始得到学界关注并走向实践，是和环境伦理学的发展紧密联系在一起。经过近几十年来对人与自然关系问题的伦理思考，人们已经认识到，水对于人类不仅仅是改造和利用的对象，还应是协调和保护的对象。特别是当水资源因现代化进程而遇到短缺或遭受污染从而威胁到人类乃至所有生命的生存时，如何合乎道德地对待水资源便成为当代最为紧迫的时代任务之一。

在现实生活中，由于水问题的加剧，也确实向环境伦理提出了许多需要回答的问题：我们在发展经济时，人们要不要对水讲道德？对水的利用怎样做才是合乎道德的？水环境正义如何实现？时代和实践的需要，客观上要求环境伦理学给出可接受、可应用的伦理良策。

曹顺仙教授是国内较早从事水伦理研究的学者之一，在多年深入研究之后，厚积薄发，在这部著作中，从思维方式、自然观、价值观、道德观和实践依据等哲学基础的层面，揭示水伦理产生和发展的历史合理性及其与时代精神的内在逻辑自洽，对水伦理中的一系列问题给出了新的诠释和论述，为环境伦理学增添了新内容和新的活力，为解决困扰当今社会的水生态问题提供了新观念和新方法，推动着以尊重自然、顺应自然、保护自然为标志的我国生态文明的建立。尽管至今还不敢说水伦理学作为一门独立而完整的应用伦理学科已经建立，但无论如何，水伦理作为一个独特的研究领域已经确立，它必将在环境伦理学发展和实际应用中越来越显示出其重要地位，本书的出版也正印证了这一点。

王国聘

2017 年 9 月 20 日

目　录

前　言

水伦理生态哲学基础以当代人与水相交往时追求人水和谐所倡导的生态世界观为研究重点，探讨支撑人水和谐的水伦理的生态世界观所内含的思维方式、自然观、价值观、道德观和实践论，揭示水伦理产生和发展的历史合理性及其与时代精神的内在逻辑自洽，旨在为建设水生态文明和建设海洋强国提供伦理支撑。水伦理生态哲学基础研究，需要处理好以下几个方面的问题。

首先，坚持问题导向，因为哲学形而上的独特性并不否认哲学的时代性，而且哲学的生命力和价值恰恰植根并体现于对现实经济、政治、文化、社会和环境的作用中。“哲学和那个时代的普遍的学术繁荣一样，也是经济高涨的结果。经济发展对这些领域也是具有最终的至上权力，这在我看来是确定无疑的……”① 简单地说，没有形而下就没有形而上，没有形而上也就没有形而下的上升和发展空间。形而下与形而上的事物分别具有至上性和独特性，它们彼此给力、开放、互作和转化，进而实现各自的良性发展。

因此，水伦理生态哲学基础的形成得益于哲学、伦理学对经济、社会、文化等领域重大现实问题的积极响应，也是现实发展把哲学和伦理学

① 《马克思恩格斯选集》第4卷，中央编译局译，北京：人民出版社，1995年，第704页。

推进到新的发展阶段的产物。继20世纪70年代初“美元危机”和“石油危机”发生后，联合国在20世纪70年代（1977年）向全世界发出的第一个严重生态危机警告便是水危机。从1977年至2017年时隔40年后，一方面，联合国关于获得安全饮用水和基本卫生设施的“千年发展目标”得以部分实现。目前，全球147个国家基本实现了联合国所制定的安全饮用水的目标，95个国家基本实现了拥有基本卫生设施的目标。但是，只有77个国家同时实现了拥有安全饮用水和基本卫生设施的目标。另外，人口增长、城市化以及人们生产生活用水的惯性等将使全球水危机警钟长鸣。据联合国人口与发展委员会预测，到2050年世界人口将增加到97亿，城市人口也将增加31亿，水资源匮乏和卫生设施不足的形势将更加突出。联合国儿童基金会的数据显示，目前全球36个国家面临严重水荒，到2040年将有6亿儿童生活在水极度匮乏的地区。[①]对此，各国政府、学界同人和社会人士都在努力探求可持续的水危机解决之道。2016年大自然保护协会全球淡水战略项目主任、美国的布雷恩·里克特结合25年的工作经验和心得撰写出版了《水危机——从短缺到可持续之路》一书，以可持续发展观为指导，陈述了缺水导致的一个个让人心悸的冲突、战争、恐怖、罢工、游行示威等事件。[②]2017年国家地理频道也推出了世界地球日特别节目《赤地水危机》，以生动的方式、冷酷的事实，深刻揭示了人们在面对地球上只有3%且仅有少于1%的淡水适合人类使用的危局时所采取争夺水源、偷排污水、权水交易等恶性行为的泛滥。

20世纪以来的发展反复验证了一个事实，那就是：没有形而上的觉

① 参见《“世界水日峰会”敲响水危机警钟》，http//news.163.com/17/0323/14/CG7JIA9H00014AEE.html。

② 参见［美］布雷恩·里克特：《水危机——从短缺到可持续之路》，陈晓宏、唐国平译，上海：上海科学技术出版社，2016年。

醒和引领，形而下攻坚克难的成功难以实现。从 1988 年《中华人民共和国水法》颁布施行以来，中国在治水兴水、水资源利用与保护、水污染治理、水生态修复特别是水生态文明建设等方面取得了诸多令人欣慰的进步。（1）在理念方面，“两型”社会建设、生态文明建设的推动等使“绿水青山就是金山银山”的理念深入人心，“节水优先、空间均衡、系统治理、两手发力”等新主张、新思路正在成为大力推进水生态文明建设和人水和谐的指导思想，“以人为本、科学防控”等治水兴水方针已经确立，确有需要、生态安全、可以持续的重点水利工程建设原则得以实施。这些思想、理念、原则和方针为人水关系由对立、对抗转向和平、和谐发挥了重要的思想引领作用。（2）针对缺水、断流、水污染、水生态破坏等水问题，依法治水取得重大进展。中国政府先后出台了的《中华人民共和国防洪法》、《中华人民共和国水土保持法》、《中华人民共和国水污染防治法》、《取水许可和水资源费征收管理条例》、《河道管理条例》等法律、法规，各地也先后颁布了大量的地方性法规，在中国历史上首次建立起符合中国国情、具有中国特色的比较科学、配套的现代水法体系。（3）南水北调等重大水利工程建设顺利推进，这在一定程度上改变了我国水资源分布南多北少的局面；《全国主体功能区规划》特别是 2015 年《全国海洋主体功能区规划》、《水污染防治行动计划》（简称“水十条”）的颁行，以及流域水生态功能区管理的尝试，等等，使水生态系统管理、治理、修复和保护转向了整体化、过程化和综合化。水环境、水污染、水生态、水安全、水体生命健康等问题在总体上得到了不同程度的解决。例如，在水资源利用和保护方面，从 2008 年到 2016 年人工生态环境补水在全国总用水量的占比中有所增加，2008 年和 2016 年分别为 1.8% 和 2.4%；全国人均用水量从 2008 年的 440 立方米 / 年下降到了 438 立方米 / 年，万元 GDP 用水量从 2008 年的 225 立方米（2005 年可比价）下降到 2016 年的 81 立方米（当年价）；万元工业增加值用水量从 2008 年 127 立方米（2005 年可比价）下降到2016年的52.8立方米（当年价）。[①] 这样的水资源利用和保护成绩对于一个正在发展中的大国、一个拥有13亿多人口的人均贫水国家而言是值得称道和颂扬的。（4）治水兴水作为国家战略和规划的重要组成部分，其顶层设计和研究得到了党和政府的持续重视和支持，基层创新和尝试也在全面深化改革中得到鼓励。在国家的资助下，中国科学院可持续发展战略研究组的研究成果：《2007中国可持续发展战略报告——水：治理与创新》《2015中国可持续发展报告：重塑生态环境治理体系》等先后出版；治水兴水的信息化、数字化、协同化、制度化等改革创新在全国水利系统得到广泛开展；"世界水日"、"中国水周"、水生态文化教育、水生态文明研讨等活动得到各地政府、企业、社团的普遍重视，人们节水、治水、护水、亲水、爱水的意识也有了不同程度的提高。

当然，我们不得不冷静地看到，排斥或质疑哲学、伦理学介入的人员大有人在，急功近利的水利活动也不少见，治水节水的"看客"心理仍然在很大程度上主宰着人们的行为。时至今日，我们所遭遇的"五大"新旧水问题"旱、涝、缺、污、断"等虽然从总体上说有所缓解，但在根本上一个都没消除。如治理了数千年的洪涝旱灾。据水利部公布的资料，2016年，全国洪涝范围广、局部损失重。全国31省（自治区、直辖市）均发生不同程度洪涝灾害，全国27省（自治区、直辖市）发生干旱灾害。不过，值得庆幸的是，因旱直接经济损失占当年GDP的百分比为2000年以来最低。[②] 为了缓解缺水、断水、水污染和水生态破坏等问题，2011年"中央一号文件"提出并实行了最严格的水资源管理制度，划定了用水总量控

---

① 参见中华人民共和国水利部编：《2016年中国水资源公报》，http：//www.mwr.gov.cn/sj/tjgb/szygb/201707/t20170711_955305.html。

② 参见国家防汛抗旱总指挥部、中华人民共和国水利部编：《中国水旱灾害公报（2016）》，北京：中国地图出版社，2017年。

制、用水效率控制和水功能区限制纳污"三条红线"，2015年4月又出台了中央政治局常委会审议通过的《水污染防治行动计划》即"水十条"。可时至今日，环境保护部通报的2017年上半年《水污染防治行动计划》的进展情况表明，总体取得积极进展，但部分地区、部分行业进展滞后，完成年度重点任务形势严峻。①2017年8月，中央第七环境保护督察组进驻青海，却发现"中国面积最大的自然保护区，也是世界高海拔地区生物多样性最集中、生态最敏感的地区"——三江源，由于利益、地处"三不管"、采矿权批复与国务院1994年发布的《中华人民共和国自然保护区条例》第二十六条规定"禁止在自然保护区内进行开矿、采石、挖沙等活动"的时间矛盾等，导致已被叫停的矿点不仅没有修复，而且仍在污染并时有新的盗采行为发生。②由此，我们可以认识到，发展中的问题要在发展中解决，必须从引发问题的主体、主体与主体的关系入手，从转变观念、重新认识主体和主体性开始。对象化的传统思维难以摆脱非此即彼的选择及后果，更何况问题的难点又在于人与水的关系如同人与自然的关系一样，自然是人无机的身体，水则是人的命脉所在，人水对抗只有死路一条。再者，史上任何最严格的制度都是人定和人行的。如果没有道德自律，那么最严格的制度总是有漏洞可钻的，制度的效用关键取决于明知有漏洞而不钻的公民人格。

其次，科学、哲学的时代转向使水伦理的生态哲学基础研究成为必要和可能。从19世纪60年代生态学作为一个概念被海克尔提出后，其作为一门颠覆性科学不仅自身经历了从个体生态学、种群生态学、群落生态学

① 参见《环保部通报2017年上半年〈水污染防治行动计划〉进展情况：总体取得积极进展，部分地区、行业进展滞后，完成年度重点任务形势严峻》，http：//www.sohu.com/a/167949139_99899283。

② 参见《三江源"伤口"未愈盗采矿点待修复》，《新京报》，http：//epaper.bjnews.com.cn/html/2017—08/30/content_693882.htm?div=-1 2017-08-30（A11）。

到生态系统生态学和地球生物圈生态学的发展，而且对传统自然科学和社会科学、哲学人文科学都发生了颠覆性的影响，进而形成了众多以“生态”命名的新兴交叉科学。在自然科学领域，有微生物生态学、植物生态学、动物生态学、森林生态学、草原生态学、荒漠生态学、土壤生态学、海洋生态学、湖沼生态学、流域生态学、植物根际生态学、肠道生态学、数学生态学、化学生态学、物理生态学、地理生态学、生理生态学、行为生态学、遗传生态学、进化生态学、古生态学、农业生态学、医学生态学、工业资源生态学、环境保护生态学、环境生态学、生态保育、生态信息学、城市生态学、生态系统服务、景观生态学等；在社会科学领域，有经济生态学、生态经济学、森林生态会计、生态政治学、政治生态学、生态社会学、社会生态学等；在哲学人文科学领域，有人类生态学、环境哲学、生态哲学、环境伦理学、生态伦理学、生态神学、生态美学等。随着学科的交叉融合，人们对世界的认知、价值判断、思维方式和行为选择都在发生着潜移默化的变化，生态思维、生态世界观、生态价值观、生态自然观、生态人生观、生态文明观也在生成之中，绿色发展、生态信仰的提出反映着生态哲学和生态伦理学的深层化发展态势，同时也体现着科学哲学化的趋势。因此，当代水伦理要服务于生态文明时代和海洋时代人水关系问题的解决，则必须也应该澄清自己理论建构的价值论、知识论基础和思维方式。

最后，个人的哲学梦想。那就是青山常绿，碧水长流，留得住儿时江南小桥流水人家的“乡愁”，助益于久久为功的生态文明。作为听着“太湖美”长大的水乡人，十分不愿意看到20世纪“60年代淘米洗菜，70年代引水灌溉，80年代水质变坏，90年代鱼虾绝代”的“公水悲剧”持续发生。俗话说，心动不如行动。做个“看客”或“打酱油”的，非我所愿。作为一个永远学习在路上的学者，总得有点知识分子“先天下之忧而忧，后天下之乐而乐”的精气神，有点“天下兴亡，匹夫有责”的担当。

因此，虽然可能写得词不达意，也不一定像大家、大师那样表达得既规范又透彻，不过，幼稚也罢，差劲也罢，尽量能做到言由心生也就罢了。

本书的章节体例在此就不赘述；方法则以综合交叉为主，熔生态、哲学、伦理和历史等相关学科之法于一炉。

本书在写作过程中得到了江苏省规划办哲学社会科学项目、教育部高校示范马克思主义学院和优秀教学科研团队建设项目等资助，得到了王国聘、余谋昌、叶平、卢风等教授的指点，得到了南京林业大学江苏环境与发展中心全体成员的大力支持，得到了刘思琪、魏振华、蔡文君、常俊贤、丁珊珊、钱储、陈国敏、李青等研究生的协助以及家人的鼓励和厚爱，在此一并致谢。

此书的写作是一种挑战，由于个人学识粗浅，不当和错误之处在所难免，真诚欢迎专家学者批评指正。

曹顺仙

2017 年 8 月 31 日于南京林业大学

第一章　水伦理的理论形态

水伦理的理论形态是基于全球生态危机中水危机的实际、开展比较系统的学术研究而形成的伦理学理论形态。它以人与水之间的一般关系以及人与河流、人与海洋等的具象关系为研究对象，在坚持问题导向的前提下，反思和探讨基于时代、适应时代、引领时代的可持续发展观、自然观，以及人与水相交往的水伦理价值观、道德观、德性修养论等，重点指向服务于人水和谐、走向生态文明时代的生态整体思维和生态责任担当的伦理精神的塑造。

第一节　水危机与水伦理

从大自然进化出人类的那一刻起，人与自然就进入了彼此互动、相互影响的历史进程中。就自然层创进化的规律和趋势而言，人获取物质资料和进行精神创造的能力都是自然赋予的，人为了生存和发展不断地与自然界进行物质变换，并以新陈代谢的方式把人类生产和生活中产生的废弃物还回自然，使人与自然的关系保持了较长时间的相对稳定和平衡。

但是，随着人类生产力的极大提高和人类关于自然的知识、观念的改变，人与自然的关系出现质的变化。到了19世纪后半期，特别是第二次世界大战后，环境问题成为世界发达国家面临的最严重的问题之一。世界八大公害事件的发生以及生物灭绝、资源短缺、气候变化等全球性问题的出现，则标志着生态危机的全球化。正是对生态危机的深层反思，为伦理学的拓展和环境伦理、水伦理的提出奠定了思想基础。

一、生态危机与水危机

从历史视角考察人与自然关系，环境问题和生态危机经历了从局域化到全球化的扩展。事实上，早在19世纪后期，紧随英国1825年第一次全国性经济危机之后就有伦敦毒雾杀人！其中，1873年，伦敦出现杀人烟雾，煤烟中毒比前一年多死260人，1880年和1892年又夺去了1000多人的生命。英国的格拉斯哥、曼彻斯特烟雾也造成1000多人死亡。同样，我们对1868日本的“明治维新”耳熟能详，但对1885年日本足尾铜矿乱开滥采，导致的水土流失和剧毒物质砷化物的蔓延，加上1890年的洪水泛滥，致使群马、茨城等四县十几万人流离失所的生态问题知之甚少。人们对1929—1933年的“大危机”的教训念念不忘，对罗斯福新政顶礼膜拜，而对美国“肮脏的30年代”却思之不切！人们对20世纪60、70年代日本的经济奇迹啧啧称赏，却对当时的日本被称为“公害列岛”视而不见①！

于是，环境问题在不断累积中趋向多发、突发或并发的危机状态。有资料显示，自高投入—高产出—高消耗的生产方式确立以来，自然生态系统遭遇了自6500万年前恐龙灭绝以来最为严重的物种灭绝时期。据估计，近代物种的灭绝速度比自然灭绝速度快100—1000倍，约有34000种植物、5200种动物、1200种鸟类面临灭绝。在20世纪，全球约45%的原

① 参见曹顺仙、王国聘：《论生态危机的全球化》，《生态经济》2009年第9期。

始森林消失，并且森林资源总量仍在快速减少（尤其是热带地区）；10%的珊瑚礁已被毁坏，剩余的1/3可能在未来10—20年间面临崩溃；海岸带的红树林是一种重要的海滨生态系统类型，现在已变得十分脆弱并有一半已经消失。自然界的生物多样性正遭受有史以来最为严重的破坏。[①] 到20世纪50、60年代，第一次环境危机终于在西方工业化国家发生，主要表现为大气污染、水污染、土壤污染、固体废弃物污染、有毒化学物品污染以及噪声电磁波等物理性污染。以环境公害事件的集中爆发为形式。经过努力，西方城市环境污染问题得到基本控制或解决。但是，好景不长，新的、更为严重的第二次人类环境危机又叫生态危机在20世纪70、80年代发生，其特点是范围广、影响深。发达国家和发展中国家都遭遇了各自的环境问题，特别是资源短缺（如水、耕地、能源、矿产等）成为绝大多数国家面临的发展瓶颈；人口剧增；物种灭绝、森林消失、温室效应等成为全球环境问题。"所有鸟儿都不见了。""现在美国越来越多的地方已没有鸟儿飞来报春。清晨早起，原来到处可以听到鸟儿的美妙歌声，而现在却只是异常寂静。鸟儿的歌声突然沉寂了，鸟儿给予我们这个世界的色彩、美丽和乐趣也在消失，这些变化来得如此迅速而悄然，以至在那些尚未受到影响的地区的人们还未注意这些变化。"[②] 全球环境问题和生态危机使人和生物都面临生死存亡的威胁。

与全球生态危机相伴随的是全球性水危机。水危机是指自然灾害和经济社会异常或突发事件发生时，对正常的水灾害防御或水供给、水生态秩序造成威胁的一种情形。水危机从成因上看，可以分为自然因素所致的天灾型水危机和人为因素引发的人祸型水危机。根据国外经验，一个国家用

① 参见马涛、陈家宽：《全球化背景下的生物多样性国际合作》，见薄燕主编：《环境问题与国际关系》，上海：上海人民出版社，2007年，第60—61页。

② 参见杨通进：《生态二十讲》，天津：天津人民出版社，2008年，第94—95页。

水超过其水资源可利用量的20%时，就很有可能发生水危机。

20世纪70年代以来，由于人口增长和人为的浪费、污染、过度开采等，使水资源、水环境、水生态等问题日趋严峻。根据现代科技手段分析调查显示，目前，人类赖以生存繁衍的地球上，有1/3的人口达不到安全用水的水平，地球上53亿人口中有约34亿人平均每人每天只有50升水，有近70个国家（地区）严重缺水。孕育四大文明古国的大河目前都面临不同程度、不同类型的水环境、水生态问题。中国的黄河不再奔腾咆哮。1972—1999年的28年间，黄河下游有22年出现断流，特别是20世纪90年代黄河河道年年断流，且时长增加，河段延长。① 大量的生活污水和工业废水则使孕育印度文明的恒河被列入世界污染最严重的河流之列。据印度卫生部门统计，经常在恒河中沐浴的人有40%—50%会患上皮肤病和消化道疾患。② 埃及的尼罗河因工业污染长期被水质性“水荒”、重金属污染、血吸虫蔓延等生态环境问题所困扰。据埃及灌溉和水资源部长阿布·兹德说，每年有1400万吨工业废水排入尼罗河，因此尼罗河河水中的细菌、病毒和其他微生物的含量超过正常标准数十倍，铅、汞、砷等有毒物质的含量也大大超过世界卫生组织规定的标准，甚至发生过因食用尼罗河鱼而中毒和饮用尼罗河水而引发肝炎和肾衰竭的事件。③

非营利机构“水资源小组”（Water Resources Group）预计，到2030年的时候，全球水需求量将超过可持续供应量的40%。届时世界一半人口会生活在持续严重的“水压”下。近日，世界资源研究所（WRI）以一个流域取水量占可更新水量的比例来确定该系统的水资源压力为依据，认

① 参见叶平：《河流生命论》，郑州：黄河水利出版社，2007年，第69页。

② 参见《印度恒河被列入世界污染最严重河流之列》，.http：//news.sohu.com/20070321/n248877969.shtml。

③ 参见《埃及境内尼罗河水污染严重》，http：//eg.mofcom.gov.cn/aarticle/jmxw/200405/20040500227252.html。

为世界上许多河流（即使不是大部分）都面临着巨大的压力，并将取水量超过 80% 的河流定义为极高压力河流系统。据此 WRI 确定的处于最高压力水平的河流中，中国的永定河、徒骇河、大辽河、蓼水河和黄河都榜上有名。①

急速推进的工业化、城市化造成了人口与资源环境的尖锐矛盾，形成了我国历史上大规模的“资源危机”和“生态赤字”，人与水的关系问题也因此变得异常严峻和复杂。人水关系问题的严峻性和复杂性突出表现在五个方面：（1）旱涝灾害“治而不愈”。1998 年长江流域特大洪水过后，政府虽然加强了防洪抗旱的投入，但仅洪水造成的损失平均每年在 100 亿美元以上。②（2）水资源短缺日趋势突出。我国目前人均水资源量仅 2200 立方米，不足世界人均占有量的 1/4，只是美国的 1/5、俄国的 1/7、加拿大的 1/50。18 个省（自治区、直辖市）的人均水资源量低于联合国可持续发展委员会审议的人均占有水资源量的 2000 立方米的标准，全国 669 座城市年缺水量达 60 亿立方米，干旱缺水成为制约城乡可持续发展的重要约束性因素。（3）水体污染严重。全国有近 50% 的河段、90% 的城市水域受到不同程度的污染。（4）水土流失形势严峻。因水蚀和风蚀造成的水土流失占国土总面积的 37%，使我国成为世界上水土流失最严重的国家之一。（5）水生态破坏迅速。江河断流、湖泊萎缩、湿地干涸、地面沉降、海水入侵、森林草原退化、土地荒漠化等一系列生态问题困扰着东、中、西三部地区。大部分河流的水资源利用率均已超过国际公认的 30%—40% 的警戒线，如淮河为 60%、辽河为 65%、黄河为 62%、海河高达 90%。

① 参见《世界河流系统：面临严重危机》，http：//www.hwcc.gov.cn/pub2011/hwcc/wwgj/xwzx/hw/201404/t20140430_375999.htm。

② 参见王浩：《中国水问题现状趋势与解决途径——在中国国家图书馆的演讲》，http：//www. Thcscc. Org/laogong/wh.htm.。

在黄、淮、海显现"不堪重负"的同时，长江流域则因污染而遭遇有水难喝的困境。[①] 虽然2011年中共中央一号文件确立了关于水资源开发利用、用水效率、水功能区限制纳污等三条红线，但到2020年仍将持续增长的人口、工业化率和城市化率等，将使江河湖海面临更加巨大的压力。

因此，生态危机和水危机的复合互动不仅严重影响着经济社会的生产和生活，加剧水生态、水安全等问题，而且不利于和谐社会和生态文明的建设，不利于水生态系统和流域社会系统的协调可持续发展。如果任其发展将危及人类和其他生物所赖以生存与发展的生态基础和物质条件，其后果是十分严重的。

二、生态伦理与水伦理

1. 对生态危机的反思

水危机是全球生态危机的一个缩影和集中表现。对生态危机的哲学反思为应对水危机提供了重要思路和线索。

随着经济社会的发展，对生态危机的反思经历了由浅到深的、由器物和制度层面到思想哲学层面的深化过程。

20世纪中后期，由于科学技术的巨大进步、经济的长足发展、人口增长以及工农业大量制造并使用化学农药造成严重污染等因素的影响，人们更多地从这些方面去反思环境问题的成因并提出解决问题的办法。例如，1962年美国生物学家蕾切尔·卡逊出版的《寂静的春天》，犹如旷野中的一声呐喊，揭露了人类大量使用农药和杀虫剂对环境造成的严重破坏并指出人类将因此而受到大自然的惩罚。1968年英国加勒特·哈丁教授

---

① 参见中国科学院可持续发展战略研究组：《2007中国可持续发展战略报告——水：治理与创新》，北京：科学出版社，2007年，第6—8页。

（Garrett Hardin）在《公地的悲剧》一文中，认为污染问题是人们滥用公共资源以及作为其表现之一的人口膨胀的结果，资源的免费使用、污染的自由排放以及人口的自由生育等不是导致了这些领域的公共利益增长，而是满足了个人利益、危害了大家的利益，甚至使公共利益崩溃。主张通过立法、税收、把环境成本计入产品总成本、节制人口增长等手段，同时，采取私有化和国有化相结合的方式，来减少公共资源滥用和避免市场失灵。[①]20 世纪 70 年代，罗马俱乐部两大研究报告《增长的极限》和《人类处于转折点》集多国科学家的思想智慧于一体，从人口、食品、工业化、污染和不可再生资源的消耗指数规律增长切入，系统论证了人类经济增长的极限，主张转变经济增长模式以避免人类社会的穷途末日。

因此，“20 世纪后半叶以来，一个幽灵在地球上四处漫游。这个幽灵就是生态危机”。[②] 面对生态危机，人类不仅从经济、技术、人口、政治、制度等角度进行了分析和反思，而且在全球范围内采取了大规模保护环境的措施。但几十年过去，这个幽灵如吸血鬼，变得越来越庞大，越来越难以对付。“局面改善，总体恶化”成了中国和世界环保效果的共同写照。全球水危机的治理也是如此，尽管各国政府（特别是发展中国家）都加大了环境保护力度，但全球范围的环境状况却每况愈下。生态危机和水危机不仅像科林·查特斯（Colin Chartres）和萨姆尤卡·瓦玛（Samyuktha Varma）所指出的那样需要复杂处理，[③] 而且需要深度的哲学反思和人性检视。20 世纪 60、70 年代以后西方环境运动的发展和生态哲学的研究则促

① 参见[英] Garrett Hardin，“ The Tragedy of the Commons”, *Science*, 1968(162)：1243—1248。

② ［美］尤金·哈格洛夫：《环境伦理学基础》，杨通进、江娅、郭辉译，重庆：重庆出版社，2007 年，“总序”第 1 页。

③ 参见［澳］科林·查特斯、[印] 萨姆尤卡·瓦玛：《水危机：解读全球水资源、水博弈、水交易和水管理》，伊恩、章宏亮译，北京：机械工业出版社，2012 年。

成了人们从社会文化的深层反思人类如何对待自然，如何认识自然以及人与自然的关系等问题，传统的自然观、价值观、宗教观、生产观以及消费观等受到质疑和批判，对生态危机、水危机的思考和解决突破科技、工程或经济问题层面，而转向了哲学、伦理学和宗教文化的深层反思与解决上。

2．从生态伦理到水伦理

20 世纪对于生态环境问题进行哲学反思的最重要成果是生态伦理学的建立。在西方，“敬畏生命”的生态伦理思想早在 20 世纪初就被提出，其代表人物是法国生态学家阿尔贝特·施韦泽（A . Schweitzer），此后，美国思想家奥尔多·利奥波德（A. Leopold））运用生态学原理提出了“大地伦理”，标志着生态伦理的正式创立。美国生态伦理学家霍尔姆斯·罗尔斯顿（Holmes Rolston Ⅲ）则以《哲学走向荒野》《环境伦理学》《生物学、伦理学与生命的起源》《科学与宗教》等学术著作奠定了环境伦理学(生态伦理学)、生态哲学体系化发展的基础，标志环境伦理学（生态伦理学）的正式形成。环境伦理学的建立不仅对传统伦理学提出了极大的挑战，而且为生态危机、水危机时代协调人与自然的关系提出一种新规范。

传统伦理学无论是西方犹太—基督文明中的“摩西十诫”还是儒家文化圈倡行的“三纲五常”，其道德关怀的对象主要限于人与人、人与社会的关系领域。而近代机械哲学关于物质与精神的二元对立思维则使人类与非人类之间形成了一条不可逾越的鸿沟。除了有心灵、精神、灵魂的人之外，一切自然物都在本质上与机器一样无知无觉，无法作为道德的主体。

生态危机促使人们重新认识人与自然物、人与自然整体之间的道德关系。1915 年施韦泽从基督教和人道主义立场出发，提出“敬畏生命”的伦理学原则，主张把道德伦理学范围从人、动物扩大到所有生命，认为任何生物都珍惜自己的生命，都有生存的愿望，因此，人必须保护、促进完善所有生命才算有道德。施韦泽的思想虽然带有神秘的整体主义色彩，但与生态学关于共同体的思想不谋而合，这为生态伦理学得以与科学的理论相结合并取得进一步发展奠定了一定的理论基础。1949年，奥尔多·利奥波德在《沙乡年鉴》一书中，进一步把伦理共同体的范围扩大到包容整个自然界和地球。基于生态学从种群、群落到生态系统以及生物圈的发展成果，他相信“大地有机体的复杂性是20世纪杰出的科学发现”。[①] 他把对生命的关注从个体扩大到了物种和地球生态系统，认为“物种，特别是把物种与生态过程合为一个整体的地球生态系统”[②]，明确提出把伦理关系从人与人之间推广到人与土地（生态系统）之间，将“敬畏生命”的伦理发展为“大地伦理”，并把是否有助于维护生物共同体的完整、稳定和美丽作为评价人类决策、活动的标准。这为环境伦理学非人类价值尺度的确立奠定了重要思想基础，标志着生态伦理学的创立。20世纪70、80年代，对生态学伦理意蕴关注的生态学家更多地介入生态伦理学范围，特别是罗尔斯顿的自然价值论和挪威著名哲学家阿恩·纳斯（Arne Naess）的深层生态学的发表，使生态伦理学的体系得以确立。

生态伦理学要求把道德关怀、道德义务扩大到动植物和自然生态系统，这是伦理学发展史上一次革命性的突破。正如纳什（Roderick F. Nash）所说：“认为人与自然的关系应被视为由伦理学调节和约整的道德问题，这一观念的出现是最近的理智史上最超乎寻常的发展之一。”[③]

西方生态伦理学的建立，一方面，确立了自然的道德地位，把人与自

① ［美］罗德里克·纳什：《大自然的权利》，青岛：青岛出版社，1999年，第77页。

② ［美］罗德里克·纳什：《大自然的权利》，青岛：青岛出版社，1999年，第86页。

③ Roderick F. Nash，*The Rights of Nature, A History of Environmental Ethics*，Madison：The University of Wisconsin Press，1989：4.

然的关系纳入了道德的关怀，为协调人与自然的关系，促进人与自然关系的可持续发展奠定了重要理论基础。另一方面，为我们确定水伦理的合法性提供了一定的理论支撑。侯起秀认为，我们可以把过去几十年对环境伦理道德问题的探讨特别是重要结论作为我们研究并形成水的伦理道德体系的起点。①

不过，在西方，水伦理（water ethic）或“河流伦理”（river ethic）虽然也是基于泰晤士河、莱茵河等水环境治理的现实需要和生态伦理学的理论基础，但由于在观念上总体倾向于通过水资源管理和控制可以解决水环境问题，因而其水伦理或河流伦理侧重于生态伦理的应用研究，强调的是水资源管理的水伦理。例如，2006—2009年度南开大学乔清举教授等参加的联合国教科文组织委托北京大学工学院主持的联合国亚太地区能源与环境问题工作组第十四组的研究工作，其研究重点便是水伦理与水资源管理。因此，在西方话语体系中，水伦理多指人们在与水或河流相交往的活动（例如游泳、钓鱼、划船）以及水资源管理活动（包括水资源分配、给排水管控）所应遵守的一些道德原则和规范，主要涉及水安全、水环境保护等内容。我们倡导的水伦理包含了这种用水、配水和护水的规则，但从响应水危机的实际需要来看，其内容在广度和深度上远不止于此，它是一种基于新自然观、道德观和价值观理论的全面阐述人水和谐的理论论述。从共性上说，生态伦理学的一般原则可以应用于水伦理，生态伦理学的合法性也可以传递给水伦理，但建立有效反映和规范人与水相交道的道德关系原则，就必须既接受西方伦理学因充满理论争论而带来的合法性挑战问题，又必须在借鉴当代西方生态伦理学的合理因素的同时，整合并建构一种包容性、前瞻性更强的，能适应中国社会实际需要和关照民族文化传统

① 参见侯起秀：《关于水伦理若干问题的讨论》，http ://www.yellowriver.gov.cn/zlcp/xspt/201112/t20111227_112305.html。

的水伦理。同时，人水关系的特殊性也决定了水伦理具有自身的基本问题和理论逻辑，因为水与人类生命息息相关，水伦理不可能像西方生态哲学那样走向荒野，因此，水伦理或河流伦理研究本身也是对生态伦理学的一种深化和发展。

三、水伦理的三种理论形态

水伦理以人与水相交往的过程中呈现出来的伦理问题为研究对象，泛指人与水之间以道德手段调节的种种关系，以及处理人与水之间相互关系应当遵循的道德原则、规范和价值追求。它具有三层含义：(1) 以对人水关系的应然性认识为基础，并随着应然性认识的变化而转变。(2) 以人与水相交往过程中人的行为和价值选择为主要内容，以人水相交道过程中应该遵循的道德原则和规范作为判断人的行为品质及其影响的善恶好坏、正当与否的依据。这意味着评判尺度应该是人的尺度和自然的（水的）尺度的辩证统一。(3) 水伦理的探究不仅涉及个人道德修养和精神追求层面，还包括社会层面人水关系综合治理、谋求经济政治社会永续发展应该遵循的道理和规范，以及自然生态层面选择人与天（水）调，追求人情、天理（自然之理）内在一致的人与自然（水）和谐共生的价值追求。

依据对水伦理内涵的理解并基于不同时期水伦理的内容和特性，水伦理研究大致形成了三种理论形态：一是以宇宙本体论为始基的“水德论”；二是以“人类中心主义”或“生态中心主义”为内核的“中心论”水伦理；三是基于人与自然关系辩证统一的“和谐论”水伦理。

水伦理三种理论形态的历史逻辑和本质特性，就事实与价值、“是与应该”的相互关系而言，在水伦理思想史上经历了三个重要阶段：(1) 异质同构的“水德论”阶段，表现为将事实等于价值、“是与应该”同一。如中国古代伦理思想家基于“太一生水”和“水善利万物而不争，处众人之所恶，故几于道”[①]等思想观点，主张“上善若水”；认为水不仅是世界的本原，而且水与天地一样既生养万物又“利万物”、“不争”、“处下”，这就是善；人的义务就是“继善成性”，弘扬天、地、水的善性，锤炼像水一样勇往直前、奔流到海不复返的精气神，倡行像水一样“处下”、“不争”、“虚怀若谷”、功成身退的道德品格，以求厚德载物、“有容乃大”。形成了以“道”为本体、水性与德性同一的水德理论。

（2）异质僭越的“中心论”水伦理。它包括近代以来形成的“人类中心主义”的水伦理和后现代兴起于西方的非人类中心主义或“生态中心主义”水伦理。前者以二元对立、主客两分的机械论自然观为基础，将自然变成了可以任人拆分、宰割的机器，其价值哲学也从“附魅”于自然转向了让自然“祛魅”，在张扬人的主体精神的同时提出了“一切以人为尺度”的价值取向。在人与自然、人与水的关系领域，倡行利用、控制、改造和征服，导致自然价值在自然被奴化和对象化的进程中被僭越。后者以生态整体论为基础，把生态系统的稳定、美丽、平衡、和谐作为终极追求，在建构自然价值论和权利论的同时，过分强调人与自然万物的同一性，在一定程度上造成了人的主体精神和社会本性被“荒野”遮蔽。因此，无论是“人类中心”论还是“生态中心”论，都与无中心的现代生态科学、生命科学等知识谱系相背离，都有悖于人的本质和自然的层创进化规律，都是以人与自然（水）的相互对立为实质的。

（3）异质对立统一的“和谐论”水伦理。这是当代中国综合治理水问题、水危机的最新理论成果。首先，这种理论观点以唯物辩证法为指导，在世界观和方法论上，把唯物辩证法与后现代道德哲学的生态整体论相结合。其次，在关于人与水的价值哲学中，坚持人与水的关系归根到底是人与物的关系，人和物各有其不同价值，彼此不能相互遮蔽和僭越。一方面

① 饶尚宽译注：《中华经典藏书——老子》，北京：中华书局，2006 年，第 20 页。

强调人与物是异质对立的，唯有人具有物质精神二象性，人既是价值主体又是价值之源，承认人是自然进化的最高产物，人具有最高价值，离开了人无所谓自然价值。另一方面，认识到人在本质上是物质实体和精神主体的统一，“没有自然，人类不可能存在；没有人类，自然仍会存在。”[①] 本体论与价值论相互联系，本体论中包含一定的价值论因素，但本体论与价值论分属两个不同的领域，不应混淆。在以人的精神起源问题为核心的本体上要坚持物质第一和存在第一，在以人的精神作用为核心的价值论问题上则应主张人的价值是第一位的。这是处理本体论与价值论、人与物的矛盾的辩证法。所以，在人与水的关系领域，必须科学把握人与水的对立统一性，从大尺度上谋求生态系统的整体稳定、美丽与和谐，倡行以人为本的人水“和谐论”。

我们将水伦理研究的理论形态区分为“水德论”、“中心论”和“和谐论”是因为这三种形态既有各自的边界和范围，又有各自的特性和学术资源支持，彼此之间不可相互替代和还原。

古代自然科学、哲学社会科学和人文科学混沌交织，伦理学包容在哲学中。人们对人性善恶、道德修养的回答往往与宇宙论、本原论及生成论相联系，“天理”、“自然”受到尊崇，世间万物都是“天生，地养，人成”的，而“生之德”最大，人的职责和使命就是弘扬天地生养万物的善性以成就自己的人性。因此，“水德论”是由古代上观天文、下察地理累积而成的知识体系和方法论支撑的。随着生产力的发展和认知水平的提高，自然科学、哲学社会科学和人文科学逐渐分离，形成了关于自然、社会和人的三大知识谱系，人们在区分“是与应该”、事实与价值的关系时陷入了“过犹不及”的割裂或对立状态，造成了人与自然相互遮蔽或僭越的困境。“中心论”水伦理正是以近现代科学知识为基础，以机械论自然观或生态

---

① 林德宏：《“以人为本”刍议》，《南京师大学报（社会科学版）》2003年第5期。

整体论自然观为本体论，以人类为尺度或自然生态为尺度而形成的理论形态。人类中心主义水伦理或生态中心主义水伦理都因过分强调人或自然的价值而陷入极端，因而难以从根本上找到解决危机的出路。20世纪以来，现代科学的交叉融合和生产力水平的进一步提高，使人们对人与自然(水)关系的认识在经历了肯定、否定之后，进入了否定之否定的阶段，从以自然为人立法、人为自然立法转向了人为自己立法。要克服水德论和“中心论”水伦理的理论偏执，就必须以唯物辩证的生态整体论为基础，在吸纳和借鉴生态学、博物学、水文地理学等现代科学成果和思维方式的基础上，以唯物辩证的基本原则立场认识自然、社会和人，承认人与水相互关系的对立统一性，倡行以人为本的人水“和谐论”。

对水伦理的纵向考察表明其三种理论形态在发展脉络上遵循了否定之否定的规律，在“是与应该”相互关系演进的逻辑上契合“正题、反题与合题”的历史辩证法。在伦理学发展史上符合会通中西的规律和趋势。

水伦理研究的三种理论形态的划分，其意义在于既承认西方环境伦理学、水伦理学的研究成果，同时又确认中国水伦理研究的独特性和不可替代性，它在世界水伦理研究中应占有重要的一席之地。这既有助于国人超越传统的天人等同的天理人伦，又有利于突破西方生态中心主义和人类中心主义相互对立的思维逻辑，提出并论证以辩证唯物的生态整体论倡行以人为本、人水和谐的水伦理的内在规律性，以促进基于本土、面向世界、关切未来的水伦理理论研究，增强水伦理研究的实践性。

第二节　水伦理的研究域

当代中国水伦理的研究域既确证了水伦理理论形态演进的规律和趋势，又在回应重大现实问题时受制于“中心论”水伦理。2003—2006年，当代中国水伦理研究正式起步，其标志是：2003 年张真宇、胡述范在《中国水利》报发表的《走向和解：一种新的河流伦理观》、2004 年徐少锦在首届国际道德哲学会议上发表的《论当代中国水伦理》、2006 年台湾学者邱文彦发表的《海洋新伦理——跨世代的环境正义》等文章。经过 10 多年的研究，三大研究域逐渐形成了共同的价值追求，即以人为本、人水和谐。

一、河流伦理

河流伦理以人与河流打交道的过程中的伦理问题为主要研究对象，以建构河流伦理体系为研究目标，通过系列丛书和论文的集中发表，初步实现了著书立说。

（1）在理论研究方面，提出和论证了一系列新理念、新概念。2003 年 2 月 15 日，黄河水利委员会主任李国英在全球水伙伴中国地区委员会治水高级圆桌会议上提出令人耳目一新的“河流生命”概念，并两次强烈呼吁建立“维持河流生命的基本水量”概念，主张以此作为调水调沙试验的出发点。这标志着维持河流生命的伦理意识的觉醒，也第一次从终极关怀的立场为人类开发利用河流的行为划出了界限。同年，张真宇、胡述范在《中国水利》报发表了《走向和解：一种新的河流伦理观》一文，率先提出了“河流文化生命”、河流是“具有内在尊严的生命共同体”、河流具有“独立价值”等新概念和新理念，并将其作为河流伦理的一般原则。[①]2007 年，黄河水利出版社正式出版的河流伦理丛书分别从理论上提出和论证了河流生命、河流的价值与伦理、河流的文化生命、河流伦理的

① 参见张真宇、胡述范：《走向和解：一种新的河流伦理观》，《中国水利》2003 年第 8 期。

自然观基础、黄河与河流文明的历史、河流伦理与河流立法等七个方面的相关概念和理论观点，阐明河流生命论的“终极目的，不仅仅要追究对河流的利用方式，利用的合理不合理，更重要的是要确立一门河流生命学及其研究的社会建制，使河流生命学的理论研究、宣传教育和直接行动三位一体，并自觉地内化为一种人与河流关系的伦理，提升为对河流生命的道德义务和责任，推动人与河流相互依存意识和信念的养成”。① 雷毅的《河流的价值与伦理》一书，在消化和吸纳西方非人类中心主义价值哲学研究成果的同时将河流价值划分为内在价值和外在价值，指出“河流所展现的价值是多重的。河流的多重价值通常可以从两个方面加以区分：河流的外在价值和内在价值”。② 把对河流价值的理解拓展到生命与自然、人与社会等两个层面。这些理论观点促进了河流伦理研究的体系化和中国化。

（2）在实践层面上，对河流政策中的价值观和伦理观、河流评价机制中的伦理尺度、河流管理实践中的生态意识等问题进行了探讨。提出在顺应自然规律的前提下，确立关爱河流，尊重河流，保护河流，以确保流域社会经济文化的永续发展等原则，要求把重塑人与河流关系的问题上升到伦理的层面来认识，将其作为“维护黄河健康生命”理论框架的重要组成部分进行研究，通过河流伦理的构建，让全社会从伦理道德上认识到人与河流和谐相处的重大意义，并将其渗透到人类繁衍和成长的过程中，从而唤起更多的人自觉和积极地投身到“维持黄河健康生命”的行动之中。这对推动和深化河流伦理的研究无疑具有很高的现实价值。

（3）在方法论方面，既吸纳了现代科学的生态整体论思维，又从中国科研攻关的实际需要出发更加注重协同创新，采用了跨学科交叉研究法和协同的整体论研究法。一方面，将跨学科交叉研究法贯穿于河流伦理研究

① 叶平：《河流生命论》，郑州：黄河水利出版社，2007 年，“前言”第 4 页。

② 雷毅：《河流的价值与伦理》，郑州：黄河水利出版社，2007 年，第 62 页。

的各个子课题和全过程，“形成了以马克思主义哲学为指导的，多学科相结合的，纵横穿错、立体交叉的宏阔研究局面。”[①] 另一方面，提出并应用了协同的整体论研究法。因为“河流生命研究的出发点、最终目的和评价标准，既不是人类中心论，也不是非人类中心论，而是人与自然的协同进化论”。这种方法论的理论基点主要有三个方面：协调的整体论、进化的价值论以及“像河流那样思考”。[②] 方法论的整合创新为河流伦理研究超越“中心论”水伦理，进而转向人河协同共进的“和谐论”水伦理奠定了基础。

二、水伦理

水伦理研究域形成于20世纪末21世纪初，其研究范围、边界比较宽泛，研究内容和特点更加突出以人为本、人水和谐。

1999年《科技潮》刊载了英国伦敦大学费克利·哈桑教授的《建立全球“水伦理”刻不容缓》一文，[③] 该论文的发表不仅让我们能粗略地了解国外学者关于水伦理的基本态度和观点，而且表明了国内学术界对水伦理的关注。10余年来，水伦理研究注重道德哲学模式与应用探究模式的统一，在强调以人为本的同时坚持人与水关系的对立统一，追求人水和谐。

在道德哲学研究方面，2004年徐少锦在首届国际道德哲学会议上发表了《论当代中国水伦理》一文，并认为“水伦理思想虽古已有之，但它

① 雷毅：《河流的价值与伦理》，郑州：黄河水利出版社，2007年，“序二”第3页。

② 叶平：《河流生命论》，郑州：黄河水利出版社，2007年，第25—26页。

③ ［英］费克利·哈桑：《建立全球“水伦理”刻不容缓》，《科技潮》1999年第9期，第99—100页。

从环境伦理、资源伦理、技术伦理中凸显出来而被加以研究，则是近年的事”。他以人与水的实践关系和价值关系为基础，提出“水伦理的核心精神是以人为本，为人服务；其根本价值目标是人水和谐共处，基本原则是个人利益、团体利益与社会利益协调一致”，得出了“水对人既有积极的正价值，又有消极的负价值，兼具善、恶双重功能”等结论。虽然其基本立场是以人为中心的，但把人水和谐作为根本价值目标这在一定意义上反映了当代中国水伦理的价值选择。同年，叶平教授在首届河流伦理学术研讨会上作了题为“水之伦理”的演讲。他把水之伦理的基点问题归结为“地球之水与人类生态有怎样的关系”的认识，以及“如何摆正人们对待水的基本信念”问题，即道德哲学问题。在道德哲学问题的拓展研究中，王建明、王爱桂认为，以前现代万物有灵论为特征的自然客体中心论、以近现代人类中心主义为特征的主体中心论和以后现代生态中心主义为特征的泛主体中心论等三种形态的哲学理论都“难以担当起当代构建人水和谐关系的重任，”提出要倡导和坚持以“‘主体—客体—主体’为关系结构的交往实践论，方能给出水伦理何以可能之解”。[①] 田海平《“水”伦理的道德形态学论纲》[②] 则侧重于从道德形态学的视野阐明我们在何种意义上可以探讨水伦理，并且创新性地将“水”伦理区分为精神形态的水伦理、应用形态的水伦理、扩展形态的水伦理，依据事实与价值的不同联结方式尝试厘清三者的适用范围。不过，存在于任何一种社会形态中的水伦理都不能割裂形而上与形而下的关系。

在应用研究方面，主要涉及两方面内容：一是国际水伦理问题研究。主要以国际合作的方式，通过相关国际合作项目开展水伦理研究。如侯起

---

① 参见王建明、王爱桂：《论水伦理构建的哲学基础》，《河海大学学报（哲学社会科学版）》2012 年第 1 期。

② 参见田海平：《“水”伦理的道德形态学论纲》，《江海学刊》2012 年第 4 期。

秀的《水伦理学概论》[①] 主要结合联合国谈水资源利用研究小组的研究报告，就水伦理问题的研究范围、水伦理问题研究的社会背景、水资源的利用形式等进行了研究。2008 年 10 月 22—23 日，北京大学与联合国教科文组织还在北京大学联合主办了第二届水资源管理伦理学国际研讨会，重点探讨了如何构建符合伦理的、可持续的水资源利用管理体系等问题。二是国内水伦理问题研究。主要代表性成果如张光义《建设节水型社会与水伦理》(2008 年网文)[②]、王正平《面对“水难”的水伦理思考》(2010 年)[③]、吴齐《水伦理在水资源保护与水权管理中的价值》(2008)[④]、沈蓓绯和纪玲妹《节水型社会背景下的水伦理体系建构》(2010 年)[⑤]、曹顺仙和王国聘《全球化视阈下大坝科技的水伦理审视》(2010 年)[⑥] 等。研究内容包括涉水活动的水伦理意识、涉水活动的行为规范、维持水资源的可持续开发利用、保护水体生命健康、促进水文化和水生态文明建设等。

因此，水伦理研究域的形成，一方面得益于学者们的持续努力，另一方面贵在坚持理论创新与实践应用的结合。在道德哲学领域树立了人水和谐的根本价值目标，在强调人水相分的同时坚持人水协同进化的统一性，没有被非人类中心主义的伦理价值观所钳制。但如果要建构中国的水伦理

① 参见侯起秀：《水伦理学概论》，http：//www.eedu.org.cn/Article/es/esbase/resource/200807/28077.html。

② 参见张光义：《建设节水型社会与水伦理》，http：//www.yellowriver.gov.cn/zlcp/xspt/200812/t20081218_102583.html。

③ 参见王正平：《面对“水难”的水伦理思考》，《探索与争鸣》2010 年第 8 期。

④ 参见吴齐：《水伦理在水资源保护与水权管理中的价值》，《人民长江》2008 年第 18 期。

⑤ 参见沈蓓绯、纪玲妹：《节水型社会背景下的水伦理体系建构》，《河海大学学报（哲学社会科学版）》2010 年第 4 期。

⑥ 参见曹顺仙、王国聘：《全球化视阈下大坝科技的水伦理审视》，《生态经济》2010 年第 10 期。

体系则有待道德哲学研究的深化和创新。在应用研究中，则还需进一步清理“中心论”水伦理的影响，提高中国水问题研究的针对性。

三、海洋伦理

海洋伦理主张人海关系的和谐、永续，初步显现出人水“和谐论”的理论特征，但对海洋伦理、海洋伦理学、海洋公正、海洋可持续发展等相关概念的界定还处于比较模糊的状态。

2006年邱文彦以《海洋新伦理——跨世代的环境正义》为题，首次提出了“海洋伦理”的概念，① 但他没有对“海洋伦理”加以界定。王刚、吕建华在2007年发表的《论海洋伦理及其内涵》一文中认为海洋伦理的内涵包括三个方面：(1)“海洋伦理是一种生态伦理”；(2)“海洋伦海是一种公共伦理”；(3)“海洋伦理是海洋制度的构建基础和必不可少的组成部分”。② 在2012年发表的《论海洋伦理及其建构》一文中又认为海洋伦理“从某种意义上说，更应该是公共行政伦理和环境伦理”。“海洋伦理是以海洋道德为调整对象和范围的科学体系，是研究人与海洋关系、在海域中人与人关系等问题的一门学科。海洋伦理调整的对象应该包括人与海洋之间的道德关系和海洋活动中人与人之间的道德关系两个方面。”③ 这些界定显然混淆了海洋伦理与海洋伦理学的内容、功能、属性、研究对象以及理论基础等，对学科归属也莫衷一是。

当代海洋伦理在本质上是指人与海洋之间的生态伦理关系，是一种超

① 参见邱文彦：《海洋新伦理——跨世代的环境正义》，《应用伦理研究通讯》2006年第37期。

② 王刚、吕建华：《论海洋伦理及其内涵》，《湖北社会科学》2007年第7期。

③ 吕建华、吴失：《论海洋伦理及其建构》，《中国海洋大学学报（社会科学版）》2012年第3期。

越狭隘的人际伦理，而把海洋纳入道德关怀范围中，进而打破海洋关怀的终极目的是对人的利益的考察这一怪圈的新型伦理。它以提出和论证海洋的整体性、系统性、主体性、交互性为基础和前提，海洋伦理的根本性问题在于如何确定海洋的道德资格和基本权利，其特质将由海洋生态系统的特点所决定。海洋伦理的主要目标是发挥道德功能调节人类行为、保护海洋生态系统的健康和持续发展、维护海洋生命的整体性，实现人、海关系的和谐永续。海洋伦理研究的主要议题包括海洋伦理的原则和规范、海洋伦理的框架体系、海洋伦理学及其学科建设、海洋的永续利用和“跨世纪的环境正义”等。

综合考察水伦理的现状，三大研究域比较突出的特点是：(1) 提出了人河互为尺度、人水和谐、人海和谐等主张，都坚持一种唯物辩证的原则立场和生态整体思维。(2) 试图建构本土化的河流伦理、水伦理或海洋伦理体系。(3) 三大研究领域的进展并不同步，学术水平也有所差异。河流伦理初步完成了理论体系的建构，水伦理研究则似“涓涓细流”，持续但不系统，除期刊论文外还未见译著、专著等出版；海洋伦理研究则明显滞后于人海关系迅速发展的生态伦理需要。(4) 都在某种程度上认同西方某种生态哲学、环境伦理学的理论观点，特别是在研究范式转换中严重受制于西方的有机整体论范式。因此，水伦理研究的深入不仅有待于范式的转换，而且有待于范式转换中历史与现实的逻辑自洽。

第三节　水伦理的基本问题与理论

“水如何进入伦理”之追问是水伦理的基本问题，其基本性和首要性在于它决定着水伦理定位和发展方向。无论是水伦理的中西立场之争还是水伦理的河流伦理、海洋伦理、“水”伦理之分，无论是强调水资源管理的水伦理还是在更深广的意义上强调道德哲学与应用哲学相统一的水伦理，无论是把水伦理区分为精神形态的水德论、应用形态的水伦理和拓展形态的水伦理还是将水伦理划分为以宇宙本体论为始基的“水德论”、以“人类中心主义”或“生态中心主义”为内核的“中心论”水伦理、基于人与自然关系辩证统一的“和谐论”水伦理等，其理论分野和道德哲学合法性争议都肇始于对“水如何进入伦理”的多元化追问。因此，“水如何进入伦理”在何种意义上是水伦理的基本问题，与它是否以及以何种方式展现出一种意义深远的哲学改变相关联。

一、水何以进入伦理

虽然前文已经阐述了生态危机与水危机、环境伦理与水伦理以及水伦理的一些主要理论观点，而这里再次探讨并提出“水何以进入伦理”的设问，其意义不在于针对目前水伦理研究中对这一基本问题的忽视，而在于把我们的研究带到一种为水伦理进行奠基的理论视域。

“水何以进入伦理”的追问是水伦理的基本问题，它展现了现代以来的哲学改变。一方面，在自我意识维度，它激起了作为意识现象的道德观的转变，将我们遭遇的日益严峻的水环境、水危机、水生态问题看做是与人性道德、人类命运直接相关的问题，并拓展出一种将道德与自然联结在一起的新水伦理论域，它在自我意义上展现了一种人的新的道德自觉。另一方面，在社会意识维度，它激起了响应人与人、人与社会、人与自然等关系变化的伦理观的转变，代表了人的形态、社会形态和文明形态转变的基本方向。它涉及水伦理学的基本论争，是从根本上处理哲学问题和文明问题的尝试，指向了哲学的转变、文明的转变、人的转变，以及基于人、自然、社会三者关系转变的实践方式的确立。因此，“水何以进入伦理”的问题是从人文样态和文明转型的视野上对人水关系的批判反思，是对“水问题”之构成“伦理问题”的理论思维前提的审理和时代精神条件的反思。这与随便设想一种“水何以进入伦理”而进行的论争不同。

那么，“水何以进入伦理”在什么意义上具有奠基性?

首先，水与伦理关联并进入伦理涉及人类文明在一种现代性的总体精神运动中所蕴含的历史语境和观念取向上的变化，是在我们遭遇到日益严峻的现代性文明后果的意义上，成为水伦理哲学的奠基性问题。从《寂静的春天》、《增长的极限》到《我们共同的未来》，从“敬畏生命”、“大地伦理”到自然价值论的提出，不仅蕴含着人们对生态危机、环境灾难、水问题等论争的话语体系的变化，也反映着哲学作为时代精神的内在变化。因此，水进入伦理是面对全球性的生态危机和水危机，人类必须重新思考其面临的各种现代性困境及其出路的时代意识的内在要求，是人类文明可持续发展的内在要求。

其次，水进入伦理，最终指向对传统道德基础的批判审视与重新奠基以及一种新伦理的建立，是在一种克服现代西方二元论、重新界定世界—自然—人类生活以及我们所属的大地的意义上，成为水伦理的奠基性问题。对全球生态危机和水危机的一系列研究成果表明，今天人们所遭遇的环境问题和生态危机与长期以来主导西方现代发展的一系列二元论观念设置和文化设定有关，或者说当代环境问题、水问题是二元论的悖论，是人类文明发展中将主客二分、自然与道德二分、环境与伦理二分、人与自然二分的结果。正是过分强调二元对立和冲突的知识认知和价值判断、道德实践等，导致了自然的碎片化和人类道德观的破碎化。因此，水伦理的哲学基础不仅是生态的，而且是强调联系、强调辩证统一的。它力图突破二元论，转向人与自然的和谐统一、和合共生。重新界定自然、社会和人类自身成为水伦理哲学的应有之义。这蕴含着观念的转变和实践的变革，只有从这种意义上定位水伦理，“水如何进入伦理”问题才具有奠基性意义。

总之，“水何以进入伦理”问题是在“道德”与“自然”二元对立造成严重生态环境危机和水危机的背景下提出的。因而，它从一开始就具有了反对“道德”与“自然”二元对立的特质，并呈现内在地要求转变道德观和自然观的基本趋势；它是在我们否定了天人合一、物我一体的道德哲学后遭遇征服自然、改造自然以及控制自然的行为观念已引发严峻的生存和发展危机的情况下提出的，因而它从一开始就具有重新审视人与自然的关系、反思人类价值取向和文明发展的特质，呈现一种要求价值观和文明观进行转变的趋势；它是在经历了从匍匐在自然神力的脚下反转为可以“上九天揽月、下五洋捉鳖”的巨大变化后，人重新认识和定义自身的本质力量，重新审视人的发展的前提下提出来的，因而它从一开始就具有反思现代人学和文明发展的特质，呈现一种谋求人的全面发展终级价值追求。

不过，如果说“以‘理性控制’（笛卡尔）和‘主体征服’（培根）为标识的现代思想，必然部分地或者全部地将环境从伦理世界中分离出去”，[①] 使现代建构中的情感主义、个人主义、自由主义、功利主义，以及传统意义上或者现代意义上的人类中心主义，都成为一种排斥自然或不顾自然内在价值的伦理意识的话，那么，近现代以来促使中国思想意识形态中将自然与道德分离而导致环境问题的现代性根源则包含两个方面：一是西方征服世界、改造世界和控制世界的现代思想的影响，一是对马克思主义改造自然思想的经典式理解。因此，在阐释和认识“水何以进入伦理”这一基本问题时对中西方水问题、水文化、水文明的差异要互相观照、辩证研究。

① 田海平:《环境伦理的基本问题及其展现的哲学改变》,《道德与文明》2007年第3期。

二、"水何以进入伦理"的两种道德哲学方案

与"水何以进入伦理"密切相关的另一个基本问题是"水如何进入伦理"问题，探讨"水如何进入伦理"的目的在于加深我们在相关论题的展开方向上，更深层次地探讨水伦理学术研究中的基本论争。

一般而言，水伦理的创立以施韦泽敬畏生命的伦理学、利奥波德的大地伦理学和美国环境史学者唐纳德·沃斯特（Donald Worster）首创的"像河流那样思考"[①] 的生态整体论思维为起点，其路径是拓展人类伦理学的边界，通过将"伦理共同体"从"人类"拓展到整个"地球"而奠定了一种生态整体主义伦理学的基础。以此为开端，当代水伦理学从一开始就是以一种反传统人际伦理学或人类中心主义伦理学的理论范式和世界观模式成长和发展起来的，与此相应，它也激起了人类中心主义伦理学对"水如何进入伦理"这一论题的思考，并对传统的人类中心主义的水伦理价值观作出调整。这样，就形成了当代"水如何进入伦理"的两种道德哲学方案：人类中心论与非人类中心论。

这两种方案的论争将随着"水如何进入伦理"的基本设问而不断变换时代性话语或实践性论题，成为水伦理学的基本问题之争。从这一意义上看，人类中心论、非人类中心论等两者不断变换时代主题的论争，是以水问题为突破口，深化和拓展水伦理世界观、道德观和价值观研究，对既有的观念及其文化设定进行一种全新审视。一旦环境（水）问题被纳入哲学之中，它将使得哲学进入一种思想谱系的改变之中，哲学将与它现在所是的状况明显不一样。例如，澳大利亚著名的社会政治哲学家约翰·帕斯

① Donald Worster, *The Wealth of Nature*, New York : Oxford university Press, 1993 : 124.

莫尔（John Passmore）虽然认为传统的关于人与人之间的伦理学足以处理人与环境之间的道德关系，但他在 1974 年出版的《人对自然的责任：生态问题与西方传统》一书也认为环境伦理学对整个哲学学科而言，皆是一个严肃的挑战。[①] 帕斯莫尔认为环境伦理学与西方传统不协调，尤金・哈格洛夫（Eugene Hargrove）在《环境伦理学基础》中则认为："环境伦理学与西方传统是完全协调一致的。"[②] 哈格洛夫指出，帕斯莫尔"不能改变这样一个事实：19 世纪早期的自然保护主义传统中普遍存在的那些诉诸内在价值的观点，继承了某种可以持续地追溯到古希腊哲学的哲学遗产"。[③] 应当承认，帕斯莫尔和哈格洛夫之争，只是人类中心论和非人类中心论的一个平常例子而已。

而诺顿的"弱人类中心主义"则是人类中心论在回应非人类中心论的挑战中调整观念的一个典型实例。他把人的偏好分为感性偏好与理性偏好，认为人类应该反思和限制感性偏好，人们只应满足人的理性偏好，并依据一种合理的世界观对这种偏好的合理性进行评判。虽然他没能告诉我们所谓合理的世界观是什么，但已表明人类中心论者也意识到了环境问题的解决需要一定程度的世界观的改变，并对人的偏好、人的欲求进行重新界定。

"非人类中心论"承认一部分非人类自然具有内在价值，因而拥有生存和发展的权利。如动物权利论、生物中心论和生态中心论等。在水问题的解决上主张承认水体生命、水体健康权利、水生态系统价值和内在价

① 参见［美］尤金・哈格洛夫：《环境伦理学基础》，杨通进、江娅、郭辉译，重庆：重庆出版社，2007 年，第 2 页。

② 参见［美］尤金・哈格洛夫：《环境伦理学基础》，杨通进、江娅、郭辉译，重庆：重庆出版社，2007 年，第 4 页。

③ ［美］尤金・哈格洛夫：《环境伦理学基础》，杨通进、江娅、郭辉译，重庆：重庆出版社，2007 年，第 123 页。

值，在利益观上同意“保护环境是为了人类的利益”这样的说法。但在道德哲学和世界观层面，他们认为要解决生态危机和水危机等，必须重新审视近代工业文明的主流价值观，以一种完全不同的价值观和世界观为人们重新理解人与人、人与自然的关系提供一种视野更宽广的“概念构架”或“观察视角”，并试图把人类中心论的合理内容纳入环境伦理或水伦理的“最低纲领”中，同时提出了一套超越（或说是扬弃）的人类中心论的用于重新理解和定位人在自然和宇宙中的形象的“最高纲领”，并坚持“最低纲领”和“最高纲领”的统一性。尽管如此，“非人类中心论”还是受到了人类中心论的诘难，其最主要的一点是，它把人对自然的义务与人对人的义务割裂开来，好像对人与自然关系的认识、调整以及重新定位与对人与人之间关系的调整无关似的。而事实上，生态危机、水问题的出现往往是扭曲了的心灵以及扭曲了的人与人之间的关系所导致的。然而，当我们承认人同时负有人际道德义务和种际道德义务甚至对非生命的道德义务时，又会遭遇实际层面上的优先权问题。例如，当人的基本需要与其他生命或非生命的基本需要发生冲突时，人的生存或基本需要是否优先？如果承认这种优先权，则是不是意味着人的价值的优越性？如果承认人的价值的优先性则又很难与人类中心论划清界限。因此，非人类中心论的理论原则与现实选择之间往往存在着逻辑上的不一致。这往往成为人类中心论者驳诘的话柄。

因此，透过人类中心论与非人类中心论这两种道德哲学方案对水（环境）如何进入伦理的论争，我们将探寻伦理学反思“水—伦理”之论题中可能达到的范围及其深度。

当水危机已由局部演变为全球性的危机时，水问题则不再仅是自然生态问题，而是自然生态与人类文明面临的重大而紧迫的复合性问题。正是从这一意义上看，人类中心论与非人类中心论之争的实质是一种基于哲学世界观、道德观、价值观变化而为深陷于环境灾难和生态困境的现代文明进行“诊治”或探寻出路从而产出的两种针锋相对的道德哲学方案。其彼此之间既具有替代性又具有补充性。两种方案所折射的是“哲学之改变”的时代精神的诉求，挑战的是人类在“哲学之改变”与“文明之转型”之间能否圆融共进的生存智慧。

“水如何进入伦理”与能否将“人”确立为伦理学的中心的论争将使水伦理学奠基在一种实践哲学和哲学实践的基础上：一方面，它在哲学与文明互动的维度，将推动水伦理学的哲学实践进入更广阔的伦理精神境域，从而使得水伦理成为一种真正意义上的实践哲学；另一方面，水伦理的道德哲学的实现将呈现一种新的人水关系图式，并成为一种比较典型的哲学实践的范例。换言之，“水如何进伦理”不能脱离哲学之改变、文明之转型和人水关系的改变。水伦理也不是要在人类中心论与非人类中心论之间坚持一种非此即彼的立场，而是要在对诸种世界观权衡与审视的基础上，探索伦理道德观转变的实践哲学或哲学实践，以至于我们在面临理论上或实践上的诸多两难困境时能够有机地将“道德多样性”与“伦理共同性”结合在一起，为人水关系的改善进一步开启哲学探索的思想“地平”。

第二章 水伦理的思维方式

思维方式既是水伦理生态哲学研究的重要内容，又规定着水伦理生态哲学的逻辑起点和终点。那么，水伦理生态哲学的建构是以支撑西方生态哲学大厦的生态整体主义思维为基础，还是在传承和借鉴的前提下提出能够从根本上破解水危机和生态环境问题的、具有合规律和合目的性的新思维，为水伦理生态哲学奠定新的方法论基础。这是本章要阐述和解决的重点。

第一节 水伦理的"西方式"思维

西方哲学无论是以"一"与"多"、"变"与"不变"为主题的古希腊哲学，还是以"封闭的循环"、生态整体主义思维为特征的后现代生态哲学，其思维逻辑经历了从实体思维或说线性思维到系统思维的转换。这种转换不是颠覆性的替代而是传统与现代的有机融合，线性中蕴含着循环，循环催生了线性向系统的、非线性的转化或进化。这种思维传统是西方生态哲学（环境伦理学）的根基之一，是当代水伦理得以提出和建构的重要方法论。

一、希腊哲学的实体思维

希腊哲学被公认为是西方哲学的本源，它因带有破解神话世界观体系的使命而具有把哲学带向自然和人间的自然哲学、道德哲学特征。

在自然哲学阶段，第一位自然哲学家泰勒斯因提出了"水是第一基质"的思想而被喻为西方"哲学之父"。不过，因无传世之作，我们很难窥见泰勒斯的思维方式。在回应世界的本原是"一"还是"多"、世界处于"变"还是"不变"的时代课题中，主张一切皆变的赫拉克利特以"火"为本原，第一次明白地表达了古希腊哲学朴素的唯物主义世界观和辩证法，并让我们得以初步认识西方哲学初始的物物思维或说实体性线性思维。

就宇宙整体而言，赫拉克利特认为，宇宙不是神创的而是自创的，宇宙秩序则是宇宙自身逻各斯所规定的，逻各斯包含着万事万物运行的尺度和规律。这种尺度和规律不以神或人的意志为转移。

就自然万物的本原而言，世间万物以"火"为始基，由火与多种元素之间否定之否定的互作转化构成了万物生成的内在逻辑。赫拉克利特说："火生于土之死，气生于火之死，水生于气之死，土生于水之死。火死则气生，气死则水生。土死生水，水死生气，气死生火，反过来也一样。"①即在土、火、气、水四种元素中，火死气生、气死水生；土死水生、水死生气、气死火生，构成了一个以"火"为本原和终极、多种物质元素共同生成的世界图式，其逻辑图示如下（见图2—1）：

图2—1 赫拉克利特的"火"本原论

① 北京大学哲学系外国哲学史教研室：《古希腊罗马哲学》，北京：生活·读书·新知三联书店，1957年，第21页。

从图示可知，赫拉克利特的本原论隐含着以“火”为逻辑起点和终点的封闭的循环，这一循环由物物生死转化的线性逻辑关系主导，是一种替代型思维。虽然赫拉克利特也有水生灵魂的表述但终归于“火”，生与死的辩证转化都是在这个封闭的循环中进行。这种生死转化永不停歇，一切皆变、一切皆流，世间万物是亦非也，如同“我们踏入又不踏入同一条河流，我们存在又不存在”。① 这种线性思维是单向度的，它指向火的永恒不灭。一切皆流而世界本原的物质性不变。因此，认识这种“物格化”的宇宙世界，主要采用“格物”法。

就自然与神和人的关系而言，神不过是永恒的活火，神不再是凌驾于自然之上而是属自然的；神的永恒性取决于自然之火的永恒性。赫拉克利特认为：“这个世界，对于一切存在物都是一样的，它不是任何神所创造的，也不是任何人所创造的；它过去、现在、未来永远是一团永恒的活火，在一定的分寸上燃烧，在一定的分寸上熄灭。”② 在神与人之间，神是智慧的象征，“人类的本性没有智慧，只有神的本性才有”。赫拉克利特说：“在神看来人是幼稚的，正如在成人看来儿童是幼稚的。”③“最智慧的人同神相比，无论在智慧、美丽或其他方面，都像一只猴子”，④ 而“最美的猴子同人类相比也是丑的。”⑤

---

① 苗力田：《古希腊哲学》，北京：中国人民大学出版社，1990 年，第 42 页。

② 《赫拉克利特著作残篇》，见《西方哲学原著选读》（上卷），北京：商务印书馆，1981 年，第 25 页。

③ 《赫拉克利特著作残篇》，见《西方哲学原著选读》（上卷），北京：商务印书馆，1981 年，第 79 页。

④ 《赫拉克利特著作残篇》，见《西方哲学原著选读》（上卷），北京：商务印书馆，1981 年，第 83 页。

⑤ 《赫拉克利特著作残篇》，见《西方哲学原著选读》（上卷），北京：商务印书馆，1981 年，第 82 页。

不过，人作为有灵魂的存在物，还是有别于世间万物。

第一，人是有思想的，人只有用思想武装起来才能智慧地生活。“人人都禀赋着认识自己的能力和思想的能力”[①]，“思想是人人共有的”[②]，“每一个人都能认识自己，都能明智。”[③] 因此，“智慧就在于说出真理，并且按照自然行事，听自然的话。”[④] 他说：“如果要想理智地说话，那就必须用这个人人具有的东西武装起来。”[⑤]“智慧只在于一件事，就是认识那善于驾驭一切的思想。”[⑥] 因此，“不要听从我的话，而是听从逻各斯，承认一切是智慧的。”[⑦]

第二，人可以认识自然，但要达到对自然的真理性认识，就如同找金子一般困难。因为“自然喜欢躲藏起来”,[⑧] 所以“找金子的人挖掘了许多土才找到一点点金子”。[⑨]

---

① 《赫拉克利特著作残篇》，见《西方哲学原著选读》（上卷），北京：商务印书馆，1981 年，第 116 页。

② 《赫拉克利特著作残篇》，见《西方哲学原著选读》（上卷），北京：商务印书馆，1981 年，第 120 页。

③ 《赫拉克利特著作残篇》，见《西方哲学原著选读》（上卷），北京：商务印书馆，1981 年，第 112 页。

④ 《赫拉克利特著作残篇》，见《西方哲学原著选读》（上卷），北京：商务印书馆，1981 年，第 114 页。

⑤ 《赫拉克利特著作残篇》，见《西方哲学原著选读》（上卷），北京：商务印书馆，1981 年，第 41 页。

⑥ 《赫拉克利特著作残篇》，见《西方哲学原著选读》（上卷），北京：商务印书馆，1981 年，第 50 页。

⑦ 《赫拉克利特著作残篇》，见《西方哲学原著选读》（上卷），北京：商务印书馆，1981 年，第 22 页。

⑧ 《赫拉克利特著作残篇》，见《西方哲学原著选读》（上卷），北京：商务印书馆，1981 年，第 34 页。

⑨ 《赫拉克利特著作残篇》，见《西方哲学原著选读》（上卷），北京：商务印书馆，1981 年，第 1 页。

第三，灵魂与水土相转化、与始基之火同在。赫拉克利特说："灵魂死就生成水，水死就生成土；水从土中生成，灵魂从水中生成"[①]，"灵魂也是从湿气里蒸发出来的。"[②]然而，由水而生的灵魂其始基仍然是干燥的火。"火的转化是：首先化为海，海的一半化为土，另一半化为热风。它（指土）融化为海，而且是遵照着同一个道，在原先海化为土的那个分寸上转化的。"[③]这就使"水(海)"、"土"成为沟通灵魂和火不可或缺的媒介物，而灵魂与始基同在。

第四，灵魂要接受火的洗礼，人的价值就在于为正义而战。"最干燥的灵魂是最智慧、最优秀的灵魂。"[④]"一切转化为火，火也转化为一切。"[⑤]人也不例外，人的灵魂只有经得住火的洗礼才可能不朽。为此，他高度赞赏战争，充分肯定接受战火洗礼的灵魂。他说："战场上捐躯的灵魂比在瘟疫中病死的灵魂更纯洁。"[⑥]因为"战争是普遍的，正义就是斗争，一切都是通过斗争和必然性而产生的。战争是万物之父，也是万物之王。它使一些人成为神，使一些人成为人，使一些人成为奴隶，使一些人成为自由

① 《赫拉克利特著作残篇》，见《西方哲学原著选读》（上卷），北京：商务印书馆，1981 年，第 36 页。

② 《赫拉克利特著作残篇》，见《西方哲学原著选读》（上卷），北京：商务印书馆，1981 年，第 12 页。

③ 北京大学哲学系外国哲学史教研室：《古希腊罗马哲学》，北京：生活·读书·新知三联书店，1957 年，第 21 页。

④ 《赫拉克利特著作残篇》，见《西方哲学原著选读》（上卷），北京：商务印书馆，1981 年，第 118 页。

⑤ 《赫拉克利特著作残篇》，见《西方哲学原著选读》（上卷），北京：商务印书馆，1981 年，第 90 页。

⑥ 《赫拉克利特著作残篇》，见《西方哲学原著选读》（上卷），北京：商务印书馆，1981 年，第 136 页。

人”。[①] 所以，人的幸福和人生的价值就在于为正义而斗争、牺牲。“如果幸福在于肉体快乐，那就应当说，牛找到草吃时是幸福的了。”[②]“战争中阵亡的人，神人共敬。”[③]

由此可见，赫拉克利特不仅以火为本原，用生与死的线性关系诠释宇宙万物的生成和变化，而且也以此来阐述“火”与精神及精神创造物（神）的存在，以物质的同一追求宇宙万物的和谐统一。他说：“他们不了解如何相反相成：对立的统一，如弓和竖琴。”[④] 赫拉克利认为：“内在的和谐比表面的一致更为强大。”[⑤]“相反的东西结合在一起，不同的音调造成最美的和谐。”[⑥] 因此，宇宙万物、神、人以及人的灵魂只有在火的洗礼中接受生与死的考验才会变得永恒和神圣，宇宙是一个以火为本原的、生与死相反相成的物质和精神共同体。

赫拉克利特的线性思维或物物思维使他在素朴唯物主义和素朴辩证法方面取得的成就在前苏格拉底早期变得无与伦比。这个包含着唯物的、相反相成的、内在一致的、变化的世界观受到了恩格斯的高度评价，恩格斯认为：“这个原始、素朴的但实质上正确的世界观是古希腊哲学的世界观，而且是由赫拉克利特第一次明白地表达出来的：一切都存在，同时又不存

---

① 北京大学哲学系外国哲学史教研室：《古希腊罗马哲学》，北京：生活·读书·新知三联书店，1957 年，第 27 页。

② 《赫拉克利特著作残篇》，见《西西方哲学原著选读》（上卷），北京：商务印书馆，1981 年，第 94 页。

③ 《赫拉克利特著作残篇》，见《西西方哲学原著选读》（上卷），北京：商务印书馆，1981 年，第 24 页。

④ 北京大学哲学系外国哲学史教研室：《古希腊罗马哲学》，北京：生活·读书·新知三联书店，1957 年，第 24 页。

⑤ 苗力田：《古希腊哲学》，北京：中国人民大学出版社，1990 年，第 41 页。

⑥ 北京大学哲学系外国哲学史教研室：《古希腊罗马哲学》，北京：生活·读书·新知三联书店，1957 年，第 23 页。

在，因为一切都在流动，都在不断地变化，不断地产生和消灭。”①

然而，我们又不难发现，赫拉克利特以物为始基和终极的线性思维在诠释自然整体和精神现象时所存在的局限。一方面，他用宇宙自创否定了神话世界观的神创论。这虽然确保了其世界观是唯物的，但也意味着作为整体的宇宙自然不以“火”为本原，与其“火”本原论在逻辑上存在自相矛盾。另一方面，面对具有精神活动的人和人所创造的精神成果如神话、神，如何用实体思维自圆其说显得力不从心。最终在否定神话世界观的同时又用“永恒之火”立了永恒不变的自然之神，在用线性思维阐述人的物质性的同时又用“神圣之火”保留了人的灵魂不灭。这无疑给“不变”论和有神论留下了理论空间。同时代的“不变”论哲学思想代表巴门尼德不仅从感性世界中抽象出了“存在”这一范畴，而且提出了存在是永恒的、不变的、连续不可分的，他强调“存在就是存在，不存在就是不存在”，反对赫拉克利特可转化的对立统一论。他主张主客对立二分，认为只有通过逻辑思维才能达至对外部世界的真理性认识。这为自然哲学转向道德哲学奠定了一定的基础。

在道德哲学阶段，“古希腊三贤”——苏格拉底、柏拉图、亚里士多德出于对国家和人民命运的关心将哲学关注的重点从自然转向了人类本身，把追求无穷无尽变化的、不确定的自然真理转向了对一种不变的、确定的、永恒的理性真理的追求。

苏格拉底否定了单向度地向外界自然探求真理的思维，要求返求于己、研究自我。自我由此从自然中明显区别开来，人不再是自然的一部分而是和自然不同的另一种独特实体。他反对研究自然，把宇宙自然交给了神，主张神是世界的主宰，“只有神才是智慧的”；主张以“善”为最终因和目的，研究心灵、灵魂、真理、正义和美，以目的论取代关于自然

① 叶秀山：《前苏格拉底哲学研究》，北京：生活·读书·新知三联书店，1982年，第91页。

的、无穷无尽的因果关系研究，将精神实体和物质实体相分离，创立了一种以人生目的和善德为中心的道德哲学体系，提出了“知识即美德”的重要论断。苏格拉底以唯心的反诘法取代了赫拉克利特生死转化的唯物辩证法，两者虽同属辩证法但遵循的路线不同，一个求诸己，一个求诸外；一个向内心求真理，一个向外界自然求永恒；一个夸大主体、理性和抽象思维，一个强调自然、感性和具象思维；一个主张对立分离，一个主张对立统一。导致希腊哲学在“变”与“不变”的对立和交织中发展。

柏拉图一方面接受了巴门尼德关于真实的实体必须是永恒的、持久的、不动的、不可毁灭的等观点，认为概念的普遍性表明存在着统治我们关于世界的认识和我们的思想的“形式”或“理念”，并且这些“形式”或“理念”不存在于经验世界中；另一方面，承认概念与客观世界之间的关系是一种“分有”的关系，这又在认识论部分承认了物质客体的实在性，为知识和理性思想的连接提供了一个恰当的基础，实现了巴门尼德形而上哲学的部分突破。在伦理道德的架构方面，柏拉图提出了以美和善为终极形式，并承认多种形式及其相互联系的存在，指出其内在逻辑具有统一性。这又为诠释变化提供了认识论途径。

亚里士多德则进一步把形式的概念带入了自然界，把质料和形式相结合作为世界的本原形成了土、水、火、气四大元素共同构成，干、湿、冷、热四种特性相互作用的自然客体论，并指出这些客体的存在形式具有潜在和实有两种，变化则是潜在特性的实现，实有形式则是一个客体在某个特定时刻所展开出来的一组特性。这就为变与不变统一提供了某种可信的解释，同时又不违背巴门尼德绝对的变化是不可能的命题。亚里士多德对变化问题的解释把古希腊关于“变”与“不变”的论争推向了终结。与此同时，亚里士多德认为人是有灵魂的，其灵魂可分为感性的和理性的；人的知识来源于感觉，外部世界基本完善无缺、无须进化；他还认为任何过程都是有目的。“凡是运动的物体，一定有推动者在推着它运动”即“必然存在第一推动者”。这在后来被宗教演绎为上帝是“第一推动者”，也在一定意义上启发了牛顿力学。

中世纪西方哲学主要在基督教宗教框架内发展，侧重从宗教的立场出发消化和吸收希腊哲学。中世纪早期，世界与上帝的关系类似于世界与柏拉图的形式之间的关系。到中世纪晚期，亚里士多德哲学的影响过于显赫，以至于早期现代哲学因故意抵制而在一定程度出现了回归柏拉图和毕达哥拉斯的哲学观点。不过，就方法论而言，基督徒习惯于用象征性的宗教故事阐释世界。这与着迷于对那些来源于感觉经验的精神形象和外在世界的物质客体之间的关系分析的现代哲学存在很大区别，与指向环境保护的后现代生态哲学有着根本不同。

首先，希腊哲学并不以系统的方式思考人与自然的关系问题，也不把理解自然中的生态关系当作知识。关于世界拥有一个理性结构的信念也让希腊人忽视亲身观察实在的世界，并对感性信息持有一种警惕的态度。偏好和信赖理性，使人们重视逻辑推理而轻视接受自然的经验世界和实践关系。即使探讨土、水、气、火等现代生态学中极具重要意义的生态元素，他们也只是把这些元素作为终极物质或元素的替代物，没有任何科学上的意义。虽然亚里士多德把形而上学与物理学区别开来，为科学研究这些元素奠定了基础，但在那时也主要是作为可以被替代的、作为世界本原的元素而探讨的。随着中世纪末现代科学的兴起，这些元素退出物理学而成为化学而非生态学的一部分。

其次，假设的世界结构是简单的。简单性的假设促使希腊人忽视复杂的关系，喜欢更为简单的关系，这导致了还原论这一研究方法的产生，这一方法关注的是与其整体相分离的部分。其认识论在于：复杂的联系和关系可以被分解为一系列简单的联系和关系。尽管这种方法对现代物理、化学的发现有着至关重要的作用，但有碍于对整体世界的真实研究，也不适合于生态学研究。希腊哲学家倾向找出并关注那些必然的和普遍的关系——不会改变的关系，以及在所有的时间和地点都存在的关系。换句话说，是要合乎逻辑的、可以推导出来的放之四海而皆准的理论或概念。然而，大部分的生态关系不是可以推导出来的。生态关系是特定进化过程的产物，它们完全可能以不同的方式展现，同时，生态关系的复杂性、不确定性、非线性限制了观察和实验在理论论证中的有用性。如熊猫与竹子的关系、狼与大山、人与水的关系。亚里士多德被认为“是唯一从生态学视角理解自然的人”①，他在《动物分类学》中强调，前苏格拉底时代对终极物质的研究，必须要用对自然客体、植物和动物的研究来补充；他还研究并形成了《气象学》，注意到了地球局部和广大地区环境的变化。然而，最终指向的目的论却认为这些活的有机体的存在是作为某个伟大设计的部分纳入自然界中的。例如，橡树果存在的目的或终极因是变成橡树。认为低级有机体的存在是为了高级有机体的利益，它们都可以被纳入一个存在的等级系统中，人处于这个系统的顶点。在其《政治学》中提出了一个为了人而创设的自然等级系统。即大自然→植物→动物→人。植物就是为了动物的缘故而存在，动物又是为了人的缘故而存在，大自然是为了人的缘故而创造了所有的动物。这种为了人的等级系统被认为是永恒的、不可改变的。亚里士多德关于自然目的的这一信条使他与保护环境绝缘，直至其学生塞菲拉思特斯（Theophrastus）通过植物研究提出了许多关于生态关系的重要见解进而拒绝了亚里士多德的属人的自然目的论。他宣称，他们拥有自然的独立于人类的需要和利益的目的。② 遗憾的是，其思想并没有引起对自然的生态哲学研究者的重视。

① ［美］尤金·哈格洛夫：《环境伦理学基础》，杨通进、江娅、郭辉译，重庆：重庆出版集团、重庆出版社，2007 年，第 31 页。

② 参见［美］尤金·哈格洛夫：《环境伦理学基础》，杨通进、江娅、郭辉译，重庆：重庆出版集团、重庆出版社，2007 年，第 33 页。

总之，从赫拉克利特到海德格尔，西方哲学始终在“变”与“不变”中寻找着替代性的解决方案。无论是以宇宙自创为原点还是以神创论为原点，无论是强调物质实体还是强调精神实体，注重的都是物与物的内在线性关系，在思维上不利于非线性的、多样的、复杂的、不确定的生态思想的发展。不过，主张“用心灵的眼睛去注意自身”，倡导人的精神、修养、幸福、美德、真理、正义等理念，也可以为唤醒公众参与环保的主体精神以及增进改造自我、保护环境的道德行动提供精神资源。

二、“现代哲学之父”主客二分的机械论思维

经历了中世纪宗教教义和宗教哲学的洗礼，认识论问题成为西方哲学最基本的问题。因此，在近现代西方哲学追求世界的内在统一性、致思世界本源的背后，深藏着为人类一切知识体系奠基的理性奢望与思想动机，这是因为它与人类的终极关怀内在相关，是与人的存在意义性命攸关的难题。

作为近现代哲学奠基者和唯理论创始人的笛卡尔，对二元实体进行了缜密思考，认为哲学作为一切知识体系的基础必须是从一个清楚明白、无可置疑的基本原理推演出来的严密的科学体系。他以“一切皆可怀疑”为出发点，主张唯一不能怀疑的就是“我在怀疑”这一活动本身，即“我思故我在”，以“我思”而非“存在”作为形而上学的基础，进而开启了认识论上的一场革命，将蕴含于本体论背后的主体性因素凸显出来，为近现代哲学的主体性原则奠定了统一的理性基础。笛卡尔因此被称为“现代哲学之父”，但美国后现代环境伦理学的代表之一哈格洛夫却称他为“现代哲学问题之父”[①]。笛卡尔哲学与以往哲学以及现代哲学问题究竟有何内在

① ［美］尤金·哈格洛夫：《环境伦理学基础》，杨通进、江娅、郭辉译，重庆：重庆出版集团、重庆出版社，2007 年，第 45 页。

关联？

第一，与以往西方哲学从物或神或灵魂出发有所不同，笛卡尔“我思故我在”的思维是从“我心”出发的。他主张“从在我心里首先找到的概念一步步地推论到后来可能在我心里找到的概念”[①]。那么，“在我心里首先找到的概念”是什么呢？答案是上帝，但至关重要的是通过上帝又找到了的终极的“善”——“至极完满的存在”。

上帝是“一个无限的、永恒的、常住不变的、不依存于别的东西的、至上明智的、无所不能的以及我自己和其他一切东西……由之而被创造和产生的实体”[②]。上帝是先在的、必然的存在性，是无限的、永恒的、绝对的，人是有限的、非永恒的、非完满的。人通过“至极完满的存在”去认识上帝是什么，认识自己存在的原因。我有限，上帝无限。有限者不能包含、更不能产生无限者。作为一个非完满的有限实体，“我的本性是有限的，不能理解无限”[③]。那么，无限实体的观念只能来自作为无限实体的上帝，是上帝“在创造我的时候把这个观念放在我心里”，从而使有限的我得以思考至极完满的存在。

根据“我思故我在”的总原则：“凡是我们领会得十分清楚、十分分明的东西都是真实的”。[④] 笛卡尔强调：“不是因为我把事物想成怎么样事物就怎么样，并且把什么必然性强加给事物；而是反过来，是因为事物本身的必然性，即上帝的存在性，决定我的思维去这样领会它。”[⑤] 那么上帝是“我”

---

① 笛卡尔：《第一哲学沉思集》，庞景仁译，北京：商务印书馆，1986年，第36页。

② 笛卡尔：《第一哲学沉思集》，庞景仁译，北京：商务印书馆，1986年，第45—46页。

③ 笛卡尔：《第一哲学沉思集》，庞景仁译，北京：商务印书馆，1986年，第47页。

④ 笛卡尔：《第一哲学沉思集》，庞景仁译，北京：商务印书馆，1986年，第35页。

⑤ 笛卡尔：《第一哲学沉思集》，庞景仁译，北京：商务印书馆，1986年，第70—71页。

能领会清楚的吗？他也说一切皆可疑，那么上帝可质疑吗？有没有绝对的、永恒的规定？有，那就是“至极完满的存在”。按照理性的法则：无中不能生有，比较完满的东西也不能是比较不完满的东西的结果和依据。① 因此，完满属于上帝，而且上帝也不会欺骗我们的。因为理性告诉我们，欺骗必然出自缺欠，而缺欠显然不能归之于作为无限者、完满者的上帝。②

第二，在认识论上，遵循理性主义的基本逻辑。一方面，将思维的必然性归属于无限实体即上帝，而一切有限之物都在不同程度上具有偶然性。这个逻辑与神学逻辑联系起来，就具有了这样的表述：上帝乃是理性的先定必然性，只有上帝的存在才是永恒真理。这一点，不仅明显地体现在笛卡尔身上，在其后继者斯宾诺莎，尤其是莱布尼茨那里，也同样存在。另一方面，采用因果分析法或“从结果里检查原因”的综合法，认为最先提出的东西用不着后面的东西的帮助即能认识。例如，上帝存在的证明。“假如上帝真不存在，我的本性就不可能是这个样，也就是说，我不可能在我心里有一个上帝的观念……”③ 虽然“在沉思的过程中达到的第一个直觉是自我，第二个直觉是上帝的观念”④，但无论在存在论或是认识论上，上帝的观念无疑更为重要：“我明显地看到在无限的实体里边比在一个有限的实体里边具有更多实在性，因此我以某种方式在我心里首先有的是无限的概念而不是有限的概念，也就是说，首先有的是上帝的概念而不是我自己的概念。”⑤ 只有通过这个无限的概念，我们才能发现观念的真正来源，才能透析“自我”本性的缺欠，从而认识我们的怀疑和希望。因此，我们所应做的、

① 笛卡尔：《第一哲学沉思集》，庞景仁译，北京：商务印书馆，1986年，第40—41页。

② 笛卡尔：《第一哲学沉思集》，庞景仁译，北京：商务印书馆，1986年，第53页。

③ 笛卡尔：《第一哲学沉思集》，庞景仁译，北京：商务印书馆，1986年，第53页。

④ Marjorie Glicksman Grene, *Descartes*. Indianapolis : Hackett，1998:6.

⑤ 笛卡尔：《第一哲学沉思集》，庞景仁译，北京：商务印书馆，1986年，第46页。

所能做的就是坚信上帝存在的真实性和他那无限的创造力。这样，就实现了上帝存在的证明过程与确立信仰者和被信仰者关系的过程的同一。笛卡尔本人终身信仰基督教，以有限自我思考并拥有上帝观念的存在。

第三，以二元对立的机械本体论和方法论解释自然存在和人。作为解释方法的机械论就是对日常生活中发生的两个事件 A 和 B，如果在时间中先后发生，那么可以用两种因果方式来进行解释，一是用 B 是因为 A 的因果解释称作机械论因果解释，一是用 B 是 A 的目的来解释称作目的论因果解释。两者都承认 A 和 B 不仅在时间上是先后的而且还存在着另一种内在关系，前者主张的是因果律，后者强调的是价值关系。如果我们将这两种因果解释方式推至对整个世界的解释，那么我们就得到了两种对立的本体论：机械论的本体论与目的论的本体论。机械论的本体论主张世界之中的所有现象都可以并且只能够用机械的因果关系来加以解释，从而反对引入任何目的。而目的论的本体论则主张世界之中的所有现象都朝向着目的，没有任何因果解释可以完全脱离目的。文德尔班认为这是“两种关于自然的理论之间的对立，一种理论完全地摒弃了价值，而将无差别的因果性归给自然并作为其本质，而另一种理论则主张我们知觉到了，或者我们认为我们知觉到了，自然的目的性”[①]。因此，对机械论作方法论还是本体论的解释直接关系着对作为“现代哲学之父”笛卡尔所奠基的西方现代哲学的理解。

就构成世界的实体而言，笛卡尔的解释并非纯粹机械本体论的。亚里士多德将事物划分为了人工物与自然物，所有人工物都是人所制作出来的，所有的自然物都是神所创造的。中世纪的经院哲学发挥了这一点而强调说，所有的自然物，包括无生命的物体以及有生命的植物、动物以及人类，都

① Wilhelm Windelband, *An Introduction to Philosophy*, New York: Henry Holt and Company, 1921：151.

是上帝所创造的神圣造物。笛卡尔对这种观点作出了进一步的改造——在目的与行动之间插入了行动主体对目的的认知与意愿。他把上帝所创造的被造物区分为不会运动的和会运动的，认为所有会运动的神圣造物，在没有心灵参与的情况下，都仅仅是上帝所创造的机器。就像机器的部件与设计结构决定了它的全部功能与运作；同样地，在没有心灵参与的情况下，生物体（包括人的身体）的各个不同的器官的倾向及活动能够决定这个生物体（包括人的身体）的所有功能和运作。正是在这个意义上，笛卡尔提出了其著名的机械论论断：动物是机器，没有心灵参与的人的身体也仅仅是机器。这意味着笛卡尔的机械论本体论限制"在没有心灵参与的"纯粹的物体所构成的世界之中，也就是说，在笛卡尔关于构成世界的实体的三种样态——物体、心灵与上帝中，机械论主要用于对物体的解释。

对于有心灵的人而言，笛卡尔主要是在方法论而非本体论的意义上采用机械论。他将人的活动分为知觉活动（包括感觉与激情）、意愿活动（包括由心而发的活动）。其因果解释是：外物的运动→身体部分的运动（外感官等）→……大脑的运动→心灵的观念→大脑的运动→……身体各个部分的运动（肌肉等）→外物的运动。这是一种从外物到心灵、心灵到外物的心灵与物体之间的因果作用关系的表述。笛卡尔终其一生都坚定地主张并且致力于推广无目的的机械论的因果解释。他说："我们必须注意到这样一条规则——我们必须永远都不从目的出发来进行论证。"①

就自然与人的总体关系而言，笛卡尔的机械论解释是本体论的。他认为，自然界的一切运动和变化，都严格服从于机械运动的规律，自然界完全是一个必然的领域。自然界存在的不同实体包括心灵与肉体、物质实体与精神实体等的关系都是二元对立的。例如，与自然界这个必然领域相对的是一个自由自觉的领域，即人类的灵魂、心灵或者意识。一

① 《与伯曼的对话》，AT V 158。

个自由的精神世界与一个必然的自然世界相互分裂，必然和自由就处于彼此悖反之中。这样，人作为具有心灵与肉体、物质与精神二象性的特殊实体，身心也处于二元对立之中。身心本质上是不同的，但实际上又是内在统一的。本质不同的东西如何获得内在统一，这就是笛卡尔哲学的难题。

对此，笛卡尔本身也曾试图破解：(1) 提出了“绝对实体”和“自然信念”理论，借无限完满的上帝之手试图实现身心的统一。他说：“这种绝对不需要别的东西就能被理解的实体只有一个，就是上帝。”① 也就是说，上帝是绝对的实体，上帝作为宇宙万有的创造者和一切运动的第一原因，使有限物质实体运动变化的基本能量来自上帝的一次性赐予。这样，实体的统一性问题就有可能解决。“绝对实体”和“自然信念”的理论使神学与哲学在认识论上统一起来，虽然混淆了知识与信仰、神学与哲学的关系，但却开启了把上帝存在的证明归之于知识论范畴的先河。使上帝在知识呈几何级数增长的今天也被广泛信仰。正如黑格尔所指出的，虽然笛卡尔没有意识到存在是自我意识的否定，但“笛卡尔哲学的精神是认识，是思想，是思维与存在的统一”。② (2) 提出了“重力比喻”理论，重力与物体的结合是整体性的，重力的这种特征能够为我们解释身心一致提供一个恰当的类比，表明身心是密切结合在一起的，犹如重力和物体是密不可分的一样。(3) 提出了“神经网”理论，认为神经如同一张网，散布全身，它是身心统一的媒介，身心正是通过它而实现相互作用和内在统一的。(4) 提出“松果腺”理论，认为身心的结合来自于大脑最深处的松果腺，它位

---

① Descartes, *Principles of Philosophy*, Dordrecht : ReidelPublishing Company, 1983 : 23.

② 黑格尔：《哲学史讲演录》第四卷，贺麟、王太庆译，北京：商务印书馆，1978 年，第 67 页。

于大脑实体中间的某个非常细小的腺体，它把悬在身体上的某种元气从前腔流到后腔，从而实现了身心交感。可见，笛卡尔对身心统一的论证不仅是牵强附会的，而且是毫无根据的，身心关系问题仍然是笛卡尔哲学中未能解决的一个难题。

笛卡尔之后，唯理论者如斯宾诺沙、莱布尼茨，经验论者洛克、卡尔纳普，现代语言分析哲学、现代存在主义哲学等试图破解此难题，现代哲学家哈贝马斯主张从以主体性哲学为核心向交互主体性（或者主体间性）哲学为核心的转换，从个人中心的认识论转向社会化的认识论，从心灵赋予的认识论基础转向社会交往赋予的重叠共识，从个别主体对客体的镜像反映转换成认识共同体，在问答逻辑中生成交往互惠。因而解构主体性哲学及其理性至上主义路线，反对基础主义和表象论，批判主客两离与身心二元的思维方式，就成为现代哲学的一个基本导向。

值得关注的是，一方面，机械论自然观并不是一个哲学家完成的。培根经验主义的自然观，笛卡尔崇尚分解的科学方法和牛顿力学的机械论世界图景等耦合互作，导致人们将作为整体而存在的自然还原、拆卸、分解为各种孤立存在和基本单位。作为人类征服、改造和统治的对象则还应加上宗教哲学的负面影响。在概念上，把主体与客体、主观性与客观性、描述与评价把人与自然对立起来。另一方面，虽然笛卡尔哲学与古希腊哲学有很大不同，他认为客观物质不是永恒的和不可毁灭的，是随着上帝偶尔支撑而存在或消失。但在关于人类灵魂和上帝的认识方面却存在着一脉相承。他充分肯定人类的灵魂是永恒的和不可毁灭的，物质的存在也直接地依赖于上帝的力量。因此，在笛卡尔那里，人类对自然的干预和关怀就仍然找不到恰当的位置。①

① ［美］尤金·哈格洛夫：《环境伦理学基础》，杨通进、江娅、郭辉译，重庆：重庆出版社，2007年，第47页。

三、“现代环境伦理学之父”的生态整体论

主客二分、心物分离的哲学难题、主流哲学对理念论的执着以及对马克思主义实践哲学的排斥等使传统西方哲学失去了作为生态哲学或环境伦理学创建的时代机遇，出现了生态学初创于传统西哲之域而生态哲学或环境伦理学则开创于美国的局面。笛卡尔自己也曾说身心二元如何统一的问题，其实并非一个形而上学的问题，而是一个科学的问题，只有期待科学事业的巨大进步才有望解决。马克思主义哲学则认为二者统一的唯一途径是实践。因为这些思想和哲学迷思“不是一个理论的问题，而是一个实践的问题”①。只有在实践中而不是在心灵中，才能确立认识论的真实基础，才能验证主体性认识能力及其认识成果的科学性。因此，凡是把哲学论争引入神秘主义邪路上去的奇谈怪论，都只能在对实践的合理理解中得到真正解决，舍此并无他途。②

19 世纪末到 20 世纪晚期，一方面，科学的发展特别是生物学、地球学、博物学、生态学的非规则、非几何性关系，使原本在数、理、化中非常有效的研究方法受到了挑战。非普遍、非必然、非永恒以及不受时间限制的复杂关系成为现代科学研究的对象。到 20 世纪晚期，地理学、生物学和生态学中的哲学问题成为当代哲学研究的对象。因此，现代科学的发展改变了西方传统哲学偏好的科学模式，也改变了西方传统哲学本身。新的科学模式和哲学思考鼓励人们对存在的感知和对环境的关怀。无论是有生命的还是无生命的客体在事实上是存在的、有价值的。另一方面，社会实践和生活实践改造着世界也改变着人的认识以及人与自然、社会的关

---

① 《马克思恩格斯文集》第 1 卷，北京：人民出版社，2009 年，第 503—504 页。

② 朱荣英：《笛卡尔哲学难题的种种求解方案及现代启示》，《天中学刊》2015 年第 2 期。

系。找到得客观地研究自然、人和社会的方法成为哲学家、科学家共同关心的问题。逻辑实证主义、事实判断与价值评判相结合或推移等方法论应运而生。

以“现代环境伦理学之父”罗尔斯顿为代表的生态整体主义正是基于新的科学成就和事实与价值推移等方法论而形成的新思维、新理论。正如罗尔斯顿自己所认为的：“将价值理论重新确立起来的前提是诸如进化论、生物化学或生物学等涉及自然史之丰富性学科所提供的思维范式的转变。”①“当生态学成为关于人类的生态学时，就把人类安置于他们的Oikos——他们的‘家’的逻辑之中。”② 这意味着在罗尔斯顿的心中生态学赋予了自然以人类家园的意义。罗尔斯顿认为：“作为生态系统的自然并非不好的意义上的‘荒野’，也不是‘堕落’的，更不是没有价值的。相反，她是一个呈现着美丽、完整与稳定的生命共同体。”③“一个人如果对地球生命共同体——这个我们生活和行动于其中的、支持着我们生存的生命之源——没有一种关心的话，就不能算作一个真正爱智慧的哲学家。”④ 正是基于生态整体主义的生命共同体理论来展开“爱智慧”的哲学研究，罗尔斯顿完成了对生态哲学和环境伦理学的理论建构。

第一，以生态整体论取代了长期以来在西方占主导地位的机械论。主客二分的机械论把宇宙自然看做是可以任人分割的机器，是一只上帝已替

① Holmes Rolston, III, *Philosophy Gone Wild, Essays in Environmental Ethics/Buffalo*, New York：Prometheus Books，1986：98.

② ［美］霍尔姆斯·罗尔斯顿：《哲学走向荒野》，刘耳、叶平译，长春：吉林人民出版社，2000 年，第 81 页。

③ ［美］霍尔姆斯·罗尔斯顿：《哲学走向荒野》，刘耳、叶平译，长春：吉林人民出版社，2000 年，“中文版序”第 10 页。

④ ［美］霍尔姆斯·罗尔斯顿：《哲学走向荒野》，刘耳、叶平译，长春：吉林人民出版社，2000 年，“中文版序”第 11 页。

它上紧了发条的大钟。“世界是一部钟表机器，行星在其轨道上永不休止地运转，所有系统在平衡中按决定论而运行，所有这一切都服从于外部观察者能够发现的普适定律。”① 这个世界只能是简单的、可逆的、精确的、确定的、静态的世界，没有目的、生命和精神。一切都可以严格预言，一切运动都可以还原为机械运动。这种观念在带给工业时代辉煌的同时，也给这个时代留下了巨大的阴影。人们只把地球看做是一种“资源”，割裂了人与自然界血肉相依的有机联系，结果在毁灭自然价值的同时，也使自己的生存蒙受了极大的伤害。

生态整体论对世界的认知摆脱和超越了机械论的认知模式。它依据生态科学对生命与无机世界之间联系的认识，把世界看成“人—社会—自然”构成的复合生态系统，是一个具有内在关联的活的生态任何一种社会思维方式，都是由关于对象世界的认知结构、价值结构、思维方法三个方面有机构成的。系统整体观作为现代生态思维形成的关于对象世界的认知结构模式，是对客观世界的一种总体观点与把握方式。它把生物与环境之间的复杂联系看成是一个生态系统，从整体的角度出发，着眼于事物之间的相互联系和相互作用，并以此作为理解和规定对象的一种思维原则。

生态整体论认为，事物整体与部分的区分只有相对意义，它们的相互作用是更基本的，而且是整体决定部分，而不是部分决定整体。即部分的性质是由整体的动力学性质决定的，它依赖于整体。部分只是在整体中才获得它的意义，离开整体就会失去其存在。因而，首先是整体，它是动力学的决定部分；部分作为整体的内容，它表现整体。它们两者是互补的，不可分割的。整体主义的思维让我们认识到把某些要素从整体中抽取，并可在分离状态下认识它们的假设是错误的。“在与它们密不可分的整体相分离的状态下发展

① ［比］伊·普里戈金、［法］伊·斯唐热：《从混沌到有序：人与自然的新对话》，曾庆宏、沈小峰译，上海：上海译文出版社，1987年，“前言”第8页。

起来的论述它们的概念将不能准确地反映它们在整体中的情形。”①

第二，以事实与价值相推移的非线性方法取代分析还原论。“整体主义自然观构成了具有根本性变革意义上的自然观念的更新，而其中的关键在于它不仅采取了一种对自然的整体主义的认识，而且还提出了一种评价自然的全新视角与方法。”②

传统的机械论世界观把世界预设为一台机器，认为这台机器可以还原为它的基本构件，分析还原就成了这种思维方式下的基本方法。还原论把事物分成各细部去找出它们是由什么组成的，把事物的整体性质归结为最低层次的基本实体的性质，用低层次的性质来解决较高层次和整体的性质。这种方法，普里戈金称之为“世界的简单性原则”，托夫勒称之为“拆零”。分析还原的方法导致我们对自然界的认识分离成越来越小的片断，“我们对自然的各部分着了迷，但却忘了看一看整体。”③以为这些分离成分之间的联系其实没什么要紧。

然而，错综复杂的人与环境关系问题以及生物与非生物环境的复杂性、多样性、不确定性关系，使这种分析还原法显得力不从心。以现代生态科学为基础的生态哲学认为，无序、不稳定、多样性、不平衡、非线性关系以及暂时性是生态系统演化最基本的现象，因此，认识和评判事物应该更加注重事物不断生成、不断展开、不断转变的事实，将对事物的合理价值评判与事实相结合。因为“生态系统是一个由多种成分组成的完整的整体，在其中，样式与存在、过程与实在、个体与环境、事实与价值密不

① ［美］大卫·雷·格里芬：《后现代科学》，北京：中央编译出版社，1998 年，第 155 页。

② 王国聘：《哲学从文化走向生态世界的历史转向：罗尔斯顿对自然观的一种后现代诠释》，《科学技术哲学研究》2000 年第 5 期。

③ ［美］阿尔·戈尔：《濒临失衡的地球》，陈嘉映译，北京：中央编译出版社，1997 年，第 13—14 页。

可分地交织在一起”。[①]

事实与价值相交织的方法论与分析还原论相比有这样几个新特点：一是以生态整体论为基础，强调生物与生物、生物与非生物、部分与整体之间的相互联系、相互作用和相互依赖，注重非线性的网络因果关系；二是以生态系统论为基础，以系统整体的完整、稳定和动态平衡为依据，合理评判事物存在及其演化的价值关系；三是以非线性的生态思维逻辑，使研究范式从追求推理的解析性、严谨性、确定性和完美性转向整体性、灵活性、模糊性、不确定性、多样性和模型化；四是研究的最终目的不是寻求系统的某种最终发现或解决问题的最优方案，而是着眼于探索自然、人、社会合理发展的途径。

因此，“传统的理由是说价值就在于利益（实为人类利益）的满足。但现在，这个定义看来只是出自偏见与短视的一个规定”[②]。罗尔斯顿把价值当做事物的某种属性来理解，明确提出：“我们要扩大价值的意义，将其定义为任何能对一个生态系统有利的事物，是任何能使生态系统更丰富、更美、更多样化、更和谐、更复杂的事物。”[③] 由此，自然界、自然系统、自然物不仅有了统一性即价值，而且有了客观存在的工具价值、内在价值和系统价值；人和自然的关系也有了统一的基础，即在共同体内，人和自然既具有相互依存的工具价值，又具有各自独立的内在价值；工具价值表现为相互之间的利用性，内在价值则表现为对共同体的协调功能，即人和自然都具有协调整个共同体，使之朝着和谐的方面运行的能力。在人与自然之间，

---

① ［美］霍尔姆斯·罗尔斯顿：《环境伦理学》，杨通进译，北京：中国科学出版社，2000 年，第 297 页。

② ［美］霍尔姆斯·罗尔斯顿：《哲学走向荒野》，刘耳、叶平译，长春：吉林人民出版社，2000 年，第 233 页。

③ ［美］霍尔姆斯·罗尔斯顿：《哲学走向荒野》，刘耳、叶平译，长春：吉林人民出版社，2000 年，第 231 页。

自然的价值更根本和更基础。因为“如果我们相信自然除了为我们所用就没有什么价值，我们就很容易将自己的意志强加于自然。没有什么能阻挡我们征服的欲望，也没有什么能要求我们的关注超越人类利益”①。

第三，由自然作为价值之源推导出人对自然的权利和义务，这是罗尔斯环境伦理学的逻辑。罗尔斯顿认为，尊重自然的内在价值作为一种部分的伦理之源，“它不是要取代还在发挥正常功能的社会与人际伦理准则，而是要将一个一度被视为无内在价值，只视对人类如何便利而加以管理的领域引入伦理思考的范围”②。

罗尔斯顿以《哲学走向荒野》、《自然界的价值》、《环境伦理学：自然界的价值和对自然界的义务》等著作，建构起了以“荒野”自然观、自然价值论为基础的环境伦理学，形成了一种独特的“自然价值论生态伦理学”体系。③ 其主要观点：(1)“荒野”是一切价值之源，也是人类的价值之源。“荒野”自然界作为生态系统是一个自组织、自动调节的生态系统，人类没有创造荒野，但荒野却创造了人类。“荒野”作为一切价值之源不仅创造了自然价值，而且创新具有内在价值和具有价值评判能力的人类。因此，自然界的价值是属自然的，自然“荒野”首先是价值之源，其次它才是一种资源；自然界不仅具有以人为尺度的价值，即非工具主义的内在价值，这些工具价值和内在价值相互交织在一起，使自然本身也具有“自在价值”——一种超越了工具价值和内在价值的系统价值。自然系统价值散布在整个自然系统之中，是某种充满创造性的过程，工具价值和内在价值

① ［美］霍尔姆斯·罗尔斯顿：《哲学走向荒野》，刘耳、叶平译，长春：吉林人民出版社，2000 年，第 197 页。

② ［美］霍尔姆斯·罗尔斯顿：《哲学走向荒野》，刘耳、叶平译，长春：吉林人民出版社，2000 年，第 29 页。

③ 参见傅华：《西方生态伦理学研究概况（下）》，《北京行政学院学报》2001 年第 4 期。

都是它的产物。总之，不仅应当使“哲学走向荒野”，而且应该“价值走向荒野”，人也走向荒野而成为一个具有城市、郊区、荒野“三向度的人”，因为“只有那些同时投入郊区和荒野怀抱中的人才是三向度的人。只有当一个人学会了尊重荒野自然的完整性时，他才能真正全面地了解成为一个有道德的人究竟意味着什么”。①

（2）大自然的价值主要基于自然系统的创造性，价值具有属自然性。“自然系统的创造性是价值之母，大自然的所有创造物，只有在它们是自然创造性的实现意义上，才是有价值的。”②“价值是这样一种东西，它能够创造出有利于有机体的差异，使生态系统丰富起来，变得更加美丽、多样化、和谐、复杂。”③ 因此，创造性是罗尔斯顿自然价值论的重要内容，他认为这种创造性在生态系统上有明显的表现。自然系统的创造性赋予它的创造物以价值，自然的造物在拥有价值之后又相应具备创造性，要求创造出系统的丰富与和谐。通过价值转移，自然系统与自然创造物之间也实现了创造性的传递，自然系统—创造性—创造物—价值—创造物—创造性—价值—自然系统，进而使自然价值成为“终极存在”。正如罗尔斯顿在《哲学走向荒野》的序言部分所说：“这个可贵的世界，这个人类能够评价的世界，不是没有价值的；正相反，是它产生了价值——在我们所能想象到的事物中，没有什么比它更接近终极存在。”④ 关于自然和自然价值

① ［美］霍尔姆斯·罗尔斯顿：《环境伦理学》，杨通进译，北京：中国社会科学出版社，2000年，第55页。

② ［美］霍尔姆斯·罗尔斯顿：《环境伦理学》，杨通进译，北京：中国社会科学出版社，2000年，第10页。

③ ［美］霍尔姆斯·罗尔斯顿：《环境伦理学》，杨通进译，北京：中国社会科学出版社，2000年，第10页。

④ ［美］霍尔姆斯·罗尔斯顿：《哲学走向荒野》，刘耳、叶平译，长春：吉林人民出版社，2000年，“序”第9页。

是否能成为“终极存在”，这是人类面对严峻的生态环境问题必须进行反复深思的问题，是关系人类史与自然史能否辩证统一地持续演进的一个重大基础理论课题。对此，罗尔斯顿与马克思的选择是相同的，都认同自然价值在未来社会中的终极存在。这对正确解决当代生态危机和水危机以及建构水伦理价值论，具有重要参考价值和现实意义。

（3）基于“荒野”自然观和自然价值论的伦理学应该遵循自然规律、尊重自然创造及其价值，并将这种“遵循大自然”作为道德义务。罗尔斯顿强调，环境伦理学是“一种恰当地遵循大自然的伦理”，因为“自然最有智慧”①。人的卓越能力不应成为人傲慢统治其他事物的理由：因为从生态学的角度出发，世界上并无绝对的中心，每一物体都为系统中的要素，它们只有在整体中才能发挥作用。同样，人没有理由掠夺自然，人类考虑问题的基点只能是人类整体的利益。因此，他认为，人类要把遵循自然当作自己的道德义务，也要把生态规律转化为道德义务。人的自我完善特别重要，而要达到人的自我完善，就要培养人的利他精神，使人在地球上“既作为生态系统的一个‘公民’又作为其‘国王’……对生态系统进行治理”。② 总之，一方面，为了所有生命和非生命存在物的利益，必须遵循自然规律，把遵循自然规律作为我们人类的道德义务。这就是生态伦理学的主题。③ 另一方面，从生物学意义，主张“一种具有生物学意识的健全的伦理”应当更看重物种和生态系统，而不是个体。即强调物种和生态系统具有道德优生性。这是罗尔斯顿生态哲学思想的一个鲜明特点。

第四，罗尔斯顿的价值模型由宇宙自然系统、地壳自然系统、地球自

---

① ［美］霍尔姆斯·罗尔斯顿：《环境伦理学》，杨通进译，北京：中国社会科学出版社，2000 年，第 43 页。

② ［美］霍尔姆斯·罗尔斯顿：《哲学走向荒野》，刘耳、叶平译，长春：吉林人民出版社，2000 年，第 11 页。

③ 参见宋夏：《论罗尔斯顿的“生态整体论”》，《科学技术与辩证法》2002 年第 2 期。

然系统、有机自然系统、动物自然系统、人类自然系统以及人类文化系统等七个层级的生态价值构成。他认为，越处于顶层的，价值就越丰富；有些价值确实要依赖于主体性，但所有的价值都是在地球系统和生态系统的金字塔中产生的；自在价值总是转变为共同价值；价值弥漫在系统中，我们根本不可能只把个体视为价值的聚集地；主要存在层面的价值之间关系复杂而丰富，不同存在层面之间的界限不是封闭的，工具价值是联系个体内在价值的纽带。① 自然价值的主体包括人、自然物和自然生态系统；在不同尺度的生态系统内，生态价值是共享、互动和平衡的；价值产生于系统中，人虽然居顶层，也最丰富，但其自在价值与其他价值主体和客体的价值共在，层级之间不封闭，即开放的。

罗尔斯顿基于生态整体主义的生态哲学和环境伦理学既内在于西方哲学自身发展的逻辑，又是当代哲学回应生态环境危机，在吸收现代科研成果的基础上进行自我修正、实现创新发展的产物。因此，并非对西方传统哲学的颠覆，而是基于西方哲学传统的重构。例如，关于上帝，罗尔斯顿虽然认为上帝所创的"伊甸园"已经堕落，但并不否定上帝及其未来世的永恒性，在提出并论证自然作为"终极存在"的同时并不否认上帝的终极存在。因此，在他献身于哲学、自然科学研究的同时，也终生效力于神学。特别是20世纪90年代以来关于科学、伦理与宗教的研究，使罗尔斯顿在完善和发展自己已有理论的同时，显现了在新的科学认知的基础上对上帝、世界"基质"等西方哲学传统问题的拓展性研究。譬如关于世界本原"一"与"多"的问题，很多西方哲学家和科学家都试图确立一种"第一基质"。罗尔斯顿也不例外，其"基因说"与古希腊哲学的"基质"说具有一脉相承性。众所周知，公元前640年出生在米利都的古希腊哲学家泰勒斯（Thales）虽

① ［美］霍尔姆斯·罗尔斯顿：《环境伦理学》，杨通进译，北京：中国社会科学出版社，2000年，第294—295页。

无传世之作，但却有万物的第一基质是水的传世思想。虽然人们未必接受泰勒斯“水是第一基质”的结论，但很多人都同意存在某种基本的物质，且由这种基本物质构成了世界的本原。如毕达哥拉斯（Pythagoras）认为是“数”，赫拉克利特（Heraclitus）认为是火，而色诺芬尼（Xenophanes）提出是土。恩培多克勒提出是四种元素，即土、气、火、水，乃至德谟克里特（Democritus）提出不可再分割的原子论。从古希腊的“基质”说到罗尔斯顿的“基因”说并非历史的巧合，而是西方哲学家和科学家一直沿着泰勒斯提出的“基质”论进行着探索并作为无愧于时代的最新回答的成果。

当然，这种传承与拓展并不排斥或否定创新。罗尔斯顿正是在“扬弃”中建构起了新的理论体系和研究范式。他否定了数学化的世界观，却从学习数学中认识到了世界是有序的和谐、对称、普遍规律、美丽与优雅。他学习物理学并被宇宙论所吸引，但最终选择了生物学、生命科学；他批评过利奥波德的大地伦理学，也毫不留情地批判过“动物权利论”，但却被奥尔多·利奥波德倡导的“大地伦理”深深打动，并认识到了作为生态系统的“荒野”自然不仅不“堕落”和没有价值，而是一个呈现着美丽、完整与稳定的生命共同体，让他得以提出“生态伦理是否存在?”、“是否能作为一种在哲学上值得尊重的伦理而存在?”等重要理论问题。他扬弃了怀特海的神学形而上学的原则，吸收了机体哲学的有机联系的原则，并创造性地引入了自然的发生系统。他试图在激进的自然中心主义和根深蒂固的人类中心主义之间找到一个折中点，因而在他的生态价值体系中表现出一种调和，他把对人与自然关系的处理寄希望于人了解自然的伟力，爱自然的神奇，甚至寄希望于人类的明智和智慧。①

① 李承宗:《马克思与罗尔斯顿生态价值观之比较》,《北京大学学报（哲学社会科学版)》2008 年第 3 期。

因此，罗尔斯顿通过早期多学科的学习、思考、体验和实践，不仅确立了自然主义的信念，而且奠定了20世纪80年代以来贯通科学理性与道德理性而进行理论创新认识论和方法论基础。他以100多篇论文，以《基因、人类起源与上帝》(1999)、《保护自然价值》(1994)、《环境伦理学》(1988)、《科学与宗教：一项重要的调查》(1987)、《哲学走向荒野》(1986)、《生物学、伦理学与生命起源》(编辑)等多部专著，创立国际环境伦理学最权威的专业期刊《环境伦理学》以及致力于环境伦理学教育等突出贡献成为“现代环境伦理学之父”。其科研工作不仅是积累性的更是创造性的。他创造性地提出了“系统价值”概念，建构了工具价值、内在价值、系统价值开放互动的金字塔式生态价值模型，从而建立起一种人本主义序列和自然主义序列相结合的“二维化”价值评价模型，在生态整体主义的基础上建立起了一种生态整体论的环境伦理思想。他的生态哲学思想开创了一种新的哲学范式，突破了传统的事实与价值截然两分的观念，以“根源”式而非“资源”的研究，在自然“层创进化论”的基础上推导出价值、道德，将道德哲学与自然哲学、自然科学紧密结合，建构了生态整体主义的世界观和自然价值论；他将生态哲学理论融入环境政策、商业事务和个人生活，提出了作为自然人、文化人“诗意地栖息于地球”的道德责任和道德理想，使现实主义和浪漫主义的传统有机整合并服务于生态环境可持续改善。因此，罗尔斯顿的理论虽然存在局限，对价值内涵的界定也比较模糊，指出的解决途径也非必破解当代人类遭遇的生态环境问题，但其思想影响是世界性。“它们的主要功能是激发伦理语言的活力，是扩展我们的思维空间，是点燃道德想象力的火把；是提出问题，而非解决问题。”①

① 徐嵩龄：《环境伦理学进展：评论与阐释》，北京：社会科学文献出版社，1999年，第57页。

纵观西方哲学的发展，从前苏格拉底时代到后现代经历了多个发展时代，产生了众多哲学流派和思想代表，形成了丰富而伟大的哲学成就。其研究中心也呈现出由希腊向德国、美国的转移倾向。正是这样的哲学流变包含着许多值得我们更深层次地认识和借鉴哲学精髓，包含着我们实现生态哲学、环境伦理学和水伦理等本土化建构的精神资源。

值得注意的是：(1) 西方哲学无论是侧重于形而上或形而下的研究，似乎都倾向于一种以“一”与“多”、“变”与“不变”的为基本问题的生成论传统，隐含一种封闭的循环思维。从赫拉克利特的世界本原论到康芒纳的《封闭的循环》，再到罗尔斯顿将“自我”安置于“自然场”中的生态评价都带有生成→传递→循环的特征，虽然这并不意味着循环是同层次的但却隐含着循环是有一定边界的。(2) 追求某种物质的或精神的永恒性，但很难超越“神”的主宰。从古代到后现代，西方哲学研究的重点经历了从本体论、认识论到实践论的转变。古代以本体论探讨为主，近代认识论成为重点，现代转向存在与思维、理论与实践的论争。在哲学论争中，科学仍然探求着世界的“基质”、上帝仍然支配着人们的灵魂，科学的尽头是走向哲学还是宗教仍然困扰着人们的思想。因此，水伦理生态哲学研究需要更宽广的视域和更切合规律与目的的思维。

第二节　水伦理的“中国式”思维

如果说“天人合一”是中国哲学的主脉，那么“生生之德最大”可谓中国传统伦理的道德总则。“生生”的伦理思想以“易变”为本，诠释宇宙万物的生成、变化及关系，滋养了中国哲学整体、辩证的非线性思维传统以及有容乃大的“集大成”式伦理创新思维。

一、《易经》以“易变”为本的整体思维

《易经》是我国最古老而又非最古老、最经典而又并非一家之经典的国家级、世界级哲学典籍。众所周知，今天人们所谓《易经》虽然又称《周易》(简称《易》)，但又包含了春秋战国时期形成的《易传》。其公认的成书时间：一是殷周之际，一是春秋战国；主要内容包含上至三皇五帝时伏羲所创八卦、中间涉及夏商周“三代”唯一留传下来的《周易》、下有春秋战国时期儒道两家所谓《易传》。因此，无论是成书时间和所涉内容都是最古老而又非最古老的。作为最经典的国学著作，它涵盖万有、纲纪群伦，阐释的皆为“大道之原”，表述的皆为上古、三代和春秋战国时期的思想结晶，是中国道德哲学以“易变”为本、会通天人、辩证思考宇宙万物“生生”之理的奠基之作，是以符号和文字有机结合为表达形式而著称于中国乃至世界的、具有中国气派和中国品格的道德哲学奇书。《易经》以“易变”为本的整体论思维突出表现在以下方面：

第一，《易经》确立了本体论与生成论合一的、以“易变”为本、生生不息的整体论世界观。这种“易变”世界观分着说包括自然万物生成、生长和永续生存的“生生”之道即“生生之谓易”(《易传·系辞上》)；宇宙万物矛盾运动、变化万千的“始基”及其“易变”之道即“一阴一阳之谓道”(《易传·系辞上》)。合着说便是阴阳为根、此消彼长、生生不息的整体论。

“阴阳”本是人们可以直觉感知的两种自然现象，但《易经》把具有阴阳特征的不同现象抽象为一长(“—”)两短(“— —”)两种符号并以此作为用阴阳阐释宇宙万物生成、变化及终极存在的基本形式，建构了以阴(——)阳(—)矛盾运动为内在动力的、自然万物生成、变化而又生生不息的宇宙本体论。

这种本体论没有像西方那样拘泥于某种“基质”或某些实体，而是由具象转向了抽象，由个别转向了整体，由孤立转向了联系，把“不变”寓

于永恒的“变”之中，开创了一种不同于古希腊哲学的整体的、辩证联系的、有序变化的认知模式和思维方式。世界万事万物的生成、变化和存在以阴阳两种力量的内在矛盾运动为始基，通过阴阳消长衍生出可以用八卦来表示的世界结构，即以乾、坤、震、巽、坎、离、艮、兑为代表，用阴爻（— —）和阳爻（—）两种不同符号的排列组合来表示的世界结构，进而提出了由八卦重组衍生出六十四卦、三百八十四爻的符号文字系统所表达的“易变”整体论，奠定中国哲学独树一帜、自成一体的世界观和方法论基础。因此，孔颖达疏载：“阴阳变转，后生次于前生，是万物恒生，谓之易也。”阴阳交感，“天地氤氲，万物化醇。男女构精，万物化生”。其“易变”整体论世界图式如下（见图2—2）：

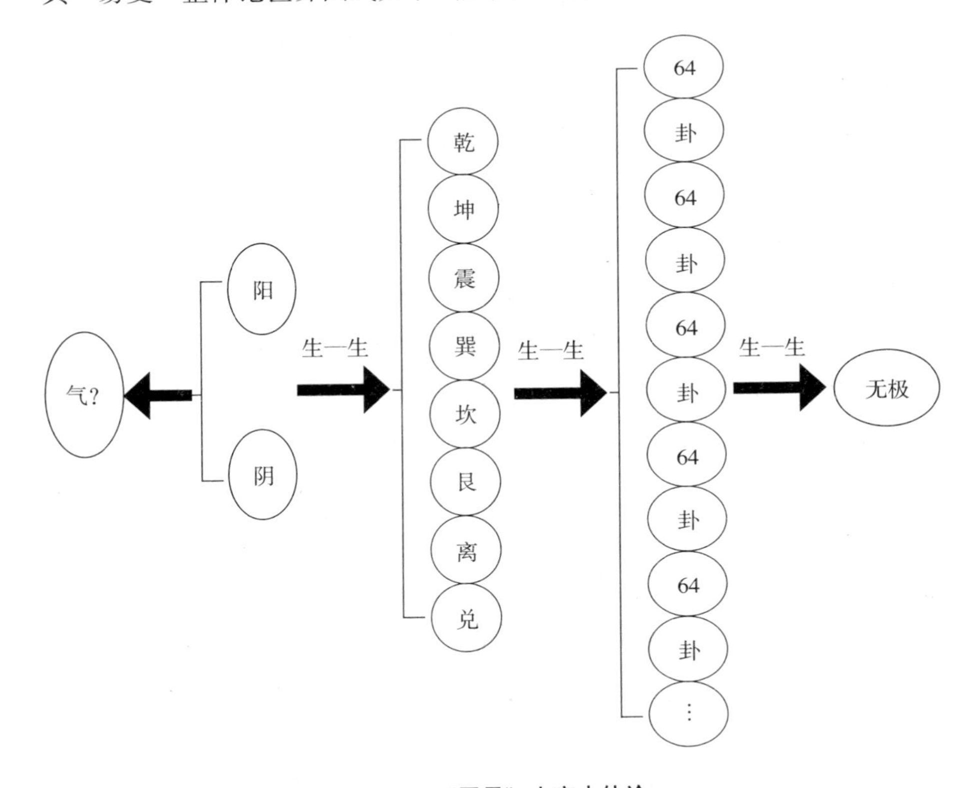

图2—2　《周易》宇宙本体论

由图2—2示可知，（1）《易经》的本体论经过从伏羲到春秋战国的发展，形成的是一个关于宇宙万物存在和变化的整体论世界观。这种世界观是基于阴阳八卦而又不断引申而形成的。《易经》认为，宇宙万物之生得益于内在对立统一的阴阳二气，二气的矛盾运动、量变质量产生否定之否定的可用八种卦象表示的多种形态，并可解释许多事物发生发展的动态趋势，包括人的各种性格和人世间的许多关系。

但是，大千世界的万事万物及其关系岂是这八卦能穷尽的。特别是随着社会生产力的发展和生存空间的扩大，人类遭遇的人与人、人与自然的关系日益多样、复杂和不确定。因此，为了更好地解释世间万物及其相互关系的演变，《系辞上》说："八卦而小成。引而伸之，触类而长之，天下之能事毕矣"，即必须对八卦采用"引而伸之"的方法，拓展整体思维的概念和范畴，通过"变"与"不变"有机结合，提出了"引而伸之"的方法论原则。这就是《系辞下》所谓"八卦成列，象在其中矣。因而重之，爻在其中矣"。在因袭原有卦象关系的基础上，再叠加一个卦进行新的排列组合，这样，可以得到8×8=64种不同的组合形式，这就是六十四卦。因此，《易经》阐明的世界观是整体论的，阴阳八卦并非实体性思维。它涵盖宇宙万物及变化态势；包括自然物、牲畜、人及其基本关系。例如，天乾地坤、天父地母、乾马坤牛、乾首坤腹等等。它融合了含自然、人和社会的各种事物以及天地人、君亲和动植物的关系。例如，《易传·说卦传》说："乾为天，为圆，为君，为父，为玉，为金，为寒，为冰，为大赤，为良马，为老马，为瘠马，为驳马，为木果"，"坤为地，为母，为布，为釜，为吝啬，为均，为子母牛，为大舆，为文，为众，为柄，其于地也为黑"。又载："乾为马，坤为牛，震为龙，巽为鸡，坎为豕，离为雉，艮为狗，兑为羊"，"乾为首，坤为腹，震为足，巽为股，坎为耳，离为目，艮为手，兑为口"等等。

（2）在"引而伸之"的过程中，形成了以"阴阳"、"生生"为主导的多元合一的整体论。其中主要包括：一是“天地生万物论”。《易传·序卦传》载：“有天地，然后万物生焉，盈天地之间者唯万物，故受之以屯。屯者，盈也。屯者，物之始生也。物生必蒙，故受之以蒙。蒙者，蒙也，物之稚也。物稚不可不养也，故受之以需……物不可以终离，故受之以节。节而信之，故受之以中孚。有其信者必行之，故受之以小过。有过物者必济，故受之以既济。物不可穷也，故受之以未济。”这种本体论和生成论合一的整体论世界观认为自然万物是一个互作共生、彼此消长的生命共同体。二是以“无极”为本原的整体论。《易传·系辞上》记载：“无极生有极，有极生太极，太极生两仪(即阴阳)，两仪生四象(即少阳，太阳，少阴，太阴)，四象演八卦，八八六十四卦”的多元素对立统一、互作变化的世界观。

不过，无论是“天地生万物论”还是“无极生太极论”，它们都认同阴阳八卦，承认“阴和阳互根互存，孤阴不生，独阳不长，两者是相辅相成的。”[①] 不是像赫拉克利特那样强调“火”的惟一性和独根性。对于“变”与“不变”都认同对立统一、此消彼长、物极必反的辩证思维，强调本体论以交感互作为动力，找不到否定宇宙万物处于变的状态的哲学思想。这明显不同于古希腊哲学。在古希腊哲学中，“变”与“不变”是个激烈争论的问题，直至海德格尔以基础存在论取代巴门尼德的“不变”论。

第二，以整体思维构建了“天人合德”的宇宙伦理模式。《易经》与古希腊哲学的不同，不仅本体论和生成论是合一的，而且天伦与人伦也是合一的，它建构了基于天、地、人内在联系的“天人合德”的伦理道德体系。其思维路线的方向性与后现代环境伦理试图把传统伦理道德拓展到自然万物恰恰相反，它始终循着天在前、人在后的思路，试图把人伦纳入

① 王彬：《赫拉克利特的“生成”观与〈易传〉“生生”观之比较研究》，《孔子研究》2014 年第 5 期。

“天理”之中，以“天地之大德曰生”为基本原则，创立了由天及人而非由人及天（或自然）的宇宙伦理模式。正如《易传·系辞上》所言：“乾，阳物也。坤，阴物也。阴阳合德，而刚柔有体。以体天地之撰，以通神明之德”；“天尊地卑，乾坤定矣。卑高以陈，贵贱位矣。”[①] 这便是《易传·系辞上》开宗明义为人伦定下的基调：“天尊地卑”、阴阳合德、贵贱有位。人伦本自然，天地之间阴阳“易变”本就蕴含着人伦道德之理，“易”的旨趣本来就不仅限于言天道，而是既讲天道、地道、人道，更在于讲究天人合一之道。因此，就天人关系而言，《易经》“天人合德”的宇宙伦理模式有个三层次的观念构成：

在自然层面，《易》要讲“与天地准”。《易传·系辞上》说“《易》与天地准，故能弥纶天地之道”，[②] 即《易》以天地间客观存在的道理为理论依据。《系辞下》进一步说：“《易》之为书也，广大悉备：有天道焉，有人道焉，有地道焉。兼三才而两之，故六；六者，非它也，三才之道也。”[③] 这里以卦象的六爻为象征符号，从上至下，两个一组，分别象征天道、人道和地道，说明《易》卦包括了整个宇宙，其中“人道”位于“天道”、“地道”之间，是整个宇宙的有机构成部分。何谓天道、地道、人道？三者的关系如何？对此，进入了第二个层面即天人关系的探讨。

在天人关系层面，《易》提出了“顺性命之理”。《说卦传》说：“昔者圣人之作《易》也，将以顺性命之理，是以立天之道曰阴与阳，立地之道曰柔与刚，立人之道曰仁与义，兼三才而两之，故《易》六画而成卦。分阴分阳，迭用柔刚，故《易》六位而成章。”[④] 其中，天地之道与仁义之道

---

① 黄寿祺、张善文：《周易译注》，上海：上海古籍出版社，2004 年，第 493 页。

② 黄寿祺、张善文：《周易译注》，上海：上海古籍出版社，2004 年，第 500 页。

③ 黄寿祺、张善文：《周易译注》，上海：上海古籍出版社，2004 年，第 560 页。

④ 黄寿祺、张善文：《周易译注》，上海：上海古籍出版社，2004 年，第 571 页。

同根同源。天道、地道和人道都依据“阴阳合德”的原则有分有合，共同构成“性命之理”，“善”便是以阴阳之道为道。因此，《易传·系辞上》说：“一阴一阳之谓道，继之者，善也，成之者，性也。”这就是所谓的“继善成性”。换句话说，再怎么变，天地尊卑关系不能变，乾坤不允许颠倒。同样，人的尊卑贵贱也不能改变；《易》既讲天道也讲地道和人道，讲的“三才合一”之道。不过，“三才合一”并非“三才同一”，而是“三才而两之”。这意味着“三才”之间是按一定规则进行有序排列组合的非线性关系，天道、地道和人道内在联系又各不相同。所谓“性命之理”是“天人合一”之理，是阴阳、柔刚、仁义内在统一又相互区别之理。这种统一和区别通过“生生”而相会通、“生生之谓易”而相区别。即“生生”的道理相通，但“生生”的结果则是“易变”的。这就是“易”的第三个层次即终极追求。

在目标和终极价值追求层面，人世间的人伦关系、社会秩序不过是宇宙秩序的自然延伸，是“生生”与“易”的结果。《序卦传》说：“有天地然后有万物，有万物然后有男女，有男女然后有夫妇，有夫妇然后有父子，有父子然后有君臣，有君臣然后有上下，有上下然后礼仪有所错。”①阴阳变化不仅“生”天地、万物和男女，也“生”夫妇、父子、君臣、上下和礼仪关系。其“生生”的序列是阴阳→天地→万物→男女→夫妇→父子→君臣→礼仪。其中包含了对阴阳创生天地、万物、人类及其相互关系的必然性的承认，当然把人伦等社会关系领域的尊卑贵贱等同于天道地道或者“天理”是不合社会法则的。例如，根据《易经·系辞下》，乾坤所代表的天地不过是阴阳的实体，即“子曰：‘乾、坤，其《易》之门邪？’乾，阳物也；坤，阴物也”。②《坤》卦《文言》曰：“阴虽有美，含之以从

① 黄寿祺、张善文：《周易译注》，上海：上海古籍出版社，2004年，第599页。

② 黄寿祺、张善文：《周易译注》，上海：上海古籍出版社，2004年，第548页。

王事，弗敢成也。地道也，妻道也，臣道也。地道无成而代有终也。”也就是说，地道、妻道、臣道讲的阴柔之美，纵然辅助君王成就了大业也应该功成身退而不敢把功业归属于自己。这种美德世代相传，才能善始善终。这就是地顺天、妻顺夫、臣忠君的“顺性命之理”，是《易经》建构天地人伦的逻辑。经过一系列的推演，天尊地卑的关系就演化成了人世间的君尊臣卑、夫尊妻卑、父尊子卑、男尊女卑等伦理关系，并且得到了天定的权威，从而为中国封建社会伦理纲常的奠定了基础。相较于孔子“仁”与“礼”相统一的社会伦理模式，有人将《易传》把天地人伦一气呵成的伦理模式称为“宇宙伦理模式”。①

第三，《易经》方法论是整体的，但整体中又包含着“参”、“观”、“引而伸之”、“则”“效”、对立统一的辩证法以及“立象以尽意”的意象思维法等。其基本特点是由天及人，以多种方法阐释天人合一的道理和义理，并非利玛窦等西方学者所误解的是没有逻辑规则的、毫不考虑内在联系的、一系列混乱的格言和推论。②

就《易经》的起源而言，其方法论既是整体的又是多样的。《周易·系辞上》记载，《易经》起源于：“探赜索隐，钩深致远，以定天下之吉凶，成天下之亹亹者，莫大乎蓍龟。是故天生神物，圣人则之；天地变化，圣人效之；天垂象，见吉凶，圣人象之。”③ 它是由伏羲氏“仰则观象于天，俯则观法于地，观鸟兽之文与地之宜，近取诸身，远取诸物”（《易经·系辞下》）而作的八卦。《周易·说卦传》也说：“昔者圣人之作《易》也，幽赞于神明而生蓍，参天两地而倚数，观变于阴

① 朱贻庭：《中国传统伦理思想史》，上海：华东师范大学出版社，2003年，第166页。

② 参见韩星：《儒教是教非教之争的历史起源及启示》，《宗教学研究》2002年第2期。

③ 黄寿祺、张善文：《周易译注》，上海：上海古籍出版社，2004年，第520页。

阳而立卦。"[①] 这三段文字记载表明：一方面，《易经》的产生得益于"圣人"沟通天地、人和社会的整体思维，同时沟通天地的方法又是多样的。既要"观"天地、鸟兽、地宜，又要"参天两地"、"则神物"、"效"天地变化；既要采取"近取诸身，远取诸物"的辩证方法，又要"以神道设教"会通天地万物蕴含的神奇和高明的道德情感。因此，《易经》方法既是整体又是多样的，是"一"与"多"的辩证统一。纵然在形式上采取了类似于筮占之书的表达方式，但并不妨碍其实质是会通宇宙本体和人伦道德的道德哲学经典。另一方面，《易经》"探赜索隐，钩深致远"，其志趣是深远的和整体性的。不仅要言明天地阴阳之理，更在于通过预测人事的吉凶祸福而"定天下"的未来、"成天下"芸芸众生的命运，是关于天地—人—社会安定有序、长久发展的思想结晶。通过"沟通天地"、"通神明之德"、"类万物之情"，确立"定天下"、"天下服"、"成天下"的天人合一之理。因此，张岱年先生在《论〈易大传〉的著作年代与哲学思想》一文中说："《彖传》又有神道设教之说，《观》卦《彖》说：'观天之神道而四时不忒，圣人以神道设教而天下服矣。'所谓神道设教，就是说，肯定鬼神不过是为了立教以使民服而已。"[②] 由此可知，中国早在先秦时期就已经参透了鬼神的实质，转向了客观存在与人类自身及社会发展的整体思考，开创了人道与天道相结合、"人谋"与"鬼谋"相分离的哲学发展之路。正如明清之际著名哲学家王夫之在其所著的《周易内传·系辞上传》中所说的：《周易》"大衍五十而用四十有九，分二，卦一，归奇，过揲，审七、八、九、六之变，以求肖于理，人谋也；分而为二，多寡成于无心，不测之神，鬼

① 黄寿祺、张善文：《周易译注》，上海：上海古籍出版社，2004 年，第 569 页。

② 张岱年、邓九平：《哲学文选》（上），北京：中国广播电视出版社，1999 年，第 361 页。

谋也。”与既有的龟卜相比，“若龟之见兆，但有鬼谋而无人谋。”《易经》虽为筮占之书，阐释的却是深刻的宇宙人生和国泰民安的哲理。

就形式而言，《易经》以阴阳为根，重此消彼长的对立统一，并将先秦道家的辩证思维融入了对宇宙人生的整体考量中，是先秦道家辩证法的“升级版”。

《易经》的八个基本卦：乾、坤；坎、离；震、巽；兑、艮，两两相对。由基本卦组成的《泰卦》与《否卦》、《损卦》与《益卦》、《既济卦》与《未济卦》，这些卦名都是相对的。《易经》形式上的对应安排又正是其辩证思维内涵的反映，包含辩证法认识和把握事物矛盾运动三个重要内容：(1)矛盾与对立是普遍存在的。“《周易》的卦爻辞讲到许多对立的事物。就卦名说，有乾坤，泰否，损益，既济、未济等。就社会地位说，有王君，大人、小人，夫妇，丈夫，小子等。就生活遭遇说，有吉凶、得丧、利不利等。”[①] 从对事物的区别与命名就可看出，当时的人们已经认识到事物的千差万别与矛盾，而且矛盾的对立面是互相依存的。(2) 对立的双方是可以互相转化的。《易经》作者不仅承认对立，而且认识到对立面之间互相转化。如《泰》、《否》两卦，《泰卦》的卦辞是“小往大来，吉亨”。《否卦》的卦辞是“不利君子贞，大往小来”。即是说，大小往来是可以转化的，否泰、吉凶是可以转化的。因此后世常说“否极泰来”。《泰卦》九三爻辞说：“无平不陂，无往不复，艰贞无咎”，即是说，平与陂、往与复是可以转化的，虽遇艰险，可以无咎。(3) 事物的发展是循环往复的。《易经》作者从经验出发认识到对立面之间互相转化，所以肯定“复”的必要性，这着重体现在《复卦》中，例如，《复卦》中有其卦爻辞云：“复：亨，出入无疾，朋来无咎。反复其道。七日来复。利有攸往。”“初九，不远复，无祗悔，元吉”等。“复”又有“反复”、“休复”、“频复”、“独复”、“软复”、“迷复”

① 朱伯崑：《易学哲学史》第一卷，北京：华夏出版社，1995年，第18页。

等。不同的“复”，其结果也不胜相同。如“迷复”，作者认为“迷复：凶，有灾眚。用行师终有大致，以其国君凶，至于十年不克征。”即如果深陷于“复”则会有凶灾、打败仗。《复卦》的意旨恰恰在于帮助人们摆脱凶灾，在循环往复中实现复生。因此，有学者认为，《易经》的生生之意在于“生命剥落不尽，一阳终将来复，揭示‘正道’复兴是不可抗拒的自然规律”。①我们以为，正是认识事物矛盾运动的辩证法，让《易经》得以提出并保持“生生”的信仰，相信对立不会沿着某一方面极端进行下去，一定会回复到另一面，事物可以在矛盾双方不断回复的过程中发展变化下去，进而实现生生不息。

在内涵上，《易经》“立象以尽意”，开创了中国传统的意象思维。《易经》说“易者，象也。象也者，像也”。《易经》通过大量的自然和生活之“象”表达它对宇宙和人生的理解之“意”，以弥补词不达意的缺憾。例如，《易传・系辞上》载：“子曰：‘书不尽言，言不尽意。’然则圣人之意，其不可见乎？子曰：‘圣人立象以尽意，设卦以尽情伪，系辞焉以尽其言。’”因此，《易经》意象思维法有助于“圣人”更深层次地“立言”。《易传・系辞上》则进一步阐明意象思维的实质是“圣人有以见天下之赜，而拟诸其形容，象其物宜，是故谓之象。圣人有以见天下之动，而观其会通，以行其典礼，系辞焉以断其吉凶，是故谓之爻。言天下之至赜而不可恶也。言天下之至动而不可乱也。拟之而后言，议之而后动，拟议以成其变化”。

通过象、卦、辞的有机组合，实现意、情、言的融会贯通，“圣人”可以更好地揭示天道和人事的内在一致性。例如，乾卦爻辞中说的龙象，属于自然现象。初九为“潜龙勿用”，九二为“见龙在田，利见大人”，

① 黄寿祺、张善文：《周易译注（修订本）》，上海：上海古籍出版社，2001 年，第 211 页。

九五为“飞龙在天，利见大人”，这些爻辞意味着龙由潜伏到腾空，同人的政治生涯从不见用到飞黄腾达是一致的。又如大过卦九二爻辞说：“枯杨生祎，老夫得其女妻，无不利。”九五爻辞说：“枯杨生华，老妇得其士夫，无咎无誉。”这是说，枯杨生秀和开花，同老夫或老妇新婚一样，具有更生的意义。又如离卦九三爻辞说：“日及之离，不鼓缶而歌，则大耋之嗟，凶。”此是说，人老如同太阳将没，不应任意取乐。又如小过卦辞说：“亨，利贞，可小事，不可大亨。飞鸟遗之音，不宜上，宜下，大吉。”此是说飞鸟的声音向下而不向上，所以人事活动下顺则吉，上逆则凶。以上这些比喻，都是将自然现象同人类生活联系起来考察，或者借自然现象的变化说明人事活动的规则。这种思想在卜辞中是找不到的。[①]

《易经》既不同于庄子主张的“得意忘言”，又有异于王弼所说的“得意忘象”，它主张达意与立象、立言的辩证统一。因此，《易经》虽然是在不自觉地运用意象思维，但明确提出了“立象以尽意”的思维方法，肯定了具象与抽象的统一。这更有利于认识事物矛盾运动的内在逻辑。康德曾说：“无论一种知识以什么方式以及通过什么手段与对象发生关系，它与对象直接发生关系所凭借的以及一切思维当做手段所追求的，就是直观。但直观只是在对象被给予我们时才发生；而这又只是通过对象以某种方式刺激心灵才是可能的。通过我们被对象刺激的方式获得表象的能力（感受性）叫做感性。因此，借助于感性，对象被给予我们，而且惟有感性才给我们提供直观；但直观通过知性被思维，从知性产生出概念。不过，一切思维，无论它是直截了当地（直接地），还是转弯抹角地（间接地），都必须最终与直观、从而在我们这里与感性发生关系，因为对象不能以别的方式被给予我们。”[②]

① 朱伯崑：《易学哲学史》第一卷，北京：华夏出版社，1995 年，第 17—18 页。
② 《康德著作全集》第四卷，北京：人民大学出版社，2005 年，第 23 页。

从直观到抽象、从抽象到直观的思维过程是促进思维发展并影响思想形成的过程。即使是后现代哲学，具象与抽象的有机统一仍是考察人与自然及其相互关系的重要方法论。“后现代生态哲学之父”罗尔斯顿就特别强调通过体验、审美等活动来评价自然的价值。

“一阴一阳之谓道”、“生生之谓易”、“日新之谓盛德”等三者共同构成了《易经》以阴阳为根、“易变”为本，诠释宇宙万物日新月异、不断有新事物产生的整体论世界观、人生观和道德哲学观，使中国哲学一开始就避免了“一”与“多”、“变”与“不变”的纠结。

《易经》的“生生”观强调的既是生物之理，又是基始与终极的统一。不仅语言与西方哲学不同，更重要的是认识、思维与西方哲学也有所不同。“生生”的“易变”论是“存在”在变，但终极是“生生”。西方哲学虽然认为人死后可以进入天堂，但“死”始终是作为“终有一死者”的宿命。《易经》基于整体思维的方法论是格理，确切地说是格物与格理的统一；在探讨变之道、变之始、变之因、变之文化表达的同时，较为系统地阐释了“易变”的自然之果、人文之果以及社会之果，提出并论证“与天地相始终”的变之终极目标。其“易变”论的特点是整体的、贯通的、多因多果的、线性与非线性相统一的。

《周易》与现代存在主义哲学的创世人和主要代表海德格尔的“世界之四重整体”论相比，虽然两者都认为天地人是平等的，但是《周易》在总体框架上是无“神”的、不回归的，或者说更倾向于对天地创生变化的神力崇敬。海德格尔在超越主客二分、转向“终有一死者”与天、地、诸神“四分”并主张回归最本源的情境而“诗意的栖居”的同时，始终都无法摆脱对人造“神”的崇敬，终究还是回归了上帝。他的“向死而生”隐含对现世的无望和“来世”（或说“彼岸”）的信仰。海德格尔的诸神与古希腊神话世界有密切联系，是一个人（终有一死者）、神共在的场域。在《易传》中，“神”字一共出现了34次。从词义上，这些“神”字的意思大体分为两种：一是指鬼神之神，即一种无法为人所把握的高妙境界，所谓“神无方而易无体”即是此意；二是指天地所本有的创化万物的神奇力量，这种力量是在变化中不断显现出来的，而《周易》的作者将这种创生化育的力量归纳为一阴一阳，正是通过阴阳之间屈伸往来的变化，宇宙的创生化育力量才得以展现。《易传》赞美这种生生不息的不断进化，强调人要参天地之化育，以德配天地，顺应天地变化之道，即“夫大人者与天地合其德，与日月合其明，与四时合其序，与鬼神合其吉凶。先天而天弗违，后天而奉天时”（《周易·乾·文言传》）。这为儒家伦理最终指向人格修养提供了理论依据，所谓“天行健，君子以自强不息；地势坤，君子以厚德载物”。

《易经》的理论启示是，人类的思想就是要思考人如何在天地之中成就自我，而不是在天地之外或天地之上；“天人合一”、“天人合德”的整体思维的理想“在”者始终是“人”，是所谓的“大人”、“君子”、“圣人”等，其追求的精神境界是以“生生”为现世德业的乐山乐水、乐生乐死的快乐主义，是天伦之乐和人伦之乐的内在和谐一致。

二、“集大成”式的伦理创新思维

基于中国伦理传统发展的史实，所谓“集大成”式的伦理创新思维是以“天人合一”哲学的整体思维为基础，“通古今之变”的“易变”思维为内核的开放性、复合性、创新性思维方式。其内涵一般包括两个方面：一是对古今前人和他人重大理论成果的广泛吸纳和借鉴，即集众人之大成；二是在博采众长的基础上取得了世人公认的重大理论成就，为理论和实践的创新发展作出了古人所谓立德、立功、立言的不朽贡献。即集众人之大成而有大成者。两者之间，前者是基础，后者是目的，彼此有机联系、不可割裂。

前文所提《易经》就是一部集大成的经典之作。《周易·系辞下》说八卦是伏羲所作，八卦演变为六十四卦则由周文王完成。司马迁在《史记·周本纪》中做了这样的记述："西伯（即周文王）盖即位五十年。其囚羑里，盖益《易》之八卦为六十四卦。"[①] 著名易学家潘雨廷先生根据《汉书·艺文志》的记载，将《易经》的发展分为三个时期，即上古易、中古易和下古易。认为《易经》涉及从伏羲至刘向、刘歆编定"七略"期间数千年乃至上万年的思想成就。[②] 与此相伴，《易经》也实现了三阶段的创新发展，成为中国哲学的经典。

《易经》之后，众所周知的传统伦理创新代表有董仲舒、朱熹、王阳明等，其理论创新的思维都是"集大成"式的。

董仲舒（公元前179—前104年）作为汉代著名的经学大师，一生致力于以《春秋公羊传》为依据的经学研究，同时，又将周代以来的宗教式天道观、阴阳说、五行学说相结合，在吸收法家、道家、阴阳家等诸子百家思想的基础上，构建了新的儒学体系和伦理道德学说。

首先，在宇宙本体论方面，董仲舒基于传统的天道观、阴阳说、"三才"说等，正式提出"天人合一"的概念，确立了其神学伦理体系的哲学基础。在《春秋繁露》的《深察名号》、《人副天数》、《阴阳位》等篇章中，董仲舒反复地论述"天人合一"的观念，明确提出："天人之际，合而为一。同而通理，动而相益，顺而相受，谓之德道。"[③] 他借鉴了天、地、人"三才"论，但却不只是把天地作为万物之本，而是把天、地、人三者共同作为万物之本，并且赋予三者以"三位一体"的崭新关系。万物生长"何为本？

① 司马迁：《史记（上）》，天津：天津古籍出版社，1995年，第91页。

② 参见潘雨廷：《易学史丛论》，上海：上海古籍出版社，2007年，第1—34页。

③ 董仲舒撰：《春秋繁露·卷10》，凌曙注，北京：中华书局，1975年，第359页。

曰：天、地、人，万物之本也。天生之，地养之，人成之。……三者相为手足，合以成体，不可一无也”[①]。在万物生长的过程中，三者协同共生便会带来自然之赏，三者失调将遭受自然之罚。董仲舒说：“三者皆亡，则民如麋鹿，各从其欲，家自为俗，父不能使子，君不能使臣，虽有城郭，名曰虚邑，如此，其君枕枕而僵，莫之危而自危，莫之丧而自亡，是谓自然之罚。自然之罚至，裹袭石室，分障险阻，犹不能逃之也。”

其次，以“天人合一”的宇宙本体论为基础，提出了以“道之大原出于天，天不变，道亦不变”（《举贤良对策》）为道德哲学观念，以“屈民而伸君，曲君而伸天”为原则，提出并论证了“伸天曲君”、“伸君曲民”的纲常伦理。一方面，以阴阳论天道，认为“天道之大者在阴阳”[②]，要君和民都尊天、畏天，说天是“百神之大君也，事天不备，虽百神犹无益也”[③]。不仅第一次将天地万物列入了伦理关怀中，而且早在“天人三策”中就为天立了“仁爱”德治之心，说“天心之仁爱人君而欲止其乱也。自非大亡道之世者，天尽欲扶持而全安之”。[④] 即“天心”仁爱，天对人君、人世都是仁慈的，而且这种仁爱并不仅仅局限于人。“天，仁也。天覆育万物，既化而生之，有养而成之，事功无已，终而复始，凡举归之以奉人。察于天之意，无穷极之仁也。人之受命于天地，取仁于天而仁也。”[⑤]“仁之法，在爱人。”[⑥]

---

① 董仲舒撰：《春秋繁露·卷6》，凌曙注，北京：中华书局，1975年，第209页。

② 班固撰：《汉书·卷56》，颜师古注，北京：中华书局，1999年，第1904页。

③ 董仲舒撰：《春秋繁露·卷14》，凌曙注，北京：中华书局，1975年，第502页。

④ 班固撰：《汉书·卷56》，颜师古注，北京：中华书局，1999年，第1901页。

⑤ 董仲舒撰：《春秋繁露·卷11》，凌曙注，北京：中华书局，1975年，第402页。

⑥ 董仲舒撰：《春秋繁露·卷8》，凌曙注，北京：中华书局，1975年，第307页。

另一方面，又通过“君权天授”说、“尊君”说，维护君主的至尊地位，尊天则必须尊君。这样，就回答汉武帝关于王权的合法性问题，可以满足统治者神化君主和“尊君”的需要，维护和强化君主神圣不可侵犯的至尊地位。董仲舒说：“古之造文者，三画而连其中谓之王。三画者，天地与人也，而连其中者通其道也，取天地与人之中以为贯而参通之，非王者孰能当是。”[①] 他在《王道通三》中明确指出，“天地人主一也！”因此，董仲舒天人合一的实质是“天王合一”，他认为“天子受命于天”，所以天下要“受命于天子”[②]。所谓天子随天，民随君。这是不能变的天经地义之道。所以，只有“王者法天意”，才能做到“任德不任刑”，“以成民之性为任”。为此，董仲舒创立了等级化的“性三品”说，以确立君主的道德领袖地位，通过“三纲五常”构建起刚性的、单向度的伦理道德秩序，为实现德治教化奠定了新的理论基础。

最后，在人性论方面，董仲舒在集先秦人性论大成的基础上，首创“性三品”说，完成以“三纲五常”为核心的伦理体系的构建。在先秦时，孔子只言性相近，但并无明确内涵；告子以生训性，并不以善恶说性；孟子以生训性，提出了性善论，人生来就具有仁义礼智的善端；荀子则以初生之性为恶的性恶论被论说。其共同点是以生训性、性无品级差异。显现了春秋战国时期既开放又包容的百花齐放、百家争鸣的文化特性。然而，从秦汉开始，中国社会急剧专制化、等级化，伦理转型成为社会发展的内在需要。对此，董仲舒从神学宇宙论的高度论证道德纲常的起源，综合先秦儒学“人性论”诸说，提出了“性二重”和“性三品”说，认为“善恶之性受命于天”，即人的道德性本源来自于天，天道有阴阳，阳气代表

---

① 董仲舒撰：《春秋繁露 · 卷 11》，凌曙注，北京：中华书局，1975 年，第 401 页。

② 董仲舒撰：《春秋繁露 · 卷 7》，凌曙注，北京：中华书局，1975 年，第 229 页。

"仁"，阴气代表"贪"，由于各人先天所禀阴阳二气不同，因而人性善恶也有所差异。虽然在总体上人性有善有恶，但善恶因人而异。有人天生就是善的，有人天生就是恶的，有人则有善有恶。于是，董仲舒要在调和不同人性论的基础上，将人性区分为"圣人之性"、"中民之性"和"斗筲之性"。"圣人"所禀之气是纯阳的，其德性也是纯善的，因而才能担负起"继善成性"的道德教化使命；"中民"所禀之气有阴有阳，贪仁皆俱，因而是可以教化的；"斗筲之民"则既阴且贪，不可教也。董仲舒的人性论有等差、有排斥，迎合了专制等级社会的道德需要，因而具有一定的理论局限性，然而"在人性论上区分圣人、中民、斗筲的不同是董仲舒的首创"。[①]同时，形成了以阴阳论性的人性论大特点，这也是先秦人性论所没有的新内容。

第四，在人与自然相交往的伦理思想方面，董仲舒第一次提出了"鸟兽昆虫莫不爱"的生态伦理观念，并把泛爱群生确定为君王的政治责任，继承又超越了孔子"仁者，爱人"、孟子"仁民爱物"的思想，相较于道家"善利万物"道德观则更突出人的道德主体性，与后现代"敬畏生命"的生态哲学思想相比则更富现实性，并且提出时间要早约两千年。特别是作为"天子"的君王，其道德责任的践行事关国泰民安，因此，不仅要像天一样爱利天下，"故王者爱及四夷，霸者爱及诸侯，安者爱及封内，亡者爱及独身"[②]，而且更要做到"鸟兽昆虫莫不爱"。董仲舒在《春秋繁露·离合根》中强调，君王要"泛爱群生，不以喜怒赏罚，所以为仁也"，要根据灾异及时反省、知变和更化，以协调人与人、人与自然的关系。否则，就会遭"自然之罚"，甚至有"国家之失"即失

① 黄开国：《董仲舒的人性论是性朴论吗?》，《哲学研究》2014 年第 5 期。

② 董仲舒撰：《春秋繁露·卷 8》，凌曙注，北京：中华书局，1975 年，第 309—310 页。

去国家政权的危险。

总之，董仲舒一方面集先秦诸子百家特别是儒家、阴阳家、道家、法家等思想的大成，在新的历史条件下复兴了被扼杀达百余年之久的儒家文化，融会贯通了中国古典文化中各家各派的思想，把它们整合为一个崭新的思想体系，成为一代宗师。刘向称他“为群儒首”，班固称他“为儒者宗”（《汉书・董仲舒传》）。另一方面，其世界观和哲学体系完全是一种以“天”为中心的神学唯心主义。这不仅与荀子的唯物主义相对立，也与孟子的唯心主义相区别。其思想是在战国神秘化了的阴阳五行学说的基础上建立起来的，是对先秦诸子否定殷周天道观思潮的反动。董仲舒的政治思想渊源多来自荀子，兼有一些法家的思想，但却摒弃了他们的国家起源论和社会进化思想，而代之以君权“天”授说和“天不变，道亦不变”的形而上学思想。董仲舒伦理思想既源于先秦孔孟和荀子又与他们的基本思想相对立。他使“仁”、“礼”都从属于“天”，建立了以“天”为出发点的道德论，并否认“圣人与凡人同”的共同人性，提出了性“性三品”。在伦理纲常方面又综合了“仁义”中心说与“礼义”中心说，把个人伦理和社会伦理结合起来，构成了“三纲五常”，使君君、臣臣、父父、子子之间的伦理关系变成了一种不可逆的单向度关系，强化了政权、族权、神权、夫权的统治。其推明孔孟之道不过是为其神学理论服务的。

“集大成”式的理论创新在汉唐之后又成就了程朱理学和陆王心学。主要从事中国哲学史以及西方哲学史研究的白寿彝在1929年发表的《朱熹的哲学》一文中，较为系统地诠释了朱熹“宇宙论”、“论性”、“论仁”和“论修养”的理论思想，认为：“朱熹在中国哲学史上是数一数二的。在有宋一代，他是一个集大成的人。”[①] 在近现代，孙中山、毛泽东、邓小平乃至习近平的理论创新无一不是在集大成的基础上实现的。所不同的

① 黄子通：《朱熹的哲学》，《燕京学报》1927年第2期。

是，近现代因中西方交往的增强，中西方文化的融会贯通成为理论创新遭遇的新课题。有人认为中国人的传统思维是“点状”的、线性的，经常强调思想火花或金点子，这是片面的。孙中山提出了民族、民权和民生的“一揽子”解决方案；毛泽东在古为今用、洋为中用的基础，汲取了集体智慧，创立了毛泽东思想，邓小平是邓小平理论的主要创建者，但其理论成就也是集体智慧的结晶；近年来，习近平关于国家治理、生态文明建设和道德建设的一系列重要讲话，不仅特别重视中华传统道德精髓的传承，认为：“阐释中华民族禀赋、中华民族特点、中华民族精神，以德服人、以文化人是其中很重要的一个方面”[①]，而且强调在贯通中西的基础上创新性地推进理论的发展，把“理论创新”摆到了“创新发展”战略的首位。

随着社会生产力的发展、经济的全球化以及知识呈几何级数地增长等，“集大成”式的创新变得日益困难，但点状思维的总取向还是集成创新，是由点到线和面的全面创新；是开放的、集成式的、熔于一炉或说有容乃大的创新思维。从孔子、董仲舒、朱熹、王阳明到孙中山、毛泽东、习近平，从集大成到试图会通中西，这是中国思维的传统逻辑和内在趋势。

因此，中国传统思维的特点：一是关于存在的思维是整体性的。自然、人和社会是一个生命共同体和道德共同体。天、地、人“三才”共同生养和创造世间万物；守天时，尽地利，讲人和，这既是“三才”之道，也是人与自然和谐永续之道；对世间万物的公平正义源于天、成于人，天公平，地公平，人也该讲公平；天地既仁爱人类，也像水一样善利万物，因此，人也应该“继善成性”，在人与人之间秉持“和而不同”、“仇必和而解”人伦道德，在人与万物之间则应该做到“物我一体”、“鸟兽虫鱼莫不爱”。

① 习近平：《在文艺工作座谈会上的讲话》，《人民日报》2015年10月15日。

二是基于“易变”的“集大成”式的理论创新。两千多年来，中国先贤以阴阳论变化，认为变是绝对的，主张“变则通，通则久”，善于变通是成就中华文明永续发展的重要文化因素。然而，影响“变通”成败的关键因素之一是“集大成”式的理论创新。例如，汉唐的强盛、宋明的发展，春秋战国“轴心时代”的形成，以及五四新文化以来社会的转型发展等，都离不开“集大成”式的理论创新。因为一个国家经济、政治、文化的发展总是不平衡的，生态环境、人文环境、国际环境也因时而变。集大成式的理论创新包含着对思想文化发展的不平衡规律的尊重，包含着对思想多元化和文化多样性的包容互鉴，包含着对“易变”的主动适应和对理论生命力的正确把握。因此，其创新难度非同一般，一旦成功也必名垂千世。正如《易传・系辞上》所载：“富有之谓大业，日新之谓盛德。”

三是主导中国传统伦理的本原论是唯心的、价值观是弱人类中心主义的、人生观是有无相生、有生有死，死而复生。死即生叫生生，死成神称永生，死后投胎转世叫再生，死便下十八层地狱叫永世不得超生，是恶生。就本原论、价值论和人生观的贯通性而言，根据能量守恒和生物进化论，作为自然人，死亡意味着回归自然，应参与新的自然进化或生成过程，不再以人的方式而是以物质的方式，回归自然界。这就是人作为自然人的终极。作为精神的人，人以其精神创造物即文物或文化的方式影响世界。作为精神的人因其物质创造和精神创造而获得不同于作为自然人的文化终极即永生或永垂不朽。如精神领袖、思想先贤、宗教信仰等。人作为类的存在是文化的创造者、消费者和传承者，没有人类，精神不可能永恒、永生。不过，人生一世弹指一挥，大善者精神可长久，大恶者可长久影响人类选择。因为人类需要精神、也生产不同的精神。自然无所谓人有没有精神，但人没有自然却无法创造自身所需要的物质和精神产品。

四是以“易变”为本的整体思维和“集大成”式伦理创新的方法论是

丰富多样的。有整体的、辩证的、意象的、引申的、观察的，也有体悟和实验的。《有机马克思主义》还认为中国传统哲学包含着过程思维。该著作中说："非常值得注意的是，中国传统哲学蕴含着丰富的过程思维，这种过程思维不仅出现在儒家和道家思想中，甚至出现在中国哲学传统最古老的文本《易经》中。"①

总之，"阴阳"、"易变"、"生生"、"集大成"式的哲学思想让国人对人与自然、人与人、人与社会等关系的理解不同于西方。"生生"而非上帝让人们希望永在。因此，现在有人说让中国信基督或过分夸大宗教对人类文明的贡献是不合适的。中华文明的永续不是靠基督引领的，当然没有基督也不意味着没有未来。今天，人类的生存智慧也足以回答这样的问题：当人类不能永恒存在时，人创造的神还能成为终极存在吗？

值得关注的是，科学思维一直是"短板"，科技与人文往往顾此失彼。"科学技术是第一生产力"的提出使科技得到了前所未有的发展，但科学技术究竟是压迫还是解放人的问题又凸显出来。所以，水伦理研究需要思维创新。

三、自然（水）—人—社会"三维化"的一体思维

为了克服因神化自然（如"天"论）、神化人或人的创造物（如上帝）而引发的诸种危机，采用自然（水）、人、社会"三维化"的一体思维或许不失为一种完整准确地诠释三者关系以及水伦理生态哲学基础的"锁钥"。（见图 2—3）

① ［美］菲利普·克莱顿、贾斯廷·赫泽凯尔：《有机马克思主义：资本主义和生态灾难的一种替代选择》，孟献丽、于桂凤、张丽霞译，北京：人民出版社，2015 年，第 14 页。

从这个“三维化”坐标系中，我们可以直观地认识到自然—人—社会及其相互关系是哲学和水伦理学的逻辑起点。自然（水）、人和社会三者“分着说”，分别形成了自然科学、人文科学和社会科学；三者“合着说”则形成了今天诸多的交叉学科，如社会生态学、过程哲学、工程伦理学、生态经济学、环境政治学、环境伦理学、水伦理学等。但无论是“分着说”还是“合着说”，孤立地认识和体悟自然（水）、人和社会三者的关系都可能陷入片面的“深刻”，提出的策略也难免有偏颇之处。因为无论是从根源处还是在本质上，三者都是“三位一体”并在相互联系和制约的矛盾运动中协同进化的。

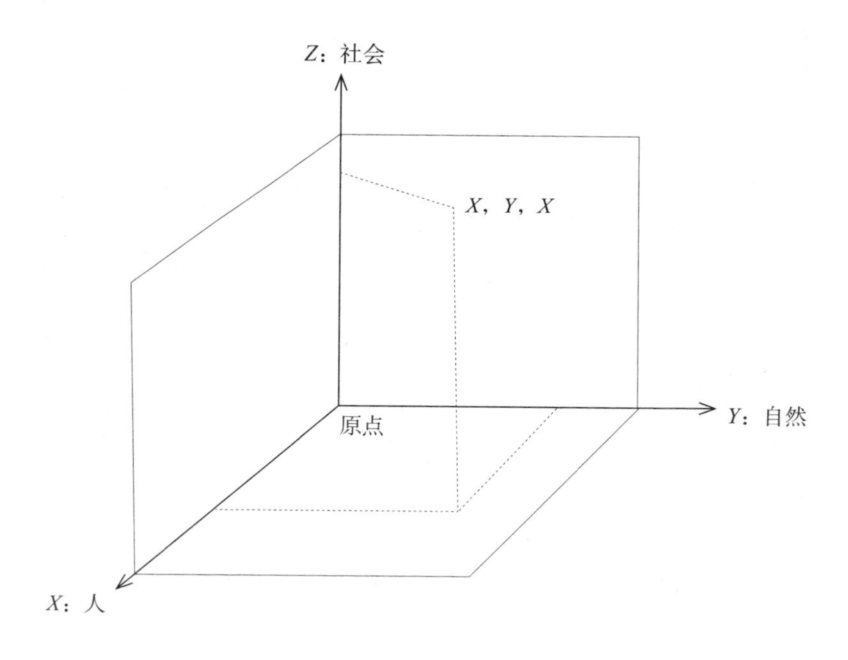

图 2—3　自然—人—社会的“三维化”直角坐标系

“三维化”的一体思维强调自然（水）、人、社会及其相互关系都是进化的，进化是有方向和规律的。三者的进化是由低级到高级、由简单到复杂的循环往复的过程；有“六大规律”内在地规约和引领着发展方向——自然进化规律、人进化规律和社会进化规律，以及自然、人和社会相互之间协同共进的“间性规律”即人与自然间关系演进的规律、人与社会间关系演进的规律、自然与社会间关系演进的规律。“六大规律”相互联系、相互影响，每一事物或关系的变化规律都包含因与果、量变与质变、对立统一等规律。（见图2—4）

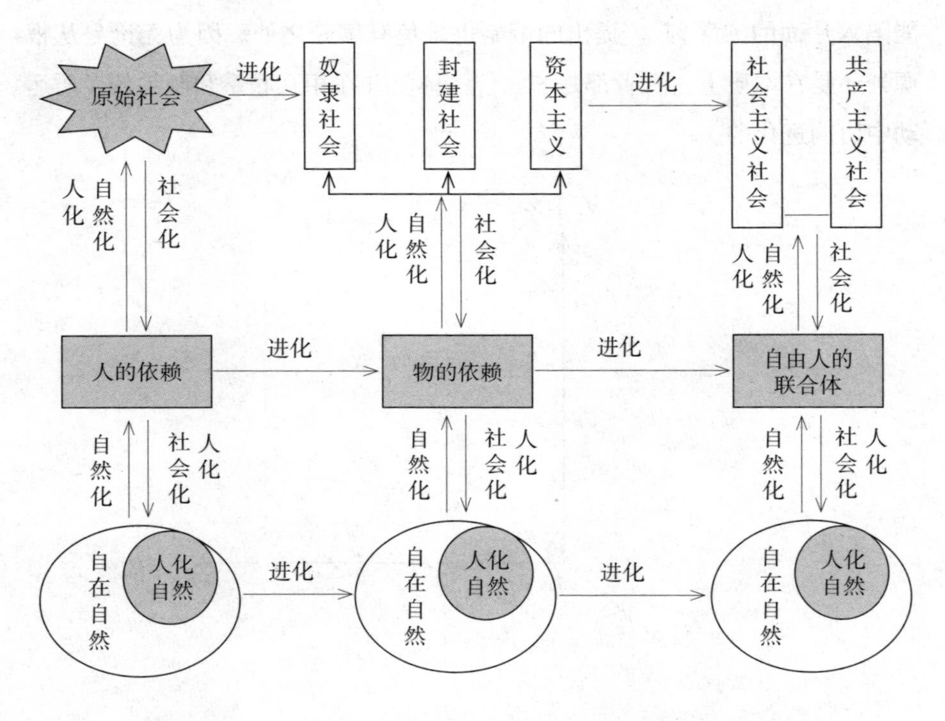

图2—4 自然—人—社会的内在关系和演进趋势

从上图可以看出，（1）现实世界的整体性是由自然、人和社会及其彼此关系共同构成的。不能孤立地认识和评价人与自然的关系（一是不符合事实，二是会迷失方向），或者说仅在人与自然的关系领域寻求解决生态环境问题的办法是不可取的。因为这种整体性是通过物质流、能量流、信息流在自然、人和社会三者之间进行不间断的交流、交锋和交融的复杂过程逐渐实现的。换句话说，整体性取决于三者的高度相关性。就自然的角度而言，运动和静止是绝对的，人的死活、社会的兴衰是相对的。例如，人死了其实是以新的方式存在着。不过，这不是灵魂不灭而是能量守恒。社会发展的动力内在于人的物质和精神需求，只要人类存在，社会就不会停止发展，但社会发展的快慢、好坏取决于特定的时空与历史阶段社会再生产、人的再生产和自然再生产等三种生产力的水平及统筹协调程度，而非仅仅强调一种生产力或两种生产力。

（2）在生成论意义上，自然本自在，自然造化创生了人类，有了人类才有了社会。也就是说，没有自然也就没有人，没人也就没有社会，而不是相反。因此，马克思恩格斯把自然分为自在自然和人化自然。自在自然是未被人类涉及的自然。就目前而言，我们既不能割裂宇宙与自然界的整体关系，更不能将地球生物圈视为自然界的全部。自在自然客观地存在于人类进行物质变换的实践范围之外，是人类的可持续发展的希望所在。它不会因为人化自然的生态危机而消亡。因此，人类既不能陶醉于对自然的胜利，也不要过分夸大生态危机对自然的影响，地球也许会因人为危机遭致损害，但不会因为人为生态危机而灭亡，人亡地球在，地球没了宇宙自然还在。人化自然是经过人类的实践活动改造过的自然。人化自然内含于自然界。自在自然既是支撑人化自然进化的基础又是制约人化自然拓展的因素；人化自然则随着人的发展和社会生产力的提高而具有不断扩张的趋势，但其扩张和变更将发生于自在自然的域值中，并始终受到自然生产力和社会生产力相互制衡的内在张力的约束。因此，自从有了人，自然、人和社会的历史就紧密联系在了一起，彼此之间对立统一、互为因果，有量变也有质变，有肯定也有否定。工业化阶段也是如此。

（3）自然、人和社会都是进化的，其进化基础是自然的生产和再生产力即自然力、人的生产和再生产能力即人力、社会的生产和再生产能力即社会生产力。它们共同维系人类可持续发展所必需的物质生产、精神生产和人的生产。自然、人和社会进化的动力是人与自然、人与人、人与社会、人与自我的矛盾运动；人和社会在矛盾中进步，自然在矛盾中进化。就进化的矛盾运动而言，生态危机、经济危机（其实称社会危机更合适，它可以表现为经济危机、政治危机或文化危机等，且其中每一种危机也可以有多种表现形式）、人的危机是矛盾激化的结果。今天所谓生态危机在成因上主要是人为危机。因此，人、社会是矛盾的主要方面和主要根源，并不是以非人类中心主义的理论为指导就能破解的。同样，从联系的角度看，人类中心主义也是极端。自然的人化和社会化与人、社会的自然化伴随着人类历史的始终。但“三化”不是同步的、水平也不一致，且各有自身规律。

（4）人既是自然的又是社会的，人的发展包含着自然化和社会化的对立统一。首先，人是自然的，人改造、征服自然的同时也意味着改造和征服自己。其次，人是社会的，社会发展是有规律的，人的发展也是有规律的，但并不同步和一致。再次，人的发展是有阶段性的，每个阶段都包含着自然化和社会化的对立统一，且这种对立统一的方式、内容、方法、途径和性质也是不同的。例如，马克思恩格斯关于人的发展的“三阶段论”即人的依赖阶段、物的依赖阶段和自由人的联合体阶段。在这三个阶段中，人与自然之间始终伴随着人的自然化和自然被人化和社会化的进程。因而，人的全面发展应该是在人与自然双向互动的进程中实现的。人与自然关系的现代化也应当是这种双向进程的现代化，而不是“敬畏自然”或“统治自然”的问题。最后，人的进化并不意味着可以脱离自然和社会而获得自由，而是自觉地在自然和社会的约束中享有自由。因此，自由人的联合体是从心所欲而不逾矩的自觉的自由体。

（5）社会的自然化和人性化不以人的意志为转移，但并不意味着社会能自觉地自然化和人性化，这取决于人类社会知、情、意、行的程度和水平。虽然人和社会的自然化从人和社会产生的那一天起就开始了，但自然、人和社会之间双向互作的自然化、人化和社会化的动力是人与自然、人与人、人与社会的矛盾运动。因此，回应这种矛盾运动的策略因人而异、因社会而异。绿色资本主义、生态社会主义、绿色经济、生态经济、循环经济、低碳经济、环境政治、环境哲学、环境伦理学等虽然不无偏颇之处，但都是对这一矛盾的自觉回应，值得互参共鉴。

简言之，社会的现代化水平归根到底取决于其自然化、人性化、社会化的整体发展水平。水伦理的建构不能割裂自然（水）、人和社会三者“三位一体”的内在关系。就自然和水而言，需要重新认识和伸张遵循规律而自然权利或自然价值的科学主义；就人类而言，需要强调以人为本、遵循人性发展规律的人文主义而不是陷于人类中心主义或非人类中心义的价值论争而不可自拔；就社会维度而言，未来社会则是应该更加遵循社会发展规律和趋势的、自觉调节人与自然（水）、人与人等关系的和谐社会。“三维化”的一体思维有利于克服神学唯心主义和机械论自然观割裂自然（水）、人和社会诸种联系的缺陷，有利于避免顾此失彼或相互僭越的极端变革以及自以为是的创新泡沫。因此，水伦理的生态哲学思维是“三向度”的，它坚持自然（水）、人和社会“三维化”的一体性考察和研究。

第三章　水伦理的自然观

在“哲学之改变”中，自然作为一种观念、图像、隐喻、象征占有极为重要的位置。人们总是在新的知识背景、文化氛围、历史条件下，修正旧的自然图景，重新调整自然象征在文化中的地位。在某种特定的历史关头，在人的生活世界和精神世界层面临着重新塑造的境况时，“自然”往往成为思想关注的焦点。正是自然观的演变为水伦理的提出奠定了新的本体论基础。不过，水伦理的自然观基础不是简单接续在某种自然观上，而是要在坚持实践哲学和哲学实践相统一的原则意义上，提出并论证符合作为“时代之精神”的哲学的内在要求和文明转变的现实需要的水伦理自然观。因此，水伦理的自然观基础趋向一种综合的世界观。

第一节　西方传统自然观的演变

一、自然概念的演变

一切概念都被染上了时代的痕迹，特别是那些时代所属的、由之支配着的本质框架相关的概念，更是无可奈何地处在特别眼光的透视之中。如《辞海》中将“自然”解释为“天然；非人为的”，把“自然界”定义为：“从广义上讲，指包括社会在内的统一的客观物质世界。即宇宙。从狭义上讲，指自然科学所研究的无机界和有机界。”[①] 也就是说在我国传统的自然观是一种人未到场的自然观，只有在广义的“自然界”概念中才是包含了人所创造的物质世界，但精神世界在其中没有“生态位”。《美国环境大百科》则认为“自然这个词来自拉丁语 Natura，它的意义广泛，包括从‘出生’到‘事物的秩序’多重含义”。认为在英语中，自然“包括所有的植物、动物、生态系统以及生物与非生物的物质和我们星球的发展进程”。当然，它也包含相对于人类创造的非人的生物、东西或过程的意义。并在对自然概念的考察上提出了“自然是否有自然特有的道德价值框架，自然是否有价值？或者，是否有属于它自己的利益？如果有，人类应该尊重这些价值或促进这个利益吗？”等问题。[②] 这种自然观不仅反映了当代人们对自然的新知，而且对自然概念的考察深入到了价值领域和人与自然的道德关系领域。这种概念界定的差异，实质体现了我们所处的一个世界图景化的时空差异。我们的概念受到我们时代的支配。

在古代希腊和中世纪，“自然”一词主要指的是“本性”，而到了近代又主要指“自然事物的总和”。虽然两种含义一直存在于古代和近代的语言之中，但这种词义的重心的转移意味着一个重大的观念转变，即在近代思想中，“自然物”取代了作为整体的“自然”的位置。

这种观念转变的发生植根于西方思想发展的脉络之中。因为关于“本性”的学问的发展有助于我们区分出“自然物”来，特别是将“非本性”的等同于“人工的、人为的”之后。一方面，关于“本性”的学问越丰富，关于“非本性”的认识也就越固化。另一方面，“人工

---

① 辞海编辑委员会：《辞海（下）》，上海：上海辞书出版社，1979 年，第 2057 页。

② ［美］威廉 · P．坎宁安：《美国环境百科全书》，张坤民主译，长沙：湖南科学技术出版社，2003 年，第 427 页。

物”与“自然物”的对立也变得更显著。也就是说，整体“自然”被“自然物”所取代早在希腊古典哲学时代就埋下了种子。亚里士多德在《形而上学》第5卷的第四章对“本性”（physis）的含义总结为几种含义：一是生成或诞生；二是事物由以生长的种子；三是事物生长的动力源泉；四是事物由以组成的原始材料；五是事物的本质或形式；六是一般的本质或形式；七是自身具有运动源泉的事物的本质。[①] 在这几种含义中，第一种意思也是亚里士多德视野中最古老的含义，它说的是“自然”原始的含义是“生长”，是一个自身有生命的、不断地生长发育着的有机体，世间的万事万物都由此而生长出来。第二种含义则显露了“自然”与“事物”的区分，第七种则表达了亚里士多德在新的图景化时空中自己对“自然”的领悟。

到了近代“Nature”一词，其含义主要指自然物的集合。正如爱尔维修所描述的：“什么是自然？一切事物的总和。”[②] 霍尔巴赫认为：“自然包括了我们所认识的一切”，“它是所有能作用于我们、并因此能和我们有利害关系的一切事物的集合体”，“在它之外的东西不存在而且也不能存在，因为这个巨大的整体之外是什么也不可能有的。”[③] 费尔巴哈则明确指出：“自然界是一切感性的力量、事物和存在物的总和。”[④]

中国人在未受近代西方思想影响的情况下，似乎更能理解“自然”这种原始的生长含义。在古代中国，“自然”最初的含义就是“自然而

---

① ［希腊］亚里士多德：《形而上学》第5卷，吴寿彭译，北京：商务印书馆，1995年，第87—89页。

② 北京大学哲学系外国哲学史教研室编译：《十八世纪法国哲学》，北京：商务印书馆，1963年，第495页。

③ ［法］霍尔巴赫：《自然的体系》（下卷），管士滨译，北京：商务印书馆，1963年，第161页。

④ 《列宁全集》第38卷（下），北京：人民出版社，1975年，第58页。

然”、自己如此、本来如此的意思。认为没有什么比生命的诞生、成长更自然而然的了，它没有理由、没有原因，它完全是自然的。例如，老子在《道德经》中写道：“人法地、地法天，天法道，道法自然。”在老子以前并没有“自然”这一术语，而他将“自”与“然”合一，意指“自己如此”。“自然”就是“自然而然”、“自然天成”。汉代的王充在《自然》篇中载：“天地合气，万物自生。”“而物自生，其自然也”，认为天地生成万物都是自然而然的，天是自然无为的。西晋郭象注《庄子》认为自然就是“天然”。

与近代西方用“自然物”取代自然的转向不同的是，中国哲学几千年来一以贯之地强调“天人合一”或“人天合一”，侧重于考察人与自然关系的整体性，并将天人合一发展为一种尊道重德的道德哲学精神，始终秉持。例如，老子说：“有物混成，先天地生，寂兮廖兮，独立不改，周行不殆，可以为天下母。吾不知其名，字之曰‘道’，强为之名曰‘大’。大曰逝，逝曰远，远曰反，故道大、天大、地大、人亦大。域中有四大，而人居其一焉。人法地、地法天、天法道，道法自然”，核心是人法自然。法自然就要尊道、讲道、守道，永不背道而驰。因此，传统中国哲学没有脱离事物发展之道的理论，形成了关于“理一分殊”的“理学”。相反，希腊思想家对于事物“本性”的追问，形成了关于“自然”之“本原”是“什么”的学问即自然（哲）学，是侧重于“分殊”的学问。中国哲学家强调“道可道，非常道”，希腊哲学家则要将“道”追问个明白，凡事要说出个道道来，这就要离总“道”而去。

西方离总“道”而去的自然观，使拆分自然、把自然具像化成为必然，自然也正是被拆分和物化中成为了人类改造和征服的对象，直至招致自然“报复”，“自然”概念才又在新的科学基础上作为系统的、整体的生命共同体被重新界定。罗尔斯顿在《哲学走向荒野》中主张：“作为生态系统的自然并非任何不好意义上的‘荒野’，也不是‘堕落’的，更不是没有价值的。相反，她是一个呈现美丽、完整与稳定的生命共同体。”①“当生态学成为人类的生态学时，就把它置于Oikos——他们的‘家’的逻辑之中。”②即将自然的本质归结为生命共同体。强调生态系统是一个由相互依赖的各部分组织的共同体，人类和大自然其者在生态上是平等的；人类不仅要尊重生命共同体中的其他伙伴，而且要尊重共同体本身；任何一种行为，只有当它有助于保护生命共同体的和谐、稳定和美丽时，才是正确的。

从“生长”的自然、“自然物之集合”的自然到“生命共同体”的自然，“自然含义的演变是由高度抽象、玄妙、神秘的精神领域逐步走向具体、感性的现实世界”③。这一方面反映了人们对自然本质的把握由表象深化至对规律的科学把握的趋势，反映了语境不同自然含义也有所变化，但总体上与特定历史阶段人类认识和改造自然的本质力量的发展方向一致。另一方面则意味着自然内涵的不断丰富。“先前的意义没有消亡，而是像在进化过程中常常看到的那样在其上面又增添了新意。”④也就是说，不能因为新含义的出现，而抹杀了自然在特定语境中的含义。值得注意的是，在哲学思想史上，随着近现代西方经济、政治和文化的全球扩张，西方关于“自然”概念由“生长”、“本原”、“自然物之集合”到“生命共同体”的哲学走向对其他国家和地区自然观念的现代化以及处理人与自然、人与自然物包括人与水相交道的关系产生了深远影响。考察中西方自然哲学之转变和动态

① ［美］霍尔姆斯·罗尔斯顿：《哲学走向荒野》，刘耳、叶平译，长春：吉林人民出版社，2000年，第10页。

② ［美］霍尔姆斯·罗尔斯顿：《哲学走向荒野》，刘耳、叶平译，长春：吉林人民出版社，2000年，第81页。

③ 马克思：《1844年经济学哲学手稿》，刘丕坤译，北京：人民出版社，2000年，第87页。

④ ［德］萨克塞·H.：《生态哲学》，文韬、佩云译，北京：东方出版社，1991年，第33页。

演变对建构当代水伦理自然观基础有重要意义。

二、西方古代自然观的演变

“自然”的观念是最古老的哲学观念之一，它常常包括人们如何认识自然以及人与自然的关系这两个方面的内容。

自然观是关于自然界的总体性质的看法，它不同于自然科学对自然的某些方面或某些细节的具体揭示，但是又和自然科学发展有着密切的联系。它们之间的关系在历史上各个不同的时期、在自然科学发展的不同阶段，呈现出不同的特点。在古代，自然观往往来自神话，宗教或哲学的直觉，如上帝创造世界，水是万物的本源等；随着科学对自然界了解的丰富和深入，自然观主要反映这一时期的科学理论，如生命进化论、当代宇宙论等。自然观不仅是描述性的、而且也是规范性的，它常常影响到科学对其研究对象的假设，或者借用托马斯·库恩（Thomas Kuhn）的范式理论来说，自然观是科学范式中的合法要素。比如，许多学者（如怀特海和迈克尔·弗斯特）已经指出基督教创世教义对近代西方科学兴起的影响。[①] 西方古代自然观以古希腊有机论自然观和中世纪基督教神学自然观为代表。

希腊时代是自然哲学的第一次兴盛时期，亚里士多德的自然学集“前苏格拉底时期”自然哲学之大成。古希腊自然观把自然万物看成同人一样能行动、能生殖、有生命、有意志的东西。它以感性经验为基础，通过简单的逻辑推理和思辨对自然界的现象和原因进行猜度，自然科学在某些领域取得的成果直接进入哲学视野，帮助解释和论证本体论问题。这反映了古希腊出现了一种不同于万物有灵、图腾崇拜等原始宗教自然观的有机论

① 参见苏贤贵：《基督教与近代科学的关联——从生态的观点》，见赵敦华主编：《基督教与近代中西文化》，北京：北京大学出版社，2000 年。

自然观。这种自然观认为，自然界是一个运动不息充满活力的世界，是一个有秩序、有规则地生长着的有机整体。不过，这时的关于自然界是有机整体的观念，并不包含“进步”、“进化”的含义，只是一个由发生、成长、衰老、死亡一系列环节构成的简单重复的过程。正如当代存在主义哲学大师海德格尔所考证的：“希腊人没有把生长理解为量的增加也没有把它理解为‘发展’，也没有把它理解为一种‘变易’的相继。自然乃是出现和涌现，是自然而然地自行开启，它有所出现同时又回到出现过程中，并因此在一向赋予某个在场者的那个东西中自行锁闭。”① 有机论自然观认为人是自然的一部分，是拥有理性灵魂的最高级动物。例如，在亚里士多德的宇宙论图式中，整个自然是个自我运动的活的有机体，这个有机体由处于宇宙天体之外层的最高神所推动，这个最高神是由水、火、所、土以外的第五种因素“以太”所构成，宇宙万物都分有了作为“以太”的世界灵魂，这些万物的灵魂构成了一个从低到高的灵魂等级体系。最低级的灵魂是无机界的，最高级的是人的灵魂，因为它分有了世界灵魂的理性部分而拥有了理性的灵魂。因此，在古希腊有机论自然观中是神性的又人性的，承认万有之上有神、有“以太”，万有之中有“人”，人是自然的一部分，但相对于其他万物又是具有特殊性的一部分。这表明在古代希腊神、人与自然的对立和分离已经以思维的形式表现出来了。

当智者普罗泰戈拉认为“人是万物的尺度”时。自然哲学便开始分裂，一种新的哲学形态便宣告诞生。普罗泰戈拉包含本体论和认识论原则的新哲学在苏格拉底那里臻于完善。基督教神学在这里找到了自己生命力的源泉。造物主和有机论相结合并进一步人格化，逐渐深化出了中世纪的上帝观念。经院哲学的基本特征及核心思想，正是经过改造而完善了的柏拉图

① ［德］海德格尔：《荷尔德林诗的阐释》，孙周兴译，北京：商务印书馆，2002年，第65页。

和亚里士多德的目的思想中的神学目的论。

上帝集古希腊罗马人赋予自然宇宙本身所具有的一切能力、一切智慧、一切善于一身，它造就了万物，同时又按照自己的形象造就了人类。上帝集自然诸神的力量彻底粉碎了古希腊的“泛神主义”的有机论自然观，一神教取代了多神教，超自然的上帝取代了自然神，神力取代了自然力，人也从自然的一部分转变为上帝的造物。在牛顿时代之前的一千余年，神学自然观成了主宰西方的自然观念。

基督教神学自然观集中反映在《圣经》的条规中。《圣经》在《创世记》中明确提出，上帝创造天地万物。它认为，神（上帝）创造了自然和人，且超越它们之上；自然万物是合目的的，自然从属于、服务于人，人又从属于、服务于神；人是低于上帝而又高于自然万物的存在，由于有“知性”（intellectualize）而能了解神，由于有“理性”（rational）而能认识自然。基督教神学自然观不仅成就了一神论，而且将人从自然中抽绎出来，脱离了自然，人与自然不同质，人由此而超越自然、凌驾于自然之上，成为能够控制且利用自然的万物之王。如6世纪出版的一本著作《基督教地形学》宣称：“人是地球上所有事物之王，与天堂的基督一起来统治。”①经院哲学的集大成者托马斯·阿奎那则进一步论证了人支配自然是神的逻辑，提出“有一种从最不重要之物一直到上帝的存在层级，然而这样一个整体计划唯有上帝才知道。人类占据了一种在各种运动之上的独特位置，他们对自然界的支配就是这种逻辑性的神的计划中的一部分——理性的创造物理应统治非理性的创造物”。②神学自然观虽然完成了人与自然的分化，冲破

① 转引自［英］克莱夫·庞廷：《环境与伟大文明的衰落》，王毅、张学广译，上海：上海人民出版社，2002年，第162页。

② 转引自［英］克莱夫·庞廷：《环境与伟大文明的衰落》，王毅、张学广译，上海：上海人民出版社，2002年，第162页。

了古希腊泛神主义的藩篱，这是历史的进步，但是，也铸就了神的至上地位和自然的被奴役地位，这又为近代自然观的产生作了准备，并为人类支配和宰制自然界开辟了道路，为人是自然界的主人奠定了神学理论基础。因此，在生态危机和水问题不断蔓延的背景下，基督教神学自然观受到学者的反思和批判。当代美国学者林恩·怀特1967年在《科学》杂志发表的文章认为：我们的生态危机的历史根源在于："上帝明显地安排所有这些存在物服从人的利益和统治；除了为人的目的服务，自然界的所有事物都没有任何目的。……基督教是所有宗教中人类中心论色彩最浓的宗教。"①

三、近代西方自然观及其生态后果

中世纪之后，欧洲社会发生了一场具有历史转折意义的启蒙运动，这场运动以反对神学倡导人学，反对神以倡导人权，反对神性倡导人性；反对蒙昧主义和神秘主义，提倡理性和科学；反对禁欲主义和来世主义，重视现实的世俗生活；反对传统封建专制和等级制度，颂扬自由平等为内容，以集中、广泛的文艺复兴方式和科学革命剥去了自然巫术、神秘主义的外衣，杀死了上帝，成全了人的自然主人地位，为西方自然观的近代转变奠定了基础。

1. 近代西方的机械论自然观

古代和近代精神之间由于意大利文艺复兴和科学革命而产生了一个巨大的差异，这种差异不只表现在经济和政治领域，更重要的是首先表现在文化意识形态领域，蕴含其中的首先是自然观念的根本变化。文艺复兴和科学革

① 转引自［美］纳什：《大自然的权利》，杨通进译，青岛：青岛出版社，1999年，第107页。

命掀起了西方自然哲学的第二次研究高潮，促进了自然观的第二次转向。

近代西方自然哲学界对自然概念的重铸在批判神学自然观的基础上转向了消除“自然”与“人工”的差异、人类统治和征服自然以及世界图景的机械化。其世界观以机械论为特征，即以机器为模型去理解物质和整个宇宙。

机械论自然观以培根和笛卡尔的自然哲学观为起点。培根的实验方法实际上是一种“实验的自然哲学”。他的名言“人是自然的解释者”，意谓结合经验进行实验尝试，从而进一步控制自然。笛卡尔在人与自然关系上，强调人的理性的力量和地位。他推崇建立一种以追求真理为目的而又有利于人类征服自然界的新哲学即“实践哲学”，他说：“借助实践哲学，我们就可以使自己成为自然的主人和统治者。”笛卡尔最先对机械论自然观作出了哲学总结，他认为，自然与人以及物质与心灵是两个相互独立的实体，人是自然界的旁观者；自然界只有物质和运动，别无其他；所谓运动就是位移运动，即机械运动；自然界一切事物包括人体都是某种机械，可以用人工的机械模型去模拟自然现象；自然这部机器是上帝创造的，上帝造好这部机器后给它以第一推动，以后上帝就不再干涉，让他按照恒常的自然规律运行。笛卡尔的机械论，承认上帝是第一推动但推动完了便结束使命，承认恒常的自然规律其规律实为空间位移的机械运动规律。

牛顿用数学建构起了关于自然之数学结构的自然哲学体系——《自然哲学的数学原理》，用所谓的数学力学完成了近代科学庞大体系的建构。牛顿认为，“自然哲学的全部任务看来就在于从各种运动现象来研究各种自然之力，而后用这些力去论证其他的现象。”① 他强调说：“我不是从物理学而是从数学上来考虑这种力的。因此，读者不要以为我使用这些字眼，

① 牛顿：《自然哲学的数学原理》，王克迪译，武汉：武汉出版社，1687 年，“第一版序”。

是想为任何一种作用的种类或形式及其原因或物理根源作什么定义。”力成为牛顿自然哲学的核心概念，这使得后人将他所开创的科学称为力学。牛顿关于力的补充说明表明了其自然哲学与亚里士多德自然哲学的区别：力并不是物理的动因，而是某种数学原则，是这些原则在支配着自然界的运动。牛顿力学使自然成为一个有规则和有秩序的物质体系，进而使自然哲学的任务由寻求“本原”和“本性”转化为探究可以支配“一切”的自然现象的数学规律。这对于那些喜好“沉思”而不懂操作技巧和数学技术的哲学家而言，自然哲学已与他们无缘。“自然”已被纳入数理化的概念框架，以致只有科学家才有权对之发表意见。严格意义上的自然哲学存在的依据被动摇，转而趋向自然科学。

生活在17—18世纪的康德虽然试图调和与折中自然观，并将自然从上帝手中拯救出来，认为世界不是上帝的杰作，但他又把自然的创造归结于“人心的先验图式”。① 他在《纯粹理性批判》中，将自然看成是人心制造的图像，因为时空、因果性这些牛顿自然概念的本质要素，均出在人心中的先验形式。康德以严密的逻辑，将人与自然的对立铸就成一套伟大的知识论体系，先后提出了三大批判，即《纯粹理性批判》、《实践理性批判》和《判断力批判》，并在《判断力批判》一书中，提出了“自然合目的性”的概念，并不再将自然视为一个只受因果性制约的机械体系。

那么，到底什么是目的与合目的性？康德认为：“如果我们想要依据先验的规定（而不以愉快的情感这类经验性的东西为前提）解释什么是目的：那么目的就是一个概念的对象，只要这概念被看做那对象的原因（即它的可能性的实在的根据）。”② 在此，康德把目的看做是一个概念的对象、

① 吴国盛：《自然本体化之误》，长沙：湖南科学技术出版社，1993年，第87页。

② [] 康德：《康德三大批判精粹》，杨祖陶、邓晓芒编译，北京：人民出版社，2001年，第441页。

一个事物得以可能的先验根据，只要这概念被视为那对象的原因，而这个概念在其客观方面的因果性就是合目的性。

与此同时，康德对目的作了内外之分，他说："一个自然产物，在其中'一切都是目的而交互的也是手段'。因此，'没有任何东西是白费的，无目的的，或是要归之于某种盲目的自然机械作用的'。"[①] 这里所谓目的是指事物的内在的目的，因为它是属于作为自然对象本身的。只有内在目的，才能成为事物发展的根本动因与内在根据。而外在目的是指一物的存在是为了其他事物，是一事物对另一事物的适应性。在康德看来，真正意义上的自然目的是一种"内在而固具的合目的性，"是指自然界生物因自身特殊、复杂的有机组织结构而具有的自组织、自生长、自修复的建构力。康德说：在这样一个自然产品中，每一个部分，正如它只有通过其他一切部分才存在那样，它也被设想成为了其他部分及整体而实存着的，也就是被设想成工具（器官）……[②] 也只是因为这一个这样的产品作为有组织的和自组织的存在者，才能被称为自然目的。自然作为一个系统的有机组织整体，它的生长、发育并非完全受机械法则的盲目操作，而是具有自身内在的合目的性的一种必然的发展与创造过程。

因此，康德的自然目的论强调自然界的发展是合目的性与合规律性的统一，凸显自然界的发展是一种具有自身目的性的有机整体的创造性过程，彰显自然界的发展的自组织结构的创造的生成性、目的性和规律性，是透视自然界发展的一种内在的客观目的性结果。

康德的目的论自然观不仅把人类视为了目的而非手段，而且使动物在道德的考虑中也可以有一定的地位，尽管认为人对动物的义务是间接的、

① ［德］奥特弗里德·赫费：《康德生平著作与影响》，郑伊倩译，北京：人民出版社，2007 年，第 25 页。

② 参见邓晓芒：《康德哲学讲演录》，桂林：广西师范大学出版社，2005 年。

动物本身也只有工具的价值。特别是他认为自然界整体是具有内在目的性的，"是基于对有机体的内在目的性原理的一种反思，是把有机体内在的合目的性原理外在化推理的结果。"① 这种生命合目的性原则在自然概念中的重新出现以及对自然整体内在目的性的论证，为即将到来的德国自然哲学开辟了道路。不过，由于时代的局限，康德自然哲学深受牛顿科学的影响，其知识论仍然是以牛顿力学为出发点的。机械论自然观的破解还有待新的理论冲击和实践发展。

机械论自然观极大地弘扬了人类主体的能动性，推动了生产实践和科学实验的发展，加速了人对自然的认识和改造，但也反映了人类作为物种个体所具有的狭隘性、片面性，它所理解的自然及其价值有着不可避免的时代局限性，必将为新的自然观所取代。

2. 近代西方自然观的生态后果

近代西方自然观以把自然机械化为基本特征，其特点表现为：一是把自然机器化，二是把人变成了自然的主人，三是将人与自然关系由基于统一的利用、改造为主转变为以征服、支配、统治为主的对立关系，四是形成了主、客二分的二元论思维。这种自然观在彰显人的主体精神的同时，也把人变成了"浮士德"式的人物。人似乎可以挑战一切、掌控一切，以至于征服一切。"一种掌权的意志嘲弄一切时空的极限，把无边无限之物作为己任，它使五洲屈服，最后以交通和新闻业的形式包围全球，并通过实际能量的威力和异乎寻常的技术方法使它转变……这里没有以取得不可知物的印象和纯理论为目标的空想……一开始就是工作的假设。它不必正确，只要实际可用就行。它不想揭示我们周围世界的奥秘，而只是想使它

① 毛新志、刘星、向云霞：《论康德的自然目的论思想——兼评现代生物学哲学中的目的性思想》，《理论月刊》2009 年第 3 期。

为一定的目的服务……自己建造一个世界，自己成为上帝——这曾是浮士德式的发明家之梦”。①

机械论自然观使人与自然的关系图式由“自然—神灵—人”、“上帝—人—自然物”演变为“上帝人—自然万物”。上帝不再是创造一切的上帝而是假设存在的上帝，人成为支配一切的主人，自然如同机器可以任人拆分、宰割，导致人与自己无机的身体——自然的对立，使地球生态系统碎片化，环境灾难日益加剧。1873 年，伦敦出现杀人烟雾，煤烟中毒比前一年多死 260 人，1880 年和 1892 年又夺去了 1000 多人的生命。英国的格拉斯哥、曼彻斯特烟雾也造成 1000 多人死亡。西方工业革命后，环境问题更为突出，城市的烟尘污染、水污染、噪声等对人们的生活产生了很大的侵扰。有资料显示，在机械自然观的主导下，以钢铁、机械、化工、纺织为代表的工业革命使自然生态系统遭遇了自 6500 万年前恐龙灭绝以来最为严重的物种灭绝时期。据估计，近代物种的灭绝速度比自然灭绝速度快 100—1000 倍，约有 34000 种植物、5200 种动物、1200 种鸟类面临灭绝。

第二次世界大战之后，环境问题已经是世界发达国家面临的最严重的问题之一。大气污染、水污染、土壤污染、固体废弃物污染、有毒化学物品污染以及噪声电磁波等物理性污染等构成了困扰西方的第一次环境危机。70 年代以后，范围更广、危害程度更深的第二次人类环境危机又叫生态危机在发生，其表现在不仅限于污染物对人类健康的直接危害，而且还危及了人类整体的生存和发展。由于过度放牧和乱砍滥伐而造成的水土流失和沙漠化、燃烧化石燃料（煤、石油等）而大量排放温室气体造成的全球气候变暖、二氧化硫等酸性气体进入空气而造成的酸雨现象及其对植

---

① ［德］奥斯瓦尔德·斯宾格勒：《西方的没落》第一卷，吴琼译，上海：上海三联书店，2006 年，第 91 页。

物和水生物的危害、氢氟烃类气体造成的臭氧层破坏、全球环境和气候的整体变化导致的动植物物种的减少……发达国家和发展中国家都遭遇了各自的环境问题，特别是资源短缺（如水、耕地、能源、矿产等）成为绝大多数国家面临的发展瓶颈。“所有鸟儿都不见了。”① 生态危机成为事关生死、不能等闲视之的全球性危机。② 德国社会学家乌尔利希·贝克就认为，在“世界风险社会”中，“第一是生态危机，第二是全球金融危机，第三是跨国恐怖主义网络的恐怖危险。”③

与全球生态危机相伴的是全球性的水危机。河流是养育人类文明的摇篮，从世界范围看，人类的几个古老文明都起源于著名的河流和流域，水及其河流领域为人类的生产活动提供了肥沃的土壤、丰富的自然产物，为人类的社会、文化活动提供广阔的空间，塑造了个民族的文化品格，甚至成为特定文明的标志和代称。人类对水持有感恩、利用和控制的态度，也有在河水泛滥等破坏性的巨大自然力面前的敬畏、恐惧之情；人和水之间既有因为过度干扰、导致沙漠化的和文明消失的例子，也有人与水和谐相处的一面，更多的是人类利用水合理灌溉，水长期造福人类。

进入工业文明以来，人类的生产规模和生产方式发生了巨大变化，以工业化、城市化为主要内容、以规模化为基本特点的高投入—高产出—高消耗发展方式，造成江河湖海断流、枯竭。工业和生活产生的大量废水和污水，造成了严重的不环境污染，使很多地区面临有水难喝、有水不能喝的水质性“水荒”。为了发电等目的拦河筑坝，还造成河道泥沙淤积，水流缓慢，阻断鱼类洄游路线，导致生态多样性减少。

---

① 杨通进：《生态二十讲》，北京：人民出版社，2008年，第94—95页。

② 参见曹顺仙、王国聘：《论生态危机的全球化》，《生态经济》2009年第9期。

③ ［德］乌尔利希·贝克：《哑口无言的失语状态——关于恐怖主义和战争》，张世鹏编译，《全球化与美国霸权》，北京：北京大学出版社，2004年，第160页。

值得关注的是，这些恶果已经在世界范围内呈现。据2014年联合国发布的《世界水资源发展报告》，全球目前有8.84亿人口仍在使用未经净化改善的饮用水源，26亿人口未能使用得到改善的卫生设施，约有30亿至40亿人家中没有安全可靠的自来水。每年约有350万人的死因与供水不足和卫生状况不佳有关。近年来世界主要河流半数以上受到断流、污染的威胁，在世界500条主要河流之中，除南美洲的亚马孙和非洲的刚果河外，其他河流的水源和沿岸的土地都因过度使用而变得干涸或受到污染。污染及断流现象最为严重的河流包括各国的主要河流，如中国的黄河、美国的科罗拉多河、非洲的尼罗河、俄罗斯的伏尔加河及印度的恒河。

随着经济社会的发展，我国水资源短缺的情况日益严重，水问题的解决面临更加严峻而复杂的局面。据2013年国家统计局发布的统计数据，十大流域[①]的704个水质监测断面中，Ⅰ—Ⅲ类水质断面比例占71.7%，劣Ⅴ类水质断面比例占8.9%。十大流域水质总体呈现轻度污染。近岸海域301个海水水质监测点中，达到国家Ⅰ、Ⅱ类海水水质标准的监测点占66.4%，Ⅲ类海水占8.0%，Ⅳ类、劣Ⅳ类海水占25.6%。[②]全年水资源总量27860亿立方米。全年平均降水量665毫米。年末全国613座大型水库蓄水总量3488亿立方米，比上年末蓄水量减少5%。全年总用水量6170亿立方米，比上年增长0.6%。其中，生活用水增长2.7%，工业用水增长1.4%。除了继续增长的生活用水、工业用水外，人口的持续增长在未来相当长一段时间内仍将成为加剧人水关系矛盾的重要影响因素。

此外，与自然被机械化、数学化的过程相对应，近代西方对自然的机

---

① 十大流域包括原七大水系（包括长江、黄河、珠江、松花江、淮河、海河、辽河）和浙闽片河流、西北诸河和西南诸河。

② 参见中华人民共和国国家统计局：《2013年国民经济和社会发展统计公报》，http：//www.stats.gov.cn/tjsj/zxfb/201402/t20140224_514970.html。

械思维也发生在经济领域，自然的有机性、整体性、联系性和发展性随着自然物不断被商品化、市场化和资本化而抹杀了。在经济学家的眼里，自然的价值被约化为经济价值，而经济价值又是可以用货币和价格来核算的。这样，自然又一次被数字化了。

现代西方技术和经济的发展使西方的现代性依赖并迷恋于数字和技术，人与自然的本质东西在无形中被蒸发掉了。高山流水不再以诗情画意的文化图式而是以物质、金钱的图式呈现在人们的视野中。自然之魅消失了。

所以，以控制为目的的近代科学和以机器为比拟的自然观的结果是自然的“死亡”。因为“在机械世界中，秩序被重新定义为每一部分在一个由理性决定的规律系统中的可预测的行为，而力量则来自于在一个已被世俗化的世界里主动的、直接的干预。秩序和力量一起构成了控制。对自然、社会和自我的理性控制是通过这种新的机器隐喻重新定义实在本身而实现的”。[①]

四、西方现代自然观的重建

20世纪以来，随着自然科学的革命性进展，特别是被保罗·西尔斯所称的“具有颠覆性的学科”[②]——生态学的发展，西方哲学关于自然的观念发生了巨变。在这些变化中，整体论（或称为生态整体论）的兴起与进化共生的自然观代表着西方现代自然观在新的科学理论基础上整体与重建取向。

① ［美］麦茜特：《自然之死：妇女、生态和科学革命》，吴国盛等译，长春：吉林人民出版社，1999年，第211页。

② ［美］唐纳德·沃斯德：《自然的经济体系：生态思想史》，侯文蕙译，北京：商务印书馆，1999年，第84页。

1. 整体论自然观的兴起

首先，西方现代自然观重建的动因源自于机械论自然观的内在矛盾性。一方面，牛顿的自然概念是机械论的，它与亚里士多德自然概念相互对立，这种对立表现为把质还原为量、数学定律代替目的论趋向、实验和预测代替沉思和理解等。它反映了自然观内部机械论与有机论的对立和矛盾。另一方面，是历史性与非历史性的对立。自 18 世纪后期以来，随着以生物学、地质学为基础的进化论的确定，自然科学内部形成了一股新的思潮，即重新发现时间。与此相伴，在社会思想领域，则出现了“进步”、“发展”的观念，它们共同形成了 19 世纪思想史的所谓“时间的发现”。[①] 作为时间精神的自然哲学必然对这一思潮的重要性作出反映，这是自然哲学发展的内在要求。因此，近代西方“祛魅”的机械自然观受到广泛的批评，要求有一种复合生态学原则的新的自然观取代它。按照麦茜特的看法，这种新的哲学包含这样一些要点：①每一事物都和另外的事物相联系。如果一样的东西从生态系统中移走，必定会影响整个生态系统。②整体大于部分之和。生态系统具有协同作用，子系统的效应不是简单地线性叠加。③只是依赖与处境。在整体论中，每一部分的意义都依赖与它和整体的关系。④过程优先于部分。生态系统是一个开放的、有物质和能量交换的系统，这个稳定的系统与其说是由部分构成的，不如说是由过程构成的。⑤人与非人自然的统一。在整体论中，人和其他自然物都属于同一有机的宇宙系统，不存在文化和自然的二元对立。[②]

其次，整体论自然观不是对前科学的有机论的简单回归，而是被概括

---

① 参见图尔敏《时间的发现》(*The Discovery of Time*)。

② See Carolyn Merchant, *Radical Ecology , The Search For a Livable World*, Routledge , Chapman & Hall, 1992 : 76—78.

在后现代主义名下的20世纪诸多思想领域的发展的结晶。它不但是生态学的产物，并且也从量子力学、相对论、系统论和混沌理论等当代科学中受到启示，还从东方的宗教和传统思想中吸收了营养。

（1）生态学所揭示出来的生态系统中各要素的相互依赖性、系统性整体的平衡型、有机性和整体性都提示了一幅与传统的机械论自然观迥然不同的图景。和传统的认为事实及价值分离的观点相反，环境哲学家罗尔斯顿（Holmes Rolston，Ⅲ）认为生态学的描述和对生态系统的评价是一起产生的。生态学的描述发现了统一、和谐、相互依赖、稳定等，而这些价值上被认可的性质之所以被发现，在某种程度上，是因为我们带着赞赏秩序、和谐、稳定和统一的倾向去搜寻的。

（2）物理学家大卫·波姆（David Bohm）在《后现代科学和后现代世界》一文中也论述了相对论和量子力学的"非机械论"性质。他指出："量子物理学认为，根本不存在连续的运动；而部分与整体之间的内在联系、不同部分之间的联系以及与事物密不可分的环境依存确实存在的。各要素之间的不可分割的联系也是存在的，而且不能够进一步分解。这一切表明，世界是一个不可分割的整体。"①

（3）生态哲学家卡里科特（J.Baird Callicott）也认为，"新生态学"和物理学中的量子理论（"新物理学"）结合在一起，相互补充，具有一些重要的形而上学含义：一是在新生态学的"有机"自然观中，如同在新物理学中一样，能量似乎是比物质对象和分立的实体更根本、更首要的实在，而原先被视为首要的个体对象只不过是能量的形式、扰动和聚集。其次，从新生态学和新物理学中产生的自然观是整体论的，有机体是生命之网中的关节，不可以被分裂出来加以考虑。卡里科特甚至认

① 转引自［美］大卫·格里芬编著：《后现代科学：科学魅力的再现》，马季方译，北京：中央编译出版社，1995年，第90页。

为，从生态学角度看，关系“优先”于发生关系的食物，由这些关系构成系统整体也“优先”于它的组成因素。[①] 弗里乔夫·卡普拉（Frijof Capra）在《物理学之道》（1974 年）和《转折点》（1980 年）中对道家哲学的推崇，则使得许多生态运动人士把道教思想作为和生态思想相适应的形而上学基础。

因此，20 世纪以来，自然科学的革命性进展和东西文化的交流，使自然观整体观拥有了新的理论基础和现实价值，特别是当它与系统科学、生态科学相联系时，可以成为水理论的自然观基础之一。

最后，整体论自然观兴起的三大科学基础。虽然爱因斯坦曾说：“人们总是适当的方式形成一个简化的和容易领悟的世界形象，一幅世界图像”，其意思是说还原论不可避免，但是，整体论是与“原子式”的机械还原论、力学还原论、物理还原论不同，其科学基础是系统科学、量子力学和生态科学。

（1）整体论的系统科学基础。21 世纪系统科学的成长壮大为整体论提供了系统而复杂的认识自然和解决人与自然关系冲突的理论基础。所谓系统科学通常是指第二次世界大战之后兴起的控制论、信息论和系统论，20 世纪 60 年代以后出现的耗散结构论、协同学、突变论、超循环论等自组织结构，以及 80 年代以来日益活跃的混沌学。在这些科学中，人们从不同的角度称它们是复杂科学、非线性科学、整体性科学，我们权且称它们为系统科学。这些科学起始于第二次世界大战时提高战时通信效率和可靠性的现实需要，其标志是 20 世纪 40 年代控制论、信息论和系统论的诞生。

---

① See J.Baird Callicott.“The Metaphysical Implications of Ecology”, in J.Baird Callicott and Roger T. Ames ed ., *Nature in Asian Traditions of Thought , Essays in Environmental Philosophy* , State University of New York Press, 1989 : pp.59–60.

1948年，美国应用数学家申农（C.E.Shannon）发表“通信的数学理念”，标志着信息论的诞生。申农首先把信息传输过程划分为五个部分，即信息源、发送器、信道（传输媒介）、接收机、信息接收者；其次，他提出信息量的量化概念，即把信息同熵联系起来；最后，他提出信道定理，即信道容量是信道能够几乎无误差地传输信息的最大速度，在这个速度之内，信道原则上可以无限地降低噪声造成的误差。信息论的最重要贡献在于，把通信过程看成是一种信息的传输过程，而信息本质上是统计的，其量化形式与“熵”密切关联。它对一般系统科学的贡献则是提出了与热力学相关的信息概念。

控制论的诞生与第二次世界大战中弹道计算的要求相联系。1948年美国科学家维纳的《控制论》一书宣告了这门学科的诞生。在一系列的中弹道研究活动中，他抓住了自动控制过程的两个核心概念即“信息”和“反馈”的概念，构造了控制论的基本框架。维纳的贡献还在于，把反馈过程来取得信息，从而判断自身是否达到了预定的目标。与此同时，他并没有把控制的过程局限在自动机领域，他意识到以信息和反馈为基本机制的控制过程，不仅可以用来描述自动机，大概也可以用于神经系统以及更大范围的其他领域。特别是他提出的富有启发性的关于“牛顿时间”和“柏格森时间”的区别。他认为前者是确定的、决定论的、可精确预测的、可逆的，而后者是不确定的、非决定论的、不可精确预测的、不可逆的。而且他第一次把后者看成是无法回避的、具有决定意义的。维纳写道：“我们是受时间支配的，我们跟未来的关系和我们跟过去的关系并不相同。我们的一切问题都被这种不对称性制约着，我们对这些问题的全部答案也同样受着这种约束。”① 这种认识对我们理解通信问题至关重要，因为“能够与

① ［美］诺伯特·维纳：《控制论》，郝季仁译，北京：科学出版社，1962年，第33页。

我们通信的任何世界，其时间方向和我们相同”[1]。时间性的引入使偶然性研究最早进入了通信和控制问题的研究中。而控制论中关于反馈问题研究又促进了原生命系统中独有的行为目的性的普遍化。控制论学者在生命和非生命领域中对目的性的发现，使被近代科学否定掉的亚里士多德四因说中的目的因在某种意义上复活了。

如果说信息论与控制论把一类特殊的对象即通信和控制问题提上了科学研究的主战场，那么，系统论则从更加广泛的角度，展开了更为广阔的问题空间。特别是对系统及其“复杂性”的强调，与古典科学对“简单性”的寻求与解决形成了鲜明的对比。

系统论的诞生以具有奥地利血统的美国生物学家贝塔朗菲于 1948 年出版的《生命问题》一书为标志。该书系统地论述了一般系统论的理论，宣告了这个新理论的诞生。系统论有两个来源。一个来源是与具体的管理工作相联系的系统工程。系统工程强调系统的整体目标，并围绕实现整体目标的最优化来配置和管理系统各部分的运作。这里最重要的思想是，整体高于部分，部分受整体的支配，服从整体的目标，整体不简单是部分的线性相加。另一来源是关于系统一般原则和规律的一般系统论研究，其主要代表人物是奥地利的贝塔朗菲（1901—1977）。贝塔朗菲的系统论最早来自于他的生物有机论。在解释生命的这种神奇的现象时，向来有两种观点，一种是机械论，试图用还原论将生命还原到物理化学甚至力学层次。另一种是活力论，主张生命有某种科学无法解释的神秘因素在起作用。在 1928 年出版的《现代发展理论》和 1932 年出版的《理论生物学》中，贝塔朗菲提出了比较系统的有机论思想，即把生命看成是一个具有高度的自主性，能与外界交换物质和能量的开放系统。他强调生命的整体性、动态

① ［美］诺伯特·维纳：《控制论》，郝季仁译，北京：科学出版社，1962 年，第 35 页。

的过程、能动性和组织等级性。生物系统的思想已具备。此后在战争年代，贝塔朗菲把生物系统论推广到了一般系统论，但他的新思路没有引起注意。

贝塔朗菲把生命系统推广到一般系统论，意味着生命的那些不可还原的特征无处不在，是具有普遍意义的。这些不可还原的特征包括代谢、生长、发育、繁殖、自主性活动——贝塔朗菲将它们均看成是自我调节的稳态活动，而生命系统是本质上能自主活动的系统。作为对传统世界图景的一个重大修改，系统论第一次试图把整体论作为哲学原则加以科学地实施，其目标是要建立“整体论”的科学。因此，系统哲学家拉兹洛在《用系统论的观点看世界》中对这种新的科学作如下的述说：“当代科学在这种复杂的情况怎么办呢？它提供了一种解决办法。这是另外一种事情真实状态进行简化的办法，但这种办法能更充分地把握事态的复杂性：那就是把这种复杂情况当做结合在一起的一整块来考虑。”①

系统科学力图恢复世界真实的复杂性，但科学总是要简化；系统科学力图凸显“整体性”，主张“整体大于部分之和”，但整体又不能拒绝还原为部分加以研究。不过，系统论表明，在整体性上凸显出来某些为他们的组成部分所不具有的特征，这些新的特征绝不是通过对组成部分的分析可以得出的。它的“整体性”还表现为系统自我保持、自我修复的稳定性，这样的稳定性依赖于系统的开放性，因为唯有系统的与外界进行物质和能量的交换行为，才能保持这样的稳定性。

控制论、信息论和系统论相互关联，并都以系统中的信息问题为主要研究对象。其突出特征是与具体的工程技术问题紧密相联，因而有着广泛的世界用途，因而影响广泛。在中国学术界通常具有所谓的“老三论”和

① ［美］E. 拉兹洛：《用系统论的观点看世界》，闵家胤译，北京：中国社会科学出版社，1985 年，第 4—5 页。

“新三论”之说。“老三论”指的正是控制论、信息论和系统论。说它们“老”，除了指时间上在前，也指它们在走向“整体论”的道路上还走得不太远。

“新三论”是指耗散结构、突变论和协同学。后来有人也把“超循环理论”添加进来，组成系统科学的新生代。新生代的系统科学群朝着“整体论”方向走得更远，理论成就更大。他们的共同特征是，不仅指出了系统的整体性，而且将这整体论予以动力学的表述。

如果说“老三论”更多强调了系统静态的整体性，那么“新三论”则强调这种整体性的动态方面，因而在基础理论层面上更富有成果。“新三论”突出了系统的“自组织”能力，当系统满足如下三个条件时就会出现系统的自我组织、自我维护、自我修复、自我复制和自我更新现象，这三个条件是：第一，它是开放系统；第二，它是远离平衡态；第三，它是内部各要素之间非线性的相互作用。

半个多世纪过去，以系统科学为代表的整体论仍在新的问题推动下影响着人们的认知活动和实践发展，也是当代整体论重建不可或缺的理论基础。

（2）整体论的量子力学基础。与系统科学宏观研究不同，量子力学在最微观的领域逐步巩固了整体论的基础地位。

量子力学主要以薛定谔的波动力学和海森伯的矩阵力学为代表。前者以德布罗意的物质波概念为基础，后者以可观察量为基础。这两个看起来完全不同的理论体系都很好地解决了量子理论所碰到的难题，后来证明波动力学和矩阵力学在数学上是等价的。这使形式统一的量子力学数学体系开始面临着物理解释问题。正统解释的核心是确定了量子领域波粒二象性，即经典意义上的粒子和经典意义上的波粒都不再能独立的描述量子行为，而应该把它们以互补的方式组合在一起，共同描述量子图景。

正统解释所给出的世界图景的突出特点：一是在微观领域引入了概率随机性；二是量子现象的整体性以及伴随而来的主客体分界的模糊性。

正统解释极大地动摇了古典科学的传统概念框架和思想方法，引起了许多争论，其中最具有影响的是爱因斯坦与尼尔斯·玻尔之间就量子力学是否完备所发生的争论。1935年，爱因斯坦与波多尔斯基（Podolsky）、罗森（Rosen）合作发表了《能认为量子力学对物理实在的描述是完备的吗?》，提出了以他们姓氏的第一个字母合称的EPR论证，表明量子力学对物理实在的描述是不完备的。论证是由四部分组成：①定义完备性；②描述量子力学的一般特征；③对一个特例的应用；④由第一和第三可以完全得出结论：动量和位置可以同时被视为实在的，因此量子力学是不完备的。1965年，贝尔提出，任何定域性的隐变量理论都不能重复给出量子力学的全部统计性预言。这个论断被称为贝尔定理。

贝尔定理被日益证实，它向人们展示了奇妙的量子关联的实在性。这种关联表现在人与自然之间、主体与客体之间，也表现在宇宙的过去与现在之间。量子领域的整体论特征，是从古典科学家自身中生长出来的新的思想，它在某种意义上给各种新型的整体论科学以极大的理论支撑。

（3）整体论的生态科学基础。具有颠覆性的生态科学为新的整体论自然观提供了更加坚实的理论基础和广阔的发展空间。

生态科学天然属于整体论，它一开始就是关于事物与其环境相互关联的理解和研究。“生态学”（ecology）一词源于希腊文oikos和logos，前者意指“住所”或“栖息地”。因此，生态学是关于居住环境的科学，它研究生物的聚居地或生境（environment）。1866年，德国博物学家海克尔（E. Haeckel）在其《普通生物形态学》中首次使用“生态学”这个词，并指出生态学是研究生物在其生活过程中与环境的关系，尤指动物有机体与其他动植物之间的互惠或敌对关系。“生态学是研究关联的学科。”①

① ［德］汉斯·萨克塞：《生态哲学》，文韬、佩云译，北京：东方出版社，1991年，第3页。

经过一个多世纪的发展，生态科学从研究对象上看，层次越来越丰富，包括单种生活环境的研究、群落研究、生态系统研究、各生态系统之间相互作用的研究，以及生态圈和全球生态学研究，研究对象更加宏观。在研究方法上，系统科学被大量引入，系统方法和数学模型用于生态学，诞生了系统生态学，用计算机模拟生态系统的行为。同时，生态科学又以更强的应用性、交叉性，在跨学科研究中促进了生态经济学、工程生态学、人类生态学、城市生态学等新兴交叉学科的成长。

生态科学认为，任何生物与其环境构成一个不可分割的整体，任何生物不能脱离环境而单独生存。这被美国学者康芒纳确定为生态学的第一定律。在整体论思维的支配下，生态学重视种群，重视在群落中研究个体，形成了基于整体观念的循环观念、平衡观念、多样性观念等生态学三大观念。

构成生态系统之整体性的首先是生态系统各个子系统之间构成的循环关系，自然生态系统基本上的循环是生产者—消费者—分解者之间的循环。如果只是一味地单向生产和消费，那么一个有限的地球就会很快被消耗掉。地球上将会到处是动物和植物的尸体，新生的动植物既没有生存物质，也没有生存空间了。所幸的是，地球生态系统中还有极其重要的环节，那就是分解者—微生物。微生物直到 19 世纪才被法国生物学家巴斯德发现并确定起来，从而将地球生命系统由原来的植被—动物两界说扩展成植物—动物—微生物三界说。微生物专事分解动植物的尸体，将之转化成为植物生产所需的养料。有了微生物这个分解者，地球生命系统的循环就建立起来了。在一个池塘里，浮游植物是鱼的营养源。鱼死后，水里的微生物把鱼的尸体分解为基本的化合物，这些化合物又是浮游植物的营养源。

由于生命系统复杂而微妙的相互关联，任何一个环节的缺损都会招致意想不到的生态后果，因此，生态科学强调保护生物物种的多样性，强调多样性导致稳定性。正如“生物与其环境构成不可分割的整体”被称为生态学第一定律，“多样性导致稳定性”也被称为生态学第二定律。生物多样性的丧失，直接威胁着生态学系统的稳定。

地球生态系统中诸多生物，有的共生，有的寄生，有的相互竞争，有的构成捕食关系。生态系统所揭示的生态系统的整体论特征由如下事实得到确证：对生态系统的破坏通常是由那些反整体论的思维方式作出的。康芒纳这样写道：“环境的恶化很大程度上是由新的工业和农业生产技术的介入引起的，这些技术在逻辑上是错误的，因为它们被用于解决的那样单一的彼此隔离的问题，没有考虑到那些必然的‘副作用’。这种副作用的出现，是因为在自然中，没有一个部分是孤立于整个的生态网络之外的。反之，技术上的支离分散的设计是它的科学根据的反映。因为科学分为各个学科，这些学科在很大程度上是由这样一种概念所支配着，即认为复杂的系统只在他们的首先被分解成彼此分割的部分时才被了解。还原论者的偏见也趋于阻止基础科学去思考实际生活中的问题，诸如环境恶化之类的问题。”①

面对环境日益恶化的生态环境，生态科学以活生生的例证向人们展示了整体论被打破的恶果。

因此，基于整体论的系统科学、量子力学和生态科学的知识建构及学科发展，弭平近代科学革命以来物理科学与生命科学的鸿沟、自然科学与人文科学的鸿沟、人与自然的鸿沟的整体论自然观的全面复兴成为必然。

2．协同进化的自然观

1859年以来，虽然达尔文的进化论被误解甚至被批评，如休厄尔

---

① ［美］巴里·康芒纳：《封闭的循环——自然、人和技术》，侯文蕙译，长春：吉林人民出版社，1997年，第154页。

(William Whewell)、塞奇威克(Adam Sedgwick)等就直接批评过达尔文。但是，作为马克思所谓的“19世纪三大发现之一”的达尔文的自然选择进化论还是为后人理解生命的进化过程提供了不可不与之对比的标尺，他的《人类的由来》则为道德进化奠定了重要的理念基础，可以为我们今天拓展道德的边界，建构水伦理体系提供理论支撑。

首先，1859年出版的《物种起源》，用大量资料证明了形形色色的生物都不是上帝创造的，而是在遗传、变异、生存斗争和自然选择中，由简单到复杂、低等到高等不断发展变化的。从而摧毁了各种唯心的神创论和物种不变论。

达尔文“所谓的‘自然’，只是指许多自然法则的综合作用及其产物而言，而法则则是我们所确定的各种事物的因果关系”。[①]“物种的起源仅仅产生于某些进化了的差异”，而这种差异又与有性杂交、遗传、变异和进化的自然选择过程有关，其中，生存斗争只是因为繁殖过度而引起的。在生存斗争中，具有有利变异的个体，容易在生存斗争中获胜而生存下去。反之，具有不利变异的个体，则容易在生存斗争中失败而死亡。凡是生存下来的生物都是适应环境的，而被淘汰的生物都是对环境不适应的，这就是适者生存。不过，达尔文认为，物种起源和自然选择都是内力和外力共同作用的结果，进化只是指生物在变异、遗传与自然选择作用下的演变发展，物种淘汰和物种产生过程。他提出进化是无止境的，自然进化是“无方向性”的，[②]同时，物种的演变和发展既无所谓进化，也无所谓退化。因此，达尔文进化论的生态意义根本在于，使任何“绝对的人类中心说”

① [英]达尔文：《物种起源》，周建人、叶笃庄、方宗熙译，北京：商务印书馆，1995年，第96页。

② 参见[英]达尔文：《物种起源》，周建人、叶笃庄、方宗熙译，北京：商务印书馆，1995年，第140页。

真正成为过去。“因为‘共同血统’的原则是对所有活着的生物（包括人）而提出来的。”[①]这意味着，人类本身作为进化的产物，不过是整个生态系统中的一个组成部分，人并不具备超越其他万物之上的神秘性。因此，自然进化论否定了自然万物是神创的、特创的，肯定了人与自然万物的本质联系，对反思和批判人类中心论提供了一种科学的理论依据。

其次，现代整体自然论也不排斥自然选择的进化论。因为达尔文强调“斗争是生物界的普遍原则”，但这并不意味他只讲“斗争”和“竞争”。恰恰相反，达尔文自然观的核心是整体论的。

一方面，他受林奈思想的启发，认为大自然是一个复杂的网络，充满着和谐、依存，认为“自然分类上相距甚远的动植物则由一张错误复杂网联系在一起的”。现在，越来越多的人认识到，达尔文本人的进化论并不是这样。“从进化论中剥夺进步的观念，是‘达尔文革命’的未竟事业。”[②]达尔文并没有说进化相当于进步，也没有说斗争就是一切，实际上他是反对这些望文生义的理解的。虽然达尔文本人有时也表述不准确。另一方面，在1871年出版的《人类的由来》一书中，达尔文由生物进化论转向了道德意识进化论研究，强调爱的力量源于人的本性，而且在此书中只有两次谈到“适者生存”，其中一次是说，他自己在《物种起源》中夸大了“适者生存”的重要性。[③]但遗憾的是，出于对宗教的恐惧以及来自社会和家庭的压力等方面的原因，他没有清晰地表达自己的思想。毕竟长期以来，欧洲社会普遍认为基督教是人类道德的基础与思想前提，可是，按照达尔文晚年的道德意识进化论，人类的道德意识不是起源于基督教或者宗教，

---

① ［美］科恩：《科学中的革命》，鲁旭东等译，北京：商务印书馆，1998年，第375页。

② 杨海燕：《“Evolution”含义探究》，《自然辩证法通讯》2004年第3期。

③ 参见［美］大卫·洛耶：《达尔文：爱的理论》，北京：社会科学文献出版社，2000年，第6页。

而是起源于人类的性选择、亲子活动等本能行为，这在当时是一种十分极端的叛逆思想。达尔文为此而十分烦恼，并有意无意地隐瞒自己的思想。因此，达尔文不只是生物学上而且是与形而上的道德哲学相联系的。水伦理的构建和论证需要从进化论中汲取营养，尽管其发展和传播因受政治、社会、文化等多方面影响而变得异常复杂。

因此，“达尔文革命”与“哥白尼革命”一样，就其实质内容而言本来应当降低人类在宇宙中的地位，因为人类并不居住在宇宙的中心，人并非十分特别的生物，只是“达尔文革命”性的理论被“现代”进程作了反向的理解和利用，成了提高人类地位的革命，构筑了当今社会的“现代性”的一个依据。例如，克鲁泡特金认为达尔文关于“生存斗争”所强调的互争，如同他强调互助一样只是“一个要素”而不是全部因素，即“进化的一个因素”（A Factor of Evolution）。认为达尔文既没有否认大自然中普遍存在的斗争和残杀，也同样注意到了大自然中普遍存在的“合群性”、互助性。只不过克鲁泡特金更强调互助，他说：“很明显，我不是否认生存竞争，但是我认为动物世界的逐步发展，特别是人类的发展，受惠于互助之处远过于互争。”① 正如他所反问的那样：“如果我们用一个间接的试探，问一问大自然：‘谁是最适者：是那些彼此不断斗争的呢，还是那些互相帮助的？那么我们立即就会发现，那些获得互助习惯的动物无疑是最适者。它们有更多的生存机会，在他们各自所属的纲中，他们的智力和体力达到最高的发展水平。如果把这些可以用来支持这一观点的无数事实考虑在内，我们就可以十分有把握地说，互助也和竞争一样，是一项动物生活的法则，但是，作为进化的一个因素来说，他也许更加重要得多。”②

① ［俄］克鲁泡特金：《互助论》，李平沤译，北京：商务印书馆，1984 年，第 22 页。凯士勒原文见《圣彼得堡博物学会会报》1980 年第 11 卷。

② ［俄］克鲁泡特金：《互助论》，李平沤译，北京：商务印书馆，1984 年，第 22 页。

达尔文跟卢梭的浪漫主义自然观也不一样，他看到了斗争但更肯定进化，而“卢梭在自然中只看到被人类的出现所摧毁的爱、和平与和谐……卢梭所犯的错误是他完全想不到嘴和爪的恶斗”。[①]

达尔文的进化论虽然在后世或被教条、或被批评抑或被捍卫，但新的科学不能彻底否定自然界竞争、斗争的存在，更不能否定进化。只是人们从残酷的斗争现实和社会发展中，更加深刻地认识到了“优胜劣败、弱肉强食之学说是一种野蛮的问题”。[②]“生存斗争之义，已成旧说，今则人类进化，非相互相助，无以自存。”[③] 同时，新的科学理论又为相互依存、协同共生的自然观指明了方向。

最后，进化的自然观在接受挑战和新的科学发展推动下，转向协同进化。协同进化的自然观以20世纪美国学者布鲁斯（C.T.Brues）、埃利希（Paul R.Ehrlich）和雷文（Peter H.Raven）等提出的协同进化论为基础，其理论前提和出发点涉及两个方面：一是达尔文生物进化论所解释的适者生存、由低级向高级生命形式的进化，遇到尖锐的挑战。如在自然界原野中越是在进化链条上优等的、胜而为王的、处于食物链顶端的生物，其繁殖率越低，种群个体数越少，一些濒临灭绝或被“淘汰”的种属竟然是它们，而许多处于食物链底层的、劣等的、简单的生物种属，包括一些动物、植物、细菌，却比人类早在地球上出现几百万年、几千万年、几十亿年，且至今盛而不衰。达尔文的适者生存，从总体上看，是低等、简单的生物适应生存；优胜劣汰，是高等、复杂、大型的动物易被淘汰，优胜的是低等生物。这种反达尔文理论的事实促使学者寻找新的理论解释。二

---

① ［俄］克鲁泡特金：《互助论》，李平沤译，北京：商务印书馆，1984年，第22页。

② 李伏清：《试探孙中山的历史进化论》，《内蒙古农业大学学报（社会科学版）》2004年第1期。

③ 周宁、宁宁：《孙中山的互助进化思想》，《兰州学刊》2006年第2期。

是系统科学、控制论和生态学、生物圈科学的发展，扩大人们的视野，使研究生物进化和怎样相互作用的机制问题，从达尔文的个体、种群和群落基点扩展到整个生态系统。人们发现，尽管生物进化总的趋势是由低级向高级演进、由简单向复杂发展、由种类少向种类多发展，但从整个生物共同体稳态关系上看，却是低等与高等同在，简单与复杂并存，它们无所谓优胜劣汰，而是多彩纷呈、和谐共处、协同进化。这表明在一定的历史阶段，在特定的环境容量范围内，生物多样性、资源多样性能导致生物协同进化。

"协同进化"的概念较早地由美国学者布鲁斯于1924年提出，但当时无论是布鲁斯还是埃利希、雷文都未给协同进化下过明确的定义。不过他们的科学研究却使进化生态学快速发展为生态学的一个分支学科。1983年美国生物学家Futuyma和Slatkin合编出版《协同进化》，成为协同进化论的代表作之一。一般而言，协同进化（coevolution）是指两个相互作用的物种在进化过程中发展的相互适应的共同进化。一个物种由于另一物种影响而发生遗传进化的进化类型。例如一种植物由于食草昆虫所施加的压力而发生遗传变化，这种变化又导致昆虫发生遗传性变化。协同进化包括两层含义：（1）指不同物种及不同个体之间的直接的相互受益，例如，寄生生物和寄主生物的相互依赖，在同一生态域中的许多不同生物种之间的相互受益；（2）指为了达到生态平衡而在不同生物种群之间的相互制约作用，这表面看来是相互蚕食，但实际上却保护了自然生态稳态。协同进化反映了在生态上有紧密联系的不同种生物种群之间相互选择、相互适应、相互促进的现象。

协同进化作为生物进化过程：指一个物种的进化必然会改变作用于其他的生物的选择压力，引起其他生物也发生变化，这些变化又反过来引起相关物种的进一步变化，因此，在很多情况下，两个或更多的物种单独进化常常会相互影响形成一个相互作用的协同适应系统。作为一种进化机制，是指不同物种相互影响共同演化的机理与规约；作为一种进化结果，体现的是一种协同的关系状态，是生物适应进化的结果。

协同进化作为一种生态自然观，第一，它以承认物种间的相互作用关系为前提，认为地球上所有的物种都是在过去的35亿年间产生、繁衍和进化的，其中一些物种之间在进化过程中相互作用。例如，植物与传粉动物、植物与种子传播动物之间就存在着密切的协同进化关系。在热带雨林中，大约70%的植物依赖动物传播种子。动植物协同进化对水果颜色和动物生理特性的影响。第二，认为协同进化存在于竞争、捕食、拟态等多种相互关系中。第三，协同进化的现象是普遍存在的。共栖、共生等现象都是生物通过协同进化而达到的互相适应。竞争和协同作用是普遍存在于生物个体或种群之间的两种表现行为。第四，协同进化是生物进化理论的发展，但它不同于普通进化论。协同进化论不同于普通进化论，它更强调物种之间的相互作用，是进化论与生态学的一个重要交叉点，许多生态学现象在协同进化思想的指导下才能很好地理解。例如，雷文（Levins，1968）就认为竞争种类的多样性是受允许这些物种共享资源的特性的进化而控制的。普通进化论或种群遗传学则往往孤立地看待一个物种，环境以及其他相关物种被视为一成不变的背景。

协同进化论比达尔文的进化论更深入了一步。达尔文主要对物种起源和进化方向感兴趣，协同进化论则主要回答多样性的生物怎样在进化过程中作为一个共同体而互相依存、相互作用；达尔文理论勾画了通过尖牙利爪斗争生存的进化图景，协同进化论则透过斗争性发现统一性和同一性的生态平衡系统。因此，有人认为：协同进化概念的本身就是研究进化论的一个有力工具，因为它提出了物种之间相互作用的思想。

协同进化论也在某种意义上为人与自然的可持续性发展以及生物多样性保护，提供了基本的生态伦理，便于应用到人类协同进化、生态系与基因协同进化、物种形成方式与协同进化、大绝灭与生物进化等问题的研究中，并以此试图为了地球和人类自身树立协同观。例如，2012 年 8 月 27 日，美国科学院院士、斯坦福大学埃里希教授访问中国科学院生态环境研究中心，他作了题为“Environmental development and the millennium alliance for humanity and the biosphere：can a collapse be avoided”的学术报告，以协同进化思想阐述了人类面临的主要生态环境问题、内在联系及成因，探讨了人与自然和谐相处的多种途径。

总之，西方现代自然观的重建以科学的新发展、新成果为基础，以工业文明建设进程中的人与人、人与自然的关系问题为依据，实现了近代以来自然的转变。重建的自然观以整体论为总特征，其理论形态是多样的，有生态整体论、协同进化论、盖娅假说等，这些理论既有历史合理性又在一定程度上反映了科学新知和社会迎接挑战的现实需要，是水伦理自然观的重要基础。

第二节　西方现代自然观对水伦理的支撑

一、盖娅假说对水伦理的支持

从达尔文的《物种起源》提出生物进化论到《人类的由来》对道德进化意识的研究，从生态学跨学科发展到生态哲学和“大地伦理”学的提出，已在某种程度显现了自然科学与伦理学之间的微妙关系，也反映了自然观与伦理观共时互动的一种趋势。

“盖娅假说”一说是英国人詹姆斯·拉夫洛克（James E. Lovelock）提出的；一说是 1970 年由泽尔（Timothy Zell，也写作 Tim Zell ）首次提出、由拉夫洛克和马古利斯（Lynn Margulis）改进的，如《伪科学百科全书》。“盖娅假说”是指“一种认为地球并非一堆无生命的岩石，而是一个生物体的理论”。根据拉夫洛克的观点，地球之所以能避免金星和火星那样的命运，并成为有生命的星球，是因为大约在30亿年前，它为一种生命形式所占有，这种生命将这颗行星变成自身。根据盖娅假说，地球上进化出来的所有生命形式，都是盖娅的不同生命形式相互作用，为整个集体的健康作出贡献。因此，“盖娅”是“大地女神”，象征了人类生存于其中的地球大自然，地球大自然俨然成为活着的能够自我调节的超级生命。

盖娅假说“对很多科学家来说，盖娅这个概念是被彻底弄错了的”，并“最终成为生态学时代里最引起广泛争议的科学隐喻”，但它的影响“超过了尤金·奥德姆的‘地球宇宙飞船’和霍华德的‘集成电路板’……也使罗伯特·麦克阿瑟的‘机械论的’简化探索相形见绌”。[①]

因为它的兴起，一方面与地球全球化、生态恶化显然有密切关系，还与女性主义、生态女性主义有密切关系，这方面的内容可参考叶舒宪的《西方文化寻根中的“女神复兴”：从“盖娅假说”到“女神文明”》。[②] 另一方面，其学说本身虽然有些神秘，但直观上离经验科学并不遥远，此假说在相当程度上是可检验的。因此，美国的多里昂·萨根（Dorion Sagan）和林恩·马古利斯（Lynn Margulis）曾热情洋溢地指出：“盖娅假说是关于地球生命的一种科学观点，它表达了一种新的生物世界观。用哲学的话说，这种新世界观更接近亚里士多德的哲学而不是柏拉图主义的哲学。这种新观念是建立在地球事实而不是观念抽象基础之上，当然也包含有一些形而上学的内涵。这种新的生物世界观（盖娅假说是其中的主要部分）接受了生命循环的逻辑和工程系统的逻辑，而抛开了希腊——西方的终极三

---

① ［美］唐纳德·沃斯特：《自然的经济体系：生态思想史》，侯文蕙译，北京：商务印书馆，1999年，第437页。

② 参见叶舒宪：《西方文化寻根中的“女神复兴”——从“盖娅假说”到“女神文明”》，《文艺评论和批评》2002年第4期。

段论的传统。”[①] 这段话听起来有胡塞尔《欧洲科学危机和超验现象学》的味道以及系统科学、非线性科学、复杂性科学之哲学的味道。无论从科学还是从哲学上说，盖娅假说都提供了一个清晰而重要的理论之窗，拉夫洛克称之为“地球生命的新看法”。[②]

盖娅假说对水伦理而言，一是为水伦理提供一种整体论自然观。拉夫洛克曾经说:“地球由于并且为了其居民，即活着的各种生命体，而保持舒适的想法。我没有说清楚，并非单独生物圈自身，而是整体，即生命、空气、海洋和岩石一起，形式调节功能。包括生命的整个地球表面，是一个自我调节的构体（entity），我谈盖娅就是这个意思。”马古利斯则以生物整体论深化了整体论自然观。马古利斯是2000年美国国家科学家的获得者，是现今生物学所普遍接受的内共生学说的主要建构者。她认为盖娅这个活着的地球，超越于任何单个生物或任何生物群体。“盖娅这个系统从1000万种或更多的相互联系的活物种中，形成他的不停地活动总体。”[③]从整体论的角度考察，马古利斯认为，人类奈何不了盖娅，它根本不会受到人类的威胁。因此，即使人类作为整体折腾死了、人类灭绝了，盖娅照样存活。例如，核大战危险对人类而言是太大了，而对于地球上无数种生命，特别是马古利斯最看重的细菌，都不算太厉害。“星球撞击、核爆炸都不能危及作为一个整体的盖娅。”[④]

---

① ［美］马古利斯，萨根:《倾斜的真理》，李建会译，南昌：江西教育出版社，1999年，第188页。

② ［美］马古利斯，萨根:《倾斜的真理》，李建会译，南昌：江西教育出版社，1999年，第189页。

③ ［美］马古利斯:《生物共生的行星》，易凡译，上海：上海科学技术出版社，1999年，第94—95页。

④ ［美］马古利斯:《生物共生的行星》，易凡译，上海：上海科学技术出版社，1999年，第102页。

依据这种整体论自然观，江河湖海都是盖娅的有机组成部分，属于盖娅女神的整体循环系统，并负担着维持盖娅生命的重要职责。人类也是盖娅的一部分，并依赖于盖娅而生存，盖娅却不依赖于人而存在。因此，为了人类或者人类中某个小集团的一时利益需要，对自然水系进行“合理的、科学的”改造，如各种水利工程等都是局部性的，不过在客观上对盖娅具有或多或少负面作用。因此，盖娅的整体论自然观有利于人们建立一种基于江河湖海整体性的有机的自然观。

二是其关于大自然生命的主张有利于启发水体生命的理念。拉夫洛克作为著名的大气科学家，他认为，生命未降临到金星和火星上不只是因为自然环境，而更在于生命本身就是一种不可思议的积极力量。地球第一次出现生命形式是在150万—300万年前，而且自那以后，大气构成已经改变了，而气温却一直保持稳定。因此，生命并不是骑着地球这个巨大石球穿越太空的无足轻重的过客，而是一种非同凡响的力量，可以将这个石球变成宽敞舒适的家园——我们四周唯一这样的家园。生命与大气共同进化，拉夫洛克选择“盖娅”这个希腊大地女神的名字作为理论命名，是因为盖娅意味着所有生命都具有一个人所具有的全部特征，拉夫洛克的意思是盖娅是一个巨大的超级有机生命体。1979年出版的《盖娅：关于地球生命的新视角》和1988年出版的《盖娅时代》不仅阐明了拉夫洛克的地球生命观，还涉及了伦理道德、宗教信仰和环境政策等现实问题。他相信生命的最基本规则是合作与共生，而不是各自竞争。因为“盖娅”表明了有机物必须相互依赖以维持生存，高级的有机物需要有最低级的细菌才能生存。地球环境的治理有赖于把地球看做一个单独的有生命的有机体，否则，用“生病”和“健康”来描述整个地球就失去了意义。地球是一个统一的生命有机体，彼此运行、相互联系。这种自然生命观实际已超越了动物、生物的边界，在生命的维度揭示了大自然与自然万物的内在生命关系以及生命间的合作与共生规则，这对提出和论证水体生命并确证人与水的合作共生关系奠定了一定的理论基础。

三是关于和谐的原则引导人们重新认识和建构新的人水关系。拉夫洛克认为和谐是主导原则。科学技术与大自然的和谐是他个人生活中所追求的，政治舞台中的和谐也是他的希望，而盖娅有沉着冷静的适应性，能协调她手中的一切。作为英国生态党（后更名为绿党）的成员，拉夫洛克认为不断增长的人口和农业发展是摆在地球面前最严重的威胁，铁铧犁对地球生命的破坏是“生态灭绝式”的。① 他部分赞成蕾切尔·卡逊关于杀虫剂的看法，不过认为疯狂的农用地扩张才是更大的威胁，是阻碍生态进化过程的。他认为那些在消失在现代进程中的美丽乡村，提醒我们应该思考如何与自然和睦相处，人们必须把整个地球作为我们共同的庭院，养育我们周围所有形式的生命应该成为人类的一项新兴工作。虽然盖娅的生命力并不要求人类充当这一角色，因为不管人类做了什么，盖娅都会继续存在，但人类想要生存下去却必须学会怎样与大自然协调共处，并治理好自己造成的创伤。我们有必要把这个世界看成是一个我们自然只是其一个从属性角色的有机体。水是生命之源，也是人类的伙伴。我们不能把江河湖海全部看成是我们的资源。河流伴随人们走过一生又一生，河流的生命也是人类的生命。我们要敬畏河流与它和谐相处，只有这样。人类才能自由、快乐、幸福以及可持续地生活下去。我们不能到黄河断流时才注意到大河文明的生态根基在动摇，不能到太湖蓝藻泛滥时，才知道水是生命之源，没有饮用水，人将会饥渴而死。

他在最后出版的一部著作——《治愈地球的良药》中承认地球因为人类的行为而满目疮痍，因而需要最好的治疗。他写道：“让我们忘掉人类的忧虑、人类的权利和人类的痛苦，而把注意力集中在我们这个可能已病

---

①　参见［美］唐纳德·沃斯特：《自然的经济体系：生态思想史》，侯文蕙译，北京：商务印书馆，1999 年，第 444 页。

入膏肓的星球。我们是这个星球的一部分，因此我们不能孤立地看待我们自己的事情。我们与地球联系紧密、息息相关、优喜与共。”①

四是拉夫洛克把盖娅生态环境的改善的希望寄托在科学家身上，希望科学家必须马上成为一个过着田园牧歌式的人、一名田园医生、一名地球技师、一名权威的盖娅救星，而且还应是巨大的地球共同体中的一个次要的、自我谦恭的成员。这一方面促使我们去反思涉水的科学共同体，并有可能提出一定的伦理要求。另一方面，重视涉水主体的分析和研究。水伦理涉及的伦理主体非常复杂，甚至难以用统一的标准进行分类，因为标准本身体现着某种价值判断。不过，不管是上下游、左右岸；富人与穷人之间（或者称为强势群体或弱势群体之间）的关系；当代人与子孙后代人之间的关系；农业、工业、服务业等社会不同产业部门之间的关系；农村与城市之间的关系，中央与地方之间的关系，城区与郊区之间对水资源的拥有、利用的关系，人类与其他物种在利用水资源时所表现的复杂关系；地球盖娅系统中“万物”之间的关系等，都离不开自然科学家、哲学社会科学家和人文科学家的大力支持和参与。水伦理的主体也不能仅限于人类自身，即使只考虑人类，也不得不涉及其他外物。

盖娅假说是一种与环境保护主义和尤金·奥德姆生态思想相联系的关于世界的更全面的有机世界观。这种假说认为地球上所有有机物都聚集一起组成一个名叫盖娅的唯一共同生存实体。她是大地母亲。人类只是盖娅中的和很小一部分，可能是最有危害的一部分，但这一部分既不能离开地面而生存，也不能做任何最终的伤害。

它在深层次上把现代科学精神又一次与田园牧歌式的自然虔诚结合在了一起，对环境保护主义产生了巨大的吸引力。尽管拉夫洛克认为战后的

---

① ［美］唐纳德·沃斯特：《自然的经济体系：生态思想史》，侯文蕙译，北京：商务印书馆，1999 年，第 446 页。

环境保护主义是一种有缺陷的感情，他们过分关注人的健康而非盖娅的健康。他认为工业、汽车、杀虫剂、含氯氟烃、原子弹和核电站等产生的污染，对盖娅来说构不成严重威胁。自然界每年自己产生的一氧化碳水平都在数百万吨以上，可见最致命的有毒物是大自然制造的，而不是实验室里制造的。他认为，从历史长河来看，工业文明只是一个小小的临时性的干扰因素。① 这些思想虽然存有偏颇之处，但盖娅假说总体代表了地学的一场革命引起的地学观、自然观的变化，盖娅理论的研究也促进了多学科的交叉、融合、地质学家、地球化学家、大气物理学家、大气化学家、气象学家、生物学家走到一起来。盖娅理论经过了30多年来的争论触发了大量的实证研究，积累了丰富的数据材料，当然还有缓慢变化的科学观念，环境观念，促进了盖娅文化的新发展，这些盖娅文化都有助于提醒人类关注地球母亲的“本体感受”（proprioception），使人类深刻反思并评判人与地球万物的关系及其演变。

二、进化共生的水伦理自然观

1. 从互助进化到共生进化

达尔文生物进化论在被解读、阐释和发展的进程中，虽然斗争竞争说一度占了主导地位，但科学研究的深化，特别是社会领域的经济、政治、军事和文化争斗，使自然选择的进化论也朝着互助、合作和共生的方向发展。

克鲁泡特金和赫胥黎虽然同为达尔文进化论的积极捍卫者，但克鲁泡特金对赫胥黎关于达尔文进化论的诠释表示质疑。1902年克鲁泡特金的

① 参见［美］唐纳德·沃斯特：《自然的经济体系：生态思想史》，侯文蕙译，北京：商务印书馆，1999年，第443页。

《互助论》单行本出版，1914年此书再版。面对斗争竞争说的社会化和政治化，克鲁泡特金在重版序言中写道："目前的战事几乎把整个欧洲都卷入一场可怕的斗争中……在这场战争开始的时候，在那些力图为这种恐怖事件寻找借口的人们的口中，'生存竞争'就成了他们得意的解释。"他不但提出了反对把个体利益的无情斗争提高为人类也必须服从的一项生物学原则，而且明确提出"动物的群居、互助是生存竞争中的最好武器。凡是把个体间的竞争缩减到最小限度、使互助的实践达到最大发展的动物的种，必定是最昌盛的"。① 他认为首先指出互助这个因素在动物界和人类社会进化中所起的巨大作用是十分必要的。

非常有趣的是，克鲁泡特金的一些论述被共生进化说的重要创立者——马古利斯所认同。马古利斯在《作为战斗口号的词语：共生起源与胞内生物学的新领域》一文中专门引用了克鲁泡特金的观点，即"对动物界的许多大类来说，互助是通例。甚至在最低级的动物之间也可以发现互助的事实，我们必须预期有一天会从研究微小的池塘生命的学者那里得知即使在用显微镜才能看到的生物当中，也存在着不自觉的互助"。② 从互助论到共生说，是基于新的动物行为学、细胞学等科学研究的成果，为了弥补达尔文进化论的关于物种起源的理论缺陷、回应新达尔文主义对达尔文学说的片面诠释和人与人之间政治争斗不断的实际而提出的。例如，达尔文将自己的不朽著作定名为《物种起源》，但书中却绝少提及各种物种最初来源于哪里。

"共生"（symbiosis）这个词是由德国微生物学家德巴里（Anton de

① ［俄］克鲁泡特金：《互助论》，李平沤译，北京：商务印书馆，1963年，"序"第4页。

② ［美］马古利斯、萨根：《倾斜的真理》，李建会等译，南昌：江西教育出版社，1999年，第382页。

Bary）于1873年首先提出的。“共生起源”（symbiogenesis）一词则由俄国植物学家梅里日可夫斯基（Konstantin Sergeevich Merezhkovsky，1855—1921）提出。

共生起源与达尔文进化论的不同之处在于：在进化机制上，达尔文进化论主张一种渐进进化机制，而共生起源由认为，复杂生命体未必是独立地、缓慢地进化而来的、而可能由现成的部件装配起来迅速进化出来。

共生进化论认为生物共生现象十分普遍，不过，共生不等于互利共生。自德巴里于1878年在德国博物学家与医生大会上阐述“共生”现象以来，到20世纪初，学者已经将共生分为许多类型，如偏利共生（commensalism）、互利共生（mutualism）、寄生（parasitism）、菌藻共生（helotism）、内部寄生性腐生（endoparasitic saprophytism）。共生的实质意义在于，共同生活在一起，形成更高一层的生命系统，实现所谓的共生进化。共生进化与生态系统进化有类似之处，内部都有依存关系，但前者的联合、结合程度更密切，以至于难以划分出单个的个体和物种。

早期“共生起源”学说基本上是由三位在生物学界拥有相当地位的俄国植物学家提出的。“尽管波提尔在法国（1918年）、皮兰托尼在意大利（1948年）、布希纳在德国（1965年）均不同程度上同情共生作为进化新颖性的一种发生机制，但是这些人物在科学世界中并不担任要职。而三位俄国人却都是领袖人物。”[①] 梅里日可夫斯基是名气仅次于莫斯科大学的喀山大学教授，法明茨恩则是圣彼得堡植物生理学实验室的创建者。20世纪70年代《苏联大百科全书》第3版专设的“共生起源”条目，认定三位俄国科学家为共生起源的先驱，并指出其当代后继者也有三位，即俄国著名植物学家塔赫塔尖、美国的马古利斯和英国的贝尔纳。随着《共生起

① Lynn Margulis，Mark Mcmamin，*Concept of Symbiogenesis, Editor' s Introduction to the English Test*，Liya Nikolaevna Khakhina, Yale University Press，1992：xxi.

源的概念》（1979 年）和《细胞进化中的共生》（1981 年英文版、1983 年俄文版）的出版，共生理论被认同的广泛性逐渐扩大。

共生起源理论的发展大致经历了三个阶段：第一阶段：19 世纪 60 年代到 20 世纪 20 年代早期，代表人物为法明茨恩和梅里日可夫斯基，通过孤立的实验和理论探索，逐渐使共生起源理论得到了正式表述，但也受到一定的批评。第二阶段：20 世纪 20 年代到 50 年代，前二十年，代表人物是库佐一波利延斯基，他把自然选择的概念与共生起源理论融合在一起，后二十年则出现了停滞，没有突出的理论进展。第三阶段：20 世纪 60 年代到现在，众多知名学者参与，共生起源理论不仅在生物化学和分子生物学界取得了发展，而且在形而上的哲学层面也取得了一定认同。

早在 1874 年法明茨恩在圣彼得堡大学发表演讲时就表明正是为了克服达氏的缺陷，他才构造了新的想法，“最终达到把共生作为进化的一种机制的思想”。他认为地衣体系就是一个典型证据，“地衣的综合，是第一个观察到的事实，它表明更复杂的植物可以通过由简单个体之联合与相互作用而形成”，这无可反驳地证明了生物进化的理论。①

美国的马古利斯发展了俄国共生学派的细胞共生起源理论。20 世纪 70 年代以来，她先后出版了《细胞进化中的共生，五大王国》、《生物共生的行星》等著作。她于 1970 年提出的细胞器（染色体、线粒体、质粒等）来源的共生假设，是迄今为止细胞器遗传最为完整的共生假设之一，并已被编入美国高中和大学的教科书。马古利斯深信共生对于理解物种的起源和进化的创新能力有着决定性的意义。她认为：“共生起源的观念必须整合到现代进化论中，就像板块构造已经成为当代地质学的核心组织概

---

① See Khakhina，Liya Nikolaevna，*Concept of Symbiogenesis, A Historical and Critijcal Study of the Russian Botanists*，translated by S. Merkel and R. Coalson，Yale University Press：New Haven and London. 1992：15–32.

念一样。因而，生物学、生命科学，也许要进行一场有着滑稽称谓的‘后现代综合’（postmodernist synthesis），此综合承认由共生起源而来的进化之不连续本性。这样的一场综合将挑战今天在讲英语的进化论者中颇流行的标准的新达尔文观念。”① 对此，马古利斯和其学生提出了连续内共生理论（Serial Endosymbiotic Theory，即“SET”理论），对进化论科学和进化论的形而上学意识形态产生了重大影响。1964—1965 年马古利斯提出有核细胞起源于细菌共生的观点，但因被视为异端而难以发表，直到 1970 年《真核细胞的起源》一书由耶鲁大学出版社出版。连续内共生理论认为，生物进化的最主要过程是共生融合，而不是新达尔主义声称的以基因中性突变加自然选择为主导的普遍适用的缓慢渐变过程加上偶尔的快速变化。对于进化过程的解释，SET 理论更加强调合作、共生，而新达尔主义更强调自私、斗争。马古利斯认为“新达尔文主义的基本原则来源于机械主义的生物学世界观，它们被作为真理信条来讲授，并且要求研究生和年轻的教员宣誓效忠”。②

共生理论和内共生起源理论的最大贡献不在于否定了残酷生存斗争现象的普遍存在性，而在于正面肯定了合作、共生是真实存在的，也是常态，甚至在生命进化的历程中可能起更大的作用。

达尔文《物种起源》发表 150 多年来，人类历史充满了斗争和忧患。两次世界大战的洗礼、一球两制的长期冷战以及全球生态环境问题的产生，使人们越来越意识到斗争、竞争的伤害性，同时，启发人类去反思和重新确立生存和发展的智慧，并以更加兼容的态度对待各种生命形式和滋

① Margulis，Lynn and Mark McMenamin，*Concept of Symbiogenesis, Editor's Introduction to the English Test*，Liya Nikolaevna Khakhina，London Yale University Press，1992：xxii.

② ［美］马古利斯，萨根：《倾斜的真理》，李建会等译，南昌：江西教育出版社，1999 年，第 343 页。

养生命的各种方式，敬畏数十亿年生命造化的奇迹。

达尔文进化论诠释和传播的忧郁性启示我们，科学的诠释与诠释的科学性相互关联，诠释中的片面、误解会使既有的科学遭遇误导的发展陷阱。科学的传播需要大众化的转化，即需要通过某些人的阐释使之通俗化、简化后才能进入公众视野，这就是科学在传播中具有“去语境化”的倾向，天然具有失真、误导的可能性，如果坚持唯科学主义的观念的话。例如，很少有人能够直接面对达尔文，也很少公众会直接阅读达尔文的著作。

无论是“互助作为进化的一个要素”还是“共生起源作为进化的一个要素”，它们的确立使我们认识和理解大自然多种形式的进化，以及各种进化方式对生物的意义。首先，无论是竞争斗争说还是互助共生说都以承认自然进化为前提，进化是物种起源和生物进化的基本规律之一。其次，连续内共生理论揭示了竞争、斗争、互助、合作、共生等多种方式在生物进化中的地位和影响，反映了生物进化的趋势，即生物进化不是为了你死我活的斗争，而是为了生存，为了更好地、更加持续地生存于变化了的生境之中。最后，《细胞进化中的共生，五大王国》、《生物共生的行星》等著作先后在中国出版，对中国进化共生的自然观和走向共生的水伦理的形成具有重要意义。

2. 走向共生的水伦理

互助、合作、共生等作为进化要素的确立，对水伦理自然观的确立和水伦理体系的建构具有重要启示。自然科学所求的“是”是我们确立科学世界观的重要基础，同时，“是”虽然不能直接推导出“应该”，但如同“竞争”、“斗争”进入近现代的伦理道德体系一样，如果附加某些条件则可能转化为人们应该遵守的伦理道德原则和规范。

就人水关系而言，无水则无人类，江河湖海等各种水体早在人类诞生之前就诞生、演化于地球之上了。人类作为大自然进化的高级动物在进入生物圈后，活动的规模不断扩大，实践的能力不断提升。人在自然中扮演的角色越来越重要。长期以来，人类与自然界其他对象，包括各种水体和平相处，有斗争，有合作，但从来没有谁把谁赶尽杀绝的时候。但是，近100多年来，情况发生了巨大的变化。人类的活动可以令一系列江河死亡或者半死亡。人与水的共生体出现了严重的问题，人类也因为水问题、水危机逐渐认识到人与水之间维护共生关系的生命意义。这是我们根据自然科学所描述的知识和事实转而得出的伦理学结论的重要前提。

不过，在水伦理的论证中，我们又往往纠结于“是”与“应当”、事实与价值不能直接相互推导的“断裂”的思维逻辑。因为人们认为规范伦理大约是不可能完全论证的，它总有一个基本前提是假设的。不过，那个前提的得出是一个新“范式”的确立过程，因此我们不能放弃寻求论证。

从事实判断到价值判断，没有直接的逻辑通道，从“是”无法直接推出“应当”，这被称做休谟定律（Hume's Law）。休谟说：“道德并不成立于作为科学的对象的任何关系，而且在经过仔细观察以后还将同样确定地证明，道德也不在于知性所能发现任何事实。”[①]这相当于表明，科学事实的描述再仔细、再正确，也无助于阐明道德问题，即事实判断与道德判断是独立的，不能用前者去论证后者。但伦理学的发展规律和趋势并不完全支持这种“定律”。

考察伦理道德的发展可知，伦理道德先于科学而诞生，但并不能脱离自然和自然进化的产物而出现。它是自然进化的高级动物人在生产、生活实践中，通过直觉、顿悟而提出的具有一定超验与非超验性质的精神产物。儒家的伦理思想代表通过“反省”提出了“仁爱”说、道家的思想代表通过“法自然”提出了“道德经”。这表明在“是”与“应当”之间在

① ［英］休谟：《人性论》，关文运译，北京：商务印书馆，1980年，第508页。

一定条件和一定程度上是可以相通的。在当代，生态哲学、环境伦理、水伦理的很多学者也主张一种“是”与“应该”相统一的观念。例如，普特南（Hilary Putnam）试图从根本上瓦解“事实”与“价值”二分的看法，他论证说“事实”与“价值”的二分（the Fact/Value Dichotomy）是一种教条，认为事实的知识中承载着、渗透着价值的知识。他说：“从《理性、真理与历史》一书开始，我一直沿着价值术语是概念上不可或缺的又是不能还原成纯粹描述术语的这一思路进行论证。”①

然而，用这样一种观念论述伦理问题也存在着潜在的危机。因为人们既可能说自然科学的事实判断中就包括一定的价值判断，但在强调自然科学与人文社会科学的不同时，又可能认为自然科学是不充分的，因为它受到了人文价值因素的影响。因此，科学理性与人文关怀的辩证统一始终是一个常说常新的话题。

科学观察和人文教养能够促使人们从非科学（不是反科学）的角度进一步理解生命、理解自然，从而生发出某种道德意识。这与施韦泽在非洲河轮上的顿悟本质上是一样的。他得到多年寻找的“敬畏生命”这一核心思想，它是施氏《文明的哲学》的骨架。敬畏生命包括“生的意志”和“道德的需求”。生命是神圣的，自然也是神圣的。每一人，每种动物，每种生命，都是生的意志，而每块岩石，也是一种在那种的存在。每一个具体的存在都是独一无二的，它有生成、演化的过程，也可以作“拟生”的理解，即它们均是有生命的。

牺牲其他生命、破坏环境，永远是对某种生命意志的否定。把必然或者不可避免之事视为某种合理的事，以为因此就排除了恶的伴随，是没有道理的。

---

① ［美］希拉里·普特南：《事实与价值二分法的崩溃》，应奇译，北京：东方出版社，2006年，第148页。

我们每一刻的生存，都与其他生命和非生命的存在分不开，我们与环境和各种水体处于一种动态平衡的共生体中。我们的行动可能注定要给其他对象带来痛苦，但绝不能因此就以为这是必然性的、命中注定的因而也是可以免于道德责任的。我们要学会滴水之恩当涌泉相报，学会敬畏生命、尊重自然、顺应自然和保护自然。

在科学技术与伦理学之间，首先要强调最低层次的“底线伦理”，即一种弱人类中心主义的、考虑了可持续发展的生态伦理。当前即使在这一层面，也远远没有做到，因此如果有人坚持捍卫这一层面的伦理的话，当然也是可能的，只是还不够。

为什么说不够呢？伦理是人生境界的一种提升，是追求人文以化成天的道德选择，是人文精神的一种体现。人类中心主义是一种底线伦理，追求底线，可能实际得到的是底线之下的东西。伦理教育和修养的目标与要求人不只生活在“自我”中，而是要寻求“本我”、追求“超我”，以成就人之所以为人。因此杨通进博士把人们的环境道德境界分为四个层次：人类中心境界、动物福利境界、生物平等境界和生态整体境界。我国传统伦理史上，几千年的伦理选择也从“法自然”、“齐物论”趋向了“鸟兽虫鱼莫不爱”、“民胞物与”和“物我一体”。这种伦理境界的阶段性层次性变化反映了道德追求由低层次向高层次递进的规律和趋势。虽然我们实际上还不能完全做到，但那是一种境界，是一种“像山那样思考”、“像水那样思考”的境界，不是什么反科学不反科学的问题。

尊重自然，敬畏生命、维护水体健康生命，不是要人们无所作为，而是要在“为”与“不为”之间寻求一种价值中道。因为也许只有这样，才可能“延缓人类的灭绝”，才可能真正让人类与各种水体长久地共生于大自然中，以避免人类在加速灭亡水体的同时自取灭亡。

因此，新的科学论证、学科交叉和现实需要，使得事实与价值的传统分界变得模糊了：“所是”与“应是”之间在推移、过渡。正是在这个意义上，唐纳德·沃斯特认为，道德框架之外的真理或事实，对人类理智是没有意义的；而仅仅展示不论及物质世界的道德幻觉，最终可能会是一项空洞的事业。生态伦理思想可能正是这种辩证关系的必然结果。① 同样，罗尔斯顿坚信，这个世界的实然之道蕴含着它的应然之道，在很大程度上我们的价值观与我们生存于其中的宇宙观保持一致；把自然哲学和生存哲学结合起来才能真正理解生态伦理学。②

第三节　我国传统水伦理的自然观基础

传统是不同民族的文化基因，也是人类赖以生存的希望之源。人类每当遭遇生存危机时，总会自觉地返归传统，努力从中寻找救助。而生态危机的全球化使中西方自然观、价值观的传统都受到了人们不同程度的关注。特别是近20多年来，中国传统文化中以“天人合一”为主脉的生态思想日益得到国内外学者的认同。但是，在目前学术界关于水伦理自然观基础的研究中，极少开展对我国传统自然观的“根源式”研究，同时，对当下人水关系领域发生的重要观念转变缺乏应有的观照。这在一定程度上制约了当代水伦理研究的深入，并影响其实际应用价值的发挥。行之有效的规约既需要会通中西，更重在立足中国所拥有的传统精华和实际需要，因为伦理的主体都是历史的、具体的，普世性的伦理道德体系在当下远没有形成。中国传统水伦理的自然观在受到西方影响之前，在相当长的时间

① 参见唐纳德·沃斯特：《自然的经济体系：生态思想史》，侯文蕙译，北京：商务印书馆，1999年，第393页。

② 参见霍尔斯·罗尔斯顿：《环境伦理学：大自然的价值以及人对大自然的义务》，杨通进译，北京：中国社会科学出版社，2000年，第313、448页。

内独立发展，形成了自身独特的自然观念，对这些观念进行批判性诠释和创造性转换是理性地重建当代中国人水和谐的水伦理自然观的重要学术前提。

一、古代的“合天论”和“胜天论”自然观

广义而言，水伦理应该是人与水相交道的过程中所形成的约束人与水交往行为的原则、规范和道德理想等。这些原则规范和道德理想是伴随着人与水的交往实践的展开而逐渐形成的。中华文明是以黄河、长江为“母亲河”的大河文明。大山大川大平原不仅为大一统的政治经济奠定了生态基础，也为水伦理、水文化的形成注入了内生动力。因此，虽然水伦理的概念是当代人提出的，但水伦理的思想原则源远流长。“趋利避害”是从大禹治水以来一直指导我国古代防洪、灌溉、漕运和兴修水利的基本方针，“利则均衡”、节用高效则是治水、管水、用水、分水等实践中遵循的基本原则，上善若水、厚德载物则是几千年来激励人们提升道德修养的理想追求。这些原则规范以水道为德道，通过以水喻德的水德论的理论形态指导人们创造了像都江堰这样经济—社会—生态效益永续不衰的水利奇迹。

古代水德论的自然观根据主要内容和方法论可以分为“合天论”和“胜天论”，前者以儒家的“天人合一”和道家的“物我一体”、“道法自然”为内核，后者以主张“天人相分”的荀子、刘禹锡和王夫之等人为代表，其主要观点有“制天命以用之”、“人务胜于天”等。就自然观的纵向发展考察，“合天论”占主导地位，并且“胜天论”也强调顺应天理而不是逆天而为。“合天论”与“胜天论”等自然观的初步形成都是在“百花齐放”、“百家争鸣”的春秋战国时代，也是西方人所谓中国思想史的“轴心时代”。

“合天论”以“天人合一”的世界观为基础，儒家强调“天生万物”、“生

之德最大”，因而要“知天命”、“尽人事”。孔子“五十而知天命”，对于天敬而畏之。他在《论语·阳货》中说：“天何言哉？四时行焉，百物生焉，天何言哉？”因此，在实践层面上，孔子在《论语·季氏》中提出了“君子三畏”原则，即“畏天命，畏大人，畏圣人之言”。所谓“畏天命”其实就是要求人们敬畏自然，敬畏自然中不以人的意志为转移的法则。在行动选择主张“不相害”、“不相悖”的“有为”论，即要把人与万物的发展过程看成是可以共生共育互不伤害的过程，是各按其规律并行不悖、平衡发展的过程。正如孔子在《礼记·中庸》中所阐述的，要努力做到使“万物并育而不相害，道并行而不相悖”。到两汉时，董仲舒正式提出了“天人合一”的概念，即所谓“天人之际，合而为一”。他在《春秋繁露》中所提出并论证的“天人感应”说虽然属于神学唯心主义，但并不妨碍他在尊天、尊王的名义下强化“天人合一”的思想，他直接提出了“王者法天意”，并首次阐述了“鸟兽虫鱼莫不爱”的生态伦理思想。在实践层面上则通过“天人三策”扎实推进了“天人合一”的政治化和制度化，并应用汉代的荒政和水利之政的体系化建设中。到了宋明理学阶段，儒家的“合天论”完全将天道、人道合为“天理”，如南宋哲学家朱熹提出“天人一物，内外一理”，他说：“天命，谓天所命生人者也。”人的使命就是如张载所言：“为天地立心”、“为生民立命”，“心”与“命”是统一的。如果说儒家的“合天论”是以尊天为前提，发挥人的主观能动性的话，那么，道家的“合天论”则强调尊“道”为先，更强调人对自然法则的尊重。

道家的“合天论”以“道生万物”为宇宙本体论，以“人天合一”的思想基础。老子是第一个研究“天地之始，万物之母”的哲学家。他认为，道是天地万物的根源，是宇宙的本体，即“道生一，一生二，二生三，三生万物”。“道生万物”是自然的、无私的，因而“生而不有，为而不恃，长而不宰，是谓玄德”（老子：《道德经》第五十二章）。“道”依循自然法则，即自然而然的天然状态，不受任何人为因素干扰。由此，老子摒弃了殷人的意志之“天”和周人的人格之“天”，使中国人在自然观上的宗教意识第一次向哲学意识转变。不过，道家重自然，并不意味着对“天”、“人”的否定。例如，老子的“自然”虽然没有人格意志的特征，但是，在老子看来“自然”与人类社会相比，它的秩序和德行是完美无缺的。因而老子在高喊要“回归自然”的同时，又将人类社会人伦道德的司法大权交给了“天”，将“法自然”的使命交给了人，即所谓“人法地，地法天，天法道，道法自然”，归根到底还是要人法天地、人法自然。在实践层面上，虽然“天道无为”，但人还是要法自然而为“无为”，只是如战国时期道家的思想代表庄子所强调的“不以人助天”①、“无以人灭天”②，要在行动上做到“人与天一”③。

古代的“胜天论”自然观并无近现代西方战胜、征服、统治自然之意，也无当代中国改天换地之义。“胜天论”在先秦时期的思想代表是荀子。《荀子·天论》云：“大天而思之，孰与物畜而制之。从天而颂之，孰与制天命而用之。望时而待之，孰与应时而使之。因物而多之，孰与骋能而化之。思物而物之，孰与理物而勿失之也。愿于物之所以生，孰与有物之所以成。故错人而思天，则失万物之情。”其中，“制天命而用之”的“天命”是指当时流行的天帝控制人的祸福兴衰的观念，“制”是约束、控制之意，“用”是“利用”，因此，“制天命而用之”是指制约天命观念并利用这种信仰来顺民情理万物，是顺从天、颂扬天不如控制利用天命观为现实活动服务之义。这其中并无“人定胜天”之意。荀子在《天论》提出要“明于天人之分”也是人“不与天争职”即所谓人有人道、天有天道，人天守其道，各尽其职。这个“职”是什么呢？天道为“时”，人道为“和”

① 郭庆藩：《庄子集释》，北京：中华书局，1961年，第229页。

② 郭庆藩：《庄子集释》，北京：中华书局，1961年，第590页。

③ 郭庆藩：《庄子集释》，北京：中华书局，1961年，第690页。

这就是荀子所谓天时、地利、人和，天职为“生”，人职为“成”，即董仲舒所言天下万物是天生、地养和人成的，天地人“三才”共同生养和成就世间万物。因此，天人相分并强调对立而是对立统一。到唐代时，柳宗元在《答刘禹锡天论书》中进一步强调了“天人之分”，阐述了“生植与灾荒，皆天也；法制与悖乱，皆人也。二之而已，其事各行不相预”的思想，实际上是表达了一种反对把自然造化与人为之事混为一谈的观点。唐代文学家、哲学家刘禹锡因提出“人务胜乎天”而被认为是“人定胜天”的重要思想代表，其关于“人定胜天”的文本思想集中在《天论》篇中。它在《天论》上篇中提出了“天与人交相胜”的观点，即“太凡入形器者，皆有能有不能。天，有形之大者也；人，动物之尤者也。天之能，人固不能也；人之能，天亦有所不能也。故余曰：天与人交相胜耳”。这里的“天人交相胜”是在比较“人之能”和“天之能”的语境中得出的，抛开这一比较的语境孤立地理解和解读“天人交相胜”的含义可能会陷入片面，同时，比较的结论是“交相胜”即“天工”与“人为”各有所长，各有所优，各有超过对方之处，即是“胜过”也是各有“胜过”，并非是单向度的。在《天论》中篇中提出了“人务胜乎于”的问题，他说：“天非务胜乎人者也，何哉？人不宰则归乎天也。人诚务胜乎天者也，何哉？天无私，故人可务乎胜也。”其中“人务胜乎天”仍是基于“天人相分”的比较意义上提出的。无论是儒家、道家还是其他诸子百家多认为天无私无情，人则有情有义，人在继善成性的同时还要讲情讲爱，坚持天理人情的统一，这是“强于天”和“胜乎天”的，但“人不宰则归乎天”即人还是不能像天一样宰制或控制自己的命运，人终究要归顺和服从自然法则。因此，“人务胜乎天”并非今天人们所谓“战胜”之意。刘禹锡在《砥石赋》诗中讲得更加明确，“天为人君，君为人天”即天是人民的主宰，君主是人民的上帝，阐明了天与人之间存在一种主宰被主宰的关系，岂有人一定要战胜上天的意思。南宋学者刘过在《龙川集·襄阳歌》中写到了“人定兮胜天，半壁久无胡日月”。另一位金元时期的官员兼史学家刘祁在《归潜志》中载：“人定亦能胜天，天定也能胜人。大抵有势力者，能不为造物所欺，然所以有势力者，亦造物所使也。”其中的“定”实际上“定数”、“定势”是一种比较确定的“长处”或“状态”，与“谋定而动”中的“定”具有相近意义，而且人定胜天与天定胜人也是辩证地说的。单向度地强调“人定胜天”非传统“胜天论”的范畴。例如，《论语·雍也》中就有“质胜文则野，文胜质则史”，李邦献《省心杂言》“勉强为善胜于因循自然”都是“胜过”的意思，不能与不该理解为“战胜”、“征服”。因为几千年来中国人以“天”为帝，天不只是自然之天、物质之天，更是义理之天、主宰命运之天。“人定胜天”的“胜”并不意味着“战胜”、征服和统治，而是“胜过”、“优过”的意思，而且这种“胜过”和“优过”是相互的、有条件的。

“合天论”和“胜天论”都是以“究天人之际”为主题，以经验想象、直觉、顿悟为思维方式而提出的理论观点。在实践的层面上，都主张在尊重自然、顺应自然的同时施行“人与天调”、“道法自然”、“有为”与“无为”相统一的原则规范。正如管仲在《管子·五行》中所阐发的“人与天调，然后天地之美生”，提出了“山林虽广，草木虽美，禁发必有时，……江海虽广，池泽虽博，鱼鳖虽多，网罟必有正”的主张，反复强调“衡顺山林，禁民斩木”(《五行》)，“毋行大火，毋断大木，毋斩大山，毋戳大衍”(《经重乙》)的重要性，反映人与自然相互协调的生态自觉，闪耀着人天合一的道德智慧。

“合天论”和“胜天论”都是生态整体主义的。它们植根于先人在生产和生活中对人与自然关系的直觉顿悟和经验论证。其宇宙本体论是外在于人且客观存在的一元论，以隐喻类比而非西方式的分析论证、逻辑推理为方式方法，强调“生成”、“生命”和“生态”的有机整体性和统一性。一是在生成论的意义上，道家主张“道生万物”，儒家推崇“天生万物”，“道”和“天”是自然万物的本原，是一元而不可分的整体。二是在生命哲学的意义上，认为人与万物的生存和发展是“天道”、“天德”大化流行、生生不息的结果。人与万物的存在和发展既各有“天道”、“天命”，即各有存在和发展的内在依据与价值，又彼此内在统一、相互联系，共同构成“道生万物”和“天生万物”而形成的有机自然界。三是“天道”、“天命”不可违、不可逆。因为“生”之德最大，生生之谓“易”，“生”和“易”都离不开“道”与“天”。因此，儒家的天、地、人“三才之道”和道家所谓道、天、地、人合为“域中四大”等，不仅强调了天地人的有机整体性以及人和万物的同根同源性，而且强调了尊道顺天的自然秩序。无论是主张“道法自然”，还是倡导“德润天下”，都必须遵循天地人生化、运行的内在之道和生生不息的规律。四是承认人的自然特性，承认人在自然万物中最“灵”、最“贵”。灵在人心之“灵明知觉”，贵在人能“体道”、“蓄德”、“继善成性”。《易・学辞传》载：“天地之大德曰生”，“继之者善也，成之者性也”。那么，“继之者”、“成之者”是谁呢？孔子说：“天生德于予”，《中庸》载：“参赞化育”。儒家提倡“成己成物”，道家倡导“体道”、“成道”。继善成性、体道和成道的主体都是人。人通过发挥天地自然赋予的特殊性，施行“道法自然”、“与天地参”。以与天地自然“合德”为目的，体现自然界之“生道”，以求“安生立命”、实现人与自然和谐共生。这种整体主义的自然观，反映到人与水的关系领域，则形成了中华民族独特的水德论自然观。

第一，水是万物之宗、万有之源，水利不只利人而且要“善利万物”。“水道”和“道”相通，都具有世界本原的意义。“渊呵！似万物之宗。”[①]即深远虚静，是万物的本原。这种“万物本原”论意味着水不只是人类生命之源，还是世界万物的生命之源，兴水利既要考虑人的需要还应关心万物生养的生态需求，“善利万物”才是符合“水道”精神。

① 李耳：《老子》，太原：山西古籍出版社，1999 年，第 8 页。

第二，水之道，德之端，遵循“道纪”、顺应“处下”、“不争”，“有容乃大”的“水道”，是道德原则和规范形成的前提。“水道”和“道”同质，都具有四种本质特性：一是“道”永恒不灭，不以人的意志为转移。如同“谷神不死”，生养万物永恒长存。二是“道”可以被认识和用语言来表述，但“道”不是一成不变的，即“道可道，非恒道也”。三是“道”与时俱进，用“道”要恪守“执今之道，以御今之有，以知古始”的“道纪”。四是“道”形式上空虚无形，但作用却无穷无尽，即“道冲，而用之有弗盈也”。[①]“道”和“水道”不以人的意志为转移，人们在社会实践中只能遵循而不是改变永恒不灭的“道”；“水道”和“道”不是一成不变的，人类要遵循和利用“水道”和“道”又必须以认识变化了的“道”为前提，遵守古今相通而又与时俱进的“道纪”，才能使“道”发挥无穷无尽的作用。因此，遵循水道，恪守“道纪”，是无穷无尽地发挥“道”的作用、兴修永续水利的前提。

第三，“有之以有利，无之以为用”，人水相处，兴修水利的关键在于确立并坚持有无相生、“利”“用”相济的水利生态工程观。水利工程兴修与否、筑坝截流还是无坝引流、只顾人类生产生活的需要还是兼顾流域内的万物生长和自然平衡等，都要依道而定、据德而行，不能背离“道”的精神。因为实体“有”之所以给人带来物质功利，是因为空虚处“无”起着至关重要的作用，即所谓“有之以有利，无之以为用”。正如跨世代的都江堰无坝引水的自流灌溉工程一样。联合国教科文组织用“四最”、“一无”来评价都江堰并将其列入“世界文化遗产名录”，认为都江堰是“世界上历史最悠久、设计最科学、保存最完整、至今发挥作用最好、以无坝引水为特征的大型水利生态工程”。其中最值得称道的是“四最”与“一无”的辩证统一。无坝胜有坝，“无”即“有”，“有”不排斥“无”。“无坝”

① 李耳：《老子》，太原：山西古籍出版社，1999 年，第 8 页。

与“四最”的完美统一，充分体现了“有无相生”、“有为”与“无为”兼容互补的思想观念，确保了都江堰的长盛不衰，使它成为世界上运行时间最长久的大型水利工程，并与现代水利工程高筑坝的偏好完全不同，它不以人的主观意志为转移，以尊重自然、顺应自然规律以及人与自然的永续互利共生为旨归。

第四，兴修水利要坚持“利而不害”的方针。水至柔也至刚，至弱也至强，不争而至争。若取水之利，必须避水之害。趋利避害是道家最早提出的水利方针。即所谓“天之道，利而不害”。① 古今中外的水利工程有利此害彼、利今害明、害今利明、害此利彼、害此害彼、利此利彼、害今害明、利今利明等多种情况，真正做到“利而不害”的少之又少。因此，兴修水利必须慎之又慎，反复论证，全面权衡，科学定夺。否则，趋利避害将成为空话。例如，1957年清华水利教授黄万里先生就一再说万不可在黄河三门峡筑大坝，否则泥沙会迅速塞满库区，并造成潼关淤积、西安水患，还有移民灾难，等等，但是根本没人肯听。而三门峡水库运行仅仅两年，黄先生预警的水害便一一兑现，实际情况甚至比他的“危言耸听”还要糟糕。水利工程逐渐演变为比较典型的“水害工程”。

第五，知“道”、体“道”贵在行“道”，行“道”是成“道”的关键。老子说：“弱之胜强，柔之胜刚，天下莫不知，莫能行。”天下人都懂柔弱胜刚强的道理，但都不能付诸行动。然而，李冰父子遵水性、顺水势、合水脉，将防洪与灌溉统筹，兼顾人、社会和自然的水利需要，集“有为”与“无为”儒道精神于一体，进而使世界上最坚固的大坝也赶不上都江堰的持久和科学。

古代水德论始终强调尊天道、地道、水道和人道的统一，并坚持天人合一或人天合一的有机整体论。这种有机整体论的长期坚持一方面与学者

---

① 李耳：《老子》，太原：山西古籍出版社，1999年，第122页。

们的努力有关，更重要的还在于经济、政治、社会和生态条件的相对稳定性和统一性。

华夏民族立国于灾变危难之际，进化于统与分、战与和、自然灾害的突变与渐变交替的进程中。“当尧之时，天下犹未平。洪水横流，泛滥于天下；草木畅茂，禽兽繁殖，五谷不登；禽兽逼人……舜使益掌火，益烈山泽而焚之，禽兽逃匿。禹疏九河，瀹济漯而注诸海；决汝汉，排淮泗而注之江。”[①]这表明，夏禹立国于自然灾害严重之时。据史料记载，古代中国除三年两头天灾人祸不断之外，还经历了四大灾害突发、群发期，首当其冲的是夏禹时期，其后是汉代。明清是中国古代自然灾害最频繁的时期，明代，水、旱灾实际上各发生241、216次以上，其中大水、大旱各30余次。风暴潮灾害也格外突出，死亡万人以上的特大潮灾20次，七级以上大地震有12次，八级以上特大地震2次。清代除个别年份外，几乎年年有水旱灾。特别是15—17世纪，由于灾害多发、群发而成为中国历史上第三大灾害群发期，学者称之为“明清宇宙期”。[②]晚清则是第四大灾害群发期，其中光绪二年至五年（1876—1879年）山西、河南、陕西、河北、山东等省连续5年的特大旱灾，造成赤地千里，饿殍遍野，死亡达1000万人之多。[③]面对水多为涝、水少为旱、水缺为祸、治水挑战治国的水生态环境，一方面，“天理”、“自然”受到尊崇，世间万物都是“天生，地养，人成”的，而“生之德”最大，人的职责和使命就是弘扬天地生养万物的善性以成就自己的人性。因此，“水德论”是由古代上观天文、下察地理累积而成的知识体系和方法论支撑的。另一方面，接受挑战，多民族融合团结，在政治上坚持家国一体，在经济和社会治理中依据天体运行

① 万丽华、蓝旭译注：《孟子：卷五》，北京：中华书局，2006年，第111页。

② 饶尚宽译注：《中华经典藏书——老子》，北京：中华书局，2006年，第20页。

③ 李文海等：《中国近代十大灾荒》，上海：上海人民出版社，1994年，第81页。

法则，顺天时，尽地利，求人和，以“取物以顺时”、“取物不尽物”等为原则，谋求安居乐业和长治久安，在人与自然的关系领域追求天地人协调共生、和睦相处。

因此，古代水德论的自然观基础无论是“合天论”还是“胜天论”都是有机整体论的，是基于“天生万物”、“道生万物”和“太一生水”，“水善利万物而不争，处众人之所恶，故几于道”[①]等思想观念的。古代人们不仅认为水是世界的本原，而且认为水与天地一样既生养万物又“利万物”、“不争”、“处下”，这就是善；人的义务就是“继善成性”，弘扬天、地、水的善性，锤炼像水一样勇往直前、奔流到海不复返的精气神，倡行像水一样“处下”、“不争”、“虚怀若谷”、功成身退的道德品格，以求厚德载物、“有容乃大”。都江堰、灵渠、大运河等功在千秋的水利奇迹，都是坚持“天人合一”与“天人相分”、“道法自然”与“人与天调”、“有为”与“无为”有机统一而创造伟大成就。

二、近代“竞争”、“互助”的自然观

近现代中国的水伦理自然观在中西思想文化的激烈碰撞和交流中，发生了历史性转变。它既不同于近现代西方以二元对立、主客两分为主导的机械论自然观，又不同于古代中国以“合天论”和“胜天论”辩证统一为基础的有机整体论自然观。

西方的近现代机械论自然观把自然变成了可以任人拆分、宰割的机器，其价值哲学也从“附魅”于自然转向了让自然“祛魅”，在张扬人的主体精神的同时提出了“一切以人为尺度”的价值取向，形成了“人类中心主义”的水伦理价值观。在人与自然、人与水的关系领域，倡行利用、

① 饶尚宽译注：《中华经典藏书——老子》，北京：中华书局，2006年，第20页。

控制、改造和征服，导致自然价值在自然被奴化和对象化的进程中被僭越。我国近现代水伦理的自然观在西学东渐的浪潮中，一定程度上受到了机械论自然观的影响，但由于时代变迁的特殊经济、政治、社会和文化背景，机械论自然观对近现代中国人世界观的影响是微弱的。

伴随着西方弱肉强食的殖民侵略和19世纪的科学新发现，首先，达尔文的进化论特别是社会达尔文主义对中国近现代自然观嬗变产生了更加广泛和深远的影响；其次，基于中国思想会通、文化融合的传统，克鲁泡特金的互助论也对近现代水伦理自然观产生了一定影响，并初步形成了竞争与互助、合作相兼容的整体论自然观。

众所周知，近现代中国是学习西方科技文化同时又强烈反抗西方列强侵略和征服中华民族的历史。西方"弱肉强食"的丛林法则，使为欧洲中心主义和西方中心主义价值观进行辩护的社会达尔文主义对中国的影响远胜于达尔文本人的自然选择进化论。特别是赫伯特·斯宾塞塞入达尔文理论的"进步"、"进化"思想，至今仍影响着人们自然观和社会观的转变。

进入19世纪中叶以后，中国历史上从未有过的"三千年大变局"，使争取民族独立、国家富强成为每一个中国人追逐的梦想。达尔文的进化论正是在这样的政治大背景下传入中国，因而一开始斯宾塞的社会达尔文主义便主宰了中国人的灵魂。斯宾塞物竞天择、适者生存的竞争进化论，与中国文化传统中儒家的经世致用、法家的富国强兵相结合，形成了近代中国物质主义与功利主义的狂潮。① 清末民初的许多知识分子信奉社会达尔文主义，并误以为找到了富强之路，同时也成为他们新的人生信念。杜亚泉在民国初年如此评说："生存竞争之学说，输入吾国以

① 许纪霖：《现代性的歧路：清末民初的社会达尔文主义思潮》，《史学月刊》2010年第2期。

后，其流行速于置邮传命，十余年来，社会事物之变迁，几无一不受此学说之影响。”① 从19世纪60、70年代引进西方富强之术的洋务运动，到19世纪末20世纪初的百日维新和辛亥革命，社会进化论颠覆了中国旧有的王朝政治及其礼乐制度。社会达尔文主义流行所致，产生了一个崇尚物质、崇拜强权的力的秩序，它颠覆了传统中国的温情脉脉的礼的秩序，并产生了以强者为主导的新国民人格。然而，这一去价值、去伦理的力的秩序，在清末民初产生了严重的政治后果，它造就了民国，却毁了共和。

因此，五四知识分子们尽管依然相信进化是人类的公理，但进化论本身发生了重大的“进化”：从竞争进化论变为互助进化论。克鲁泡特金的互助进化论学说作为对达尔文主义的修正，在20世纪初伴随无政府主义思潮进入中国，并在一定范围内产生了影响。孙中山在《建国方略》中认为：“人类初出之时，亦与禽兽无异；再经几许万年之进化，而始长成人性。而人类之进化，于是乎起源。此期之进化原则，则与物种之进化原则不同：物种以竞争为原则，人类则以互助为原则。社会国家者，互助之体也，道德仁义者，互助之用也。”② 克鲁泡特金的《互助论》一书，由周佛海翻译，在1921年由商务印书馆出版，一时流行学界，成为影响中国近代社会的100种译作之一。李大钊在1919年元旦之际，热情洋溢地宣告新纪元来了：欧战、俄国革命和德奥革命的血，“洗来洗去，洗出一个新纪元来，这个新纪元带来新生活、新文明、新世界”。从前讲优胜劣汰、弱肉强食，“从今以后都晓得这话大错。知道生物的进化，不是靠着竞争，

① 杜亚泉：《静的文明与动的文明》，见许纪霖田建业编，《杜亚泉文存》，上海：上海教育出版社，2003年，第343页。

② 孙中山：《建国方略》，见《孙中山选集》，北京：人民出版社，1981年，第156.

乃是靠着互助。人类若是想生存，想享幸福，应该互相友爱，不该仗着强力互相残杀”。[①] 俄国十月革命之后，李大钊开始接受列宁主义的“阶级竞争”学说，但仍然乐观地相信“人类不是争斗着、掠夺着生活的，总应该是互助着、友爱着生活的。阶级的竞争，快要息了。互助的光明，快要现了。我们可以觉悟了”。[②]1919 年他还写了《阶级竞争与互助》，在社会改造问题上主张“阶级竞争”与“互助”并行。不过限于社会历史条件，当时许多大师级人物对互助进化论的接受是逊于竞争进化论，对社会发展的理解也多为“单向进步”式的，如康有为的“三世说”、严复的“天演之学”、孙中山的“突驾说”等。

社会达尔主义后来虽然遭到了一定程度的批判，但进化论进入中国，对中国社会观念和实践层面的影响都是革命性的。因为真正的达尔文进化论是去神的、去进步的、去人类中心的。正如 20 世纪之初，杨度在《金铁主义说》中说：“自达尔文、黑胥黎等以生物学为根据，创为优胜劣败、适者生存之说，其影响延及于世间一切之社会，一切之事业，举人世间所有事，无能逃出其公例之外者。”[③] 在人们的心目中，从自然到社会混然而成一幅普遍竞争的进化图景：“民民物物，各争有以自存。其始也，种与种争。及其成群成国，则群与群争，国与国争，而弱者当为强肉，愚者当为智者役焉。”[④]

片面的进化论意识形态与中国学术传统不合。例如，国学大师钱穆曾

---

① 李大钊：《新纪元》，见《李大钊全集》第三卷，石家庄：河北教育出版社，1999 年，第 128 页。

② 李大钊：《阶级竞争与互助》，见《李大钊全集》第三卷，石家庄：河北教育出版社，1999 年，第 288 页。

③ 王韬：《韬园文录外编》，上海：上海书店出版社，2002 年，第 11 页。

④ 严复：《原强》，见《中国现代学术经典 · 严复卷》，石家庄：河北教育出版社，1996 年，第 540—541 页。

指出，中国毕竟“看不起强力，看不起斗争”。“在生物进化，在人类历史发展，固有强力与斗争，终不能说没有仁慈与和平。而在中国人传统思想方向说，和平与仁慈终还是正面，强力与斗争只像是反面。”[①] 这段话也许更能代表中国人文知识分子对待竞争与互助的思想，但当这种思想遭遇现实的民族战争和阶级斗争大潮时，只能是被边缘化的。

不过，在革命思潮的裹挟下，虽然很多人未必读过《物种的起源》和《互助论》，但进化、竞争、互助、合作的思想还是被乐于会通中西的思想家们糅合到了一起，成为近现代中国社会转型中自然观的一种主流形态。陈独秀在《新青年》的发文中认为：“人类之进化，要竞争与互助，二者不可缺一，犹车之两轮，鸟之双翼，其目的仍不外自我之生存与进步，特其间境也有差别，界限有广狭耳。克、达二氏，各见真理之一面。合二氏之书，始足说明万物始终进化之理。尚有一事，又吾人所宜知者。吾人未读达氏全书，偶闻其竞争之说，视为损人利己之恶魔，左袒强权之先导。其实非也，达氏虽承认利己心为个体间相互竞争之必要，而亦承视爱他心为团体间竞争之道德也。”[②]

三、现代“让高山低头，叫河水让路”的自然观

“让高山低头，叫河水让路”是在第二次世界大战后全球陷入以美国为首的西方阵营和以苏联为代表的东方阵营相互对峙、冷战的特殊政治背景下，多元思想文化在中国激荡、畸变的结果。

---

① 吴丕：《进化论与中国激进主义（1859—1924）》，北京：北京大学出版社，2005年，第182页。

② 陈独秀：《记者答李平》，《青年杂志》（第1卷2号）（从第二卷改名《新年青》）1915年9月15日。

1. 马克思主义自然观在中国的传播与激变

马克思主义自然观是随着十月革命一声炮响给中国送来的马克思列宁主义而传入中国的。众所周知，“十月革命一声炮响，给我们送来了马克思列宁主义。十月革命帮助了全世界的也帮助了中国的先进分子，用无产阶级的宇宙观作为观察国家命运的工具，重新考虑自己的问题。”①20世纪20年代开始，上海一批共产党人和进步人开始传播自然辩证法，恩格斯《自然辩证法》的某些篇章被译成中文。至30年代，自然辩证法的学习发展到延安、重庆等地。毛泽东及其领导的中国共产党是马克思主义自然观的主要传播者和信仰者。毛泽东在长沙求学期间就认为人类是自然的产物。30年中后期《实践论》和《矛盾论》的发表，标志着以毛泽东为代表的中国共产党人首次将自然观纳入了马克思主义认识论的范畴，也标志着毛泽东本人的唯物辩证自然观趋于成熟。进入50年代末，随着国内外阶级斗争局势的变化，毛泽东提出了“向自然界开战”的口号，标志着新中国成立后自然观的激变。

马克思主义自然观在中国的传播和发展包括两方面内容：一是马克思主义自然观的中国化。马克思主义自然观的中国化是以马克思主义自然观在中国革命和建设中运用和发展，其成果是中国化了的马克思主义自然观。中国化马克思主义自然观认为：(1) 自然是物质的，自然界万事万物是运动和变化的，这种运动和变化具有不以人的意志为转移的内在规律。人是自然界长期发展的产物，但人具有物质和精神二象性，人可以认识自然和改造自然。“人类者，自然物之一也，受自然法则之支配，有生必有死，即自然物有成必有毁之法则……且吾人之死，未死也，解散而已。凡自然物不灭，吾人固不灭也。”②(2) 自然是可知的，人是认识自然的主

① 《毛泽东选集》第四卷，北京：人民出版社，1991年，第1471页。

② 《毛泽东早期文稿》，长沙：湖南出版社，1990年，第194页。

体，人可以通过实践“逐渐地了解自然现象、自然的性质、自然的规律性、人与自然的关系”。[①]“人类长期劳动过程中一面变革自然，一面变革自己的生理与性质。”[②] 人对自然的认识是发展的，“人们的认识，不论对于自然界方面，对于社会方面，也都是一步又一步地由低级向高级发展，即由浅入深，由片面到更多的方面”。[③]（3）人不仅可以认识自然，而且可以改造自然。“一切事情是要人做的……先有人根据客观事实，引出思想、道理、意见，提出计划、方针、政策、战略、战术，方能做好。”[④] 人可以利用自然条件和技术设置人工自然物，让自然更好地为人类服务。例如，修水坝抬高水位，让它有个落差，可以发电、行船；又如开工厂、放卫星，都是自然界没有的人工创造。（4）认识自然是为了改造自然，认识世界是为了改变世界。毛泽东认为，“一个马克思主义如果不懂得从改造世界中去认识世界，又从认识世界中去改造世界，就不是一个好的马克思主义者。一个中国的马克思主义者如果不懂得从改造中国中去认识中国，又从中国中去改造中国，就不是一个好的中国的马克思主义者。”[⑤]（5）从辩证法的角度考察，人与自然的关系是辩证的、对立统一的。人是自然界的奴隶，又是自然界的主人。一方面，人可以认识和影响自然。“吾人虽为自然所规定，而亦即为自然之一部分。故自然有规定吾人之力，吾人亦有规定自然之力；吾人之力虽微，而不能谓其无影响（于）自然。”[⑥] 另一方面，人们“对客观必然规律不认识而受它的支配，使自己成为客观外界的奴隶，直至现在以及将来，乃至无穷，都在所难免”。因为人的“认识

① 《毛泽东著作选读》（上册），北京：人民出版社，1986 年，第 121 页。
② 《毛泽东哲学批注》，北京：中央文献出版社，1988 年，第 211 页。
③ 《毛泽东著作选读》（上册），北京：人民出版社，1986 年，第 121 页。
④ 《毛泽东选集》第二卷，北京：人民出版社，1991 年，第 477 页。
⑤ 《毛泽东著作选》（下册），北京：人民出版社，1986 年，第 485 页。
⑥ 《毛泽东同志青少年时代》，北京：中国青年出版社，1979 年，第 48 页。

的盲目性和自由，总会是不断地交替和扩大其领域，永远是错误和正确并存”。但是，“错误往往是正确的先导，盲目的必然性往往是自由的祖宗。人类同时是自然界和社会的奴隶，又是它们的主人。”[①] 随着中国共产党及其领导的革命和建设力量的壮大，中国化的马克思主义自然观在20世纪30年代得以确立，并逐渐成为主流的自然观。

二是马克思主义自然观的教条化。（1）“向自然界开战”是对马克思主义关于人与自然关系的教条化理解而提出的脱离中国实际的口号。就主要矛盾而言，毛泽东认为，资本主义剥削制度不仅造成人与人之间的对抗和人际关系高度紧张，而且造成人与自然之间的关系高度紧张。在社会主义社会，由于消灭了剥削制度，人与人之间的阶级矛盾下降为次要矛盾，人与自然的矛盾日益上升为主要矛盾。这就使中国共产党可以将中心工作转移到经济建设上来，因此，1957年在《正确处理人民内部问题的矛盾》一文中，提出了“团结全国各族人民进行一场新的战争——向自然界开战，发展我们的经济，发展我们的文化，建设我们的新国家”[②] 的主张。同时，他认为在社会主义社会，人民应该而且能够成为自然界的主人，因为“社会主义不仅从旧社会解放了劳动者和生产资料，也解放了旧社会所无法利用的广大的自然界。人民群众有无限的创造力。他们可以组织起来，向一切可以发挥自己力量的地方和部门进军，向生产的深度和广度进军，替自己创造日益增多的福利事业”。[③] 这种主要矛盾的分析显然是关于资本主义社会与社会主义社会的主要矛盾的主观的理论推断。现实的社会主义既没有消除剥削也没有解决人与人之间的矛盾，人与自然之间的矛盾是否成为主要矛盾也不是由社会主义性质决定的。人民群众要用战争的方式去解

① 《毛泽东著作选读》（下册），北京：人民出版社，1986年，第846页。

② 《毛泽东著作选读》（下册），北京：人民出版社，1986年，第770页。

③ 《毛泽东文集》第六卷，北京：人民出版社，1999年，第457页。

决与自然之间的矛盾，这更是一种战争的惯性思维所致。

（2）“让高山低头，叫河水让路”片面夸大了人的主体性和主观能动性，严重背离了马克思主义关于人与自然的关系的理论。毛泽东认为：人是世界上最宝贵的东西，只要有了人，什么人间奇迹都可以创造出来。人民，只有人民，才是创造世界历史的动力。“一切事情是要人做的……思想等等是主观的东西，做或行动是主观见之于客观的东西，都是人类特殊的能动性。这种能动性，我们名之曰‘自觉的能动性’，是人之所以区别于物的特点。”① 正因为看到了人的主观能动性的作用，毛泽东认为，在社会主义社会，人民在精神上也获得了前所未有的解放。人民群众社会主义热气高，干劲大，精神振奋，斗志昂扬，意气风发。天上的空气，地上的森林，地下的宝藏，都成为建设社会主义所需要的重要因素，而这一切物质因素，只有通过人的因素，才能加以开发利用。毛泽东希望人民不仅是社会的主人，而且向自然开战，最终成为自然的主人。所以，毛泽东说：“我看到报纸上有‘要高山低头，要河水让路’的话，很好。高山嘛，我们要你低头，你还敢不低头？河水嘛，我们要你让路，你还敢不让路？这样说，是不是狂妄？不是的，我们不是狂人，我们是马克思主义者。”② 毛泽东相信，世上无难事，只要肯登攀，相信人定胜天。

（3）对社会主义的社会规律和自然规律认识，在理论上强调过程性和调查研究的重要性，实践上却试图超越，并确立了追随西方工业化轨迹的社会主义建设路线和方针。毛泽东指出，人类总是不断发展的，自然界也总是不断发展的，它们都不会永远停止在一个水平上。但是，由于生产力和科学技术的制约，“人对客观世界的认识，由必然王国到自由王国的飞

① 《毛泽东选集》第二卷，北京：人民出版社，1991 年，第 477 页。

② 陈晋：《独领风骚：毛泽东心路解读》，沈阳：万卷出版公司，2004 年，第 253 页。

跃，要有一个过程……对于建设社会主义的规律的认识，必须有一个过程。”因此，他强调，我们“必须从实践出发，从没有经验到有经验，从有较少的经验，到有较多的经验，从建设社会主义这个未被认识的必然王国，到逐步地克服盲目性、认识客观规律、从而获得自由，在认识上出现一个飞跃，到达自由王国”。[①]到20世纪60年代初，毛泽东在总结“大跃进”教训的基础时指出，社会主义建设，从我们全党来说，知识都非常不够。因此，对社会主义规律的认识不可能一蹴而就，“我们应当在今后一段时间内，积累经验，努力学习，在实践中间逐步地加深对它的认识，弄清楚它的规律。一定要下一番苦功，要切切实实地去调查它，研究它。”[②]毛泽东对人与自然关系的认识反映了中国共产党人当时所达到的认识水平。然而，在实践中，又提出建设社会主义总路线，倡导“大跃进”运动，希望通过人的主观能动性实现社会主义经济建设的多快好省；他支持高指标和高速度，发动全民大炼钢铁，其目的是要通过发挥人民群众的积极性和创造性，通过全民参与，实现钢铁工业乃至整个国民经济的高速发展。这种非科学的、非理性的做法违反了客观经济规律、社会规律和自然规律，是对社会主义规律缺乏深刻认识的表现。正如，毛泽东晚年在总结社会主义建设的经验教训时所意识到的：“所谓必然，就是客观存在的规律性，在没有认识它以前，我们的行动总是不自觉的。”“自由是对必然的认识和对客观世界的改造。只有在认识必然的基础上，人们才有自由的活动。”[③]

（4）对唯物辩证法的把握从对立统一转向了重对立和斗争。毛泽东早年对战争与革命的辩证把握是他取得理论和实践成功的重要思想保障。早在20世纪30年代，在读苏联西洛可夫等人的《辩证法唯物论教程》时，

① 《毛泽东著作选读》（下册），北京：人民出版社，1986年，第824—826页。

② 《毛泽东著作选读》（下册），北京：人民出版社，1986年，第829页。

③ 《毛泽东著作选读》（下册），北京：人民出版社，1986年，第833页。

他曾写下这样一条批注："辩证法中心任务，在研究对立的相互渗透即对立的同一性。"在社会主义建设时期，他曾多次重申这一思想："按照对立统一这个辩证法的根本规律，对立面是斗争的，又是统一的，是互相排斥的，又是互相联系的，在一定的条件下互相转化的。"① 他还曾明确批评斯大林"讲事物的内在矛盾，只讲对立面的斗争，不讲对立面的统一"的片面性。但新中国成立后，面对百废待兴、一穷二白的实际和国内外敌对势的包围、挑衅，革命战争年代的斗争哲学又在社会主义建设实践中膨胀。在毛泽东的思想意识中，人与自然的关系变成了一种斗争关系。因为自然界不会主动满足人的需要，人为了自己的生存和发展，就必须不断地克服自然界中不利于自己生存的因素和环境，从自然界获取生活资料和生产资料，并按照自己的意图改造自然界。因此，人类历史就是一部人与自然斗争的历史。在认识上过分强调了人与自然之间的对立，强调人对自然的"征战"，强调征服自然和改造自然。在经济建设中，对人与自然的"统一"、如何实现人与自然关系的平衡等并无足够的重视。新中国成立初期提出的美化、绿化计划以及拿出全国耕地三分之一植树种草的设想，都没能付诸实践。晚年的毛泽东认为："'大跃进'的重要教训之一、主要缺点是没有搞平衡。说了两条腿走路、并举，实际上还是没有兼顾。在整个经济中，平衡是个根本问题，有了综合平衡，才能有群众路线。"②

毛泽东时代自然观的激变的主要原因：在主观上，一是由于对马克思主义自然观缺乏完整、准确的把握，对社会主义在现实中遭遇的新问题无法从理论上进行系统的解答，并揭示其内在规律和趋势。例如，姓"资"姓"社"的问题，姓"资"姓"社"与怎样处理人与自然的关系问题，社

---

① 《毛泽东文集》第七卷，北京：人民出版社，1999 年，第 194 页。

② 薄一波：《若干重大决策与事件的回顾》（下卷），北京：中共中央党校出版社，1993 年，第 802 页。

会主义的主要矛盾究竟是什么，如何“平衡”解决好人与自然、人与社会的关系等。二是关于社会主义的知识储备严重不足。毛泽东曾诚恳地说，经济建设工作中间的许多问题，我还不懂得。“到现在为止，在这些方面，我的知识很少。我注意得较多的是制度方面的问题，生产关系方面的问题。至于生产力方面，我的知识很少。”① 这种知识储备的不足严重制约了第一代领导集体对现实问题的理论探讨水平，社会主义建设曾有过失误，经历了曲折的发展过程。在客观上，国内外敌对势力的挑战、竞争、对峙，特别是20世纪50末开始社会主义阵营内部的极左思潮，使新中国的社会主义建设内无稳定外无和平，人民不得不在勒紧裤腰带的背景下谋求生存和发展，进而失去了“向自然界开战”的“度”。更重要的是社会主义实践无论是在国内还是国外都无充分展开，因而要在本质上把握社会主义人与自然关系还缺乏应有的实践基础。

毛泽东等中国共产党人始终都很重视对人与自然关系的探索。从20世纪30年代《实践论》和《矛盾论》的发表，到20世纪60年代毛泽东《在扩大的中央工作会议上的讲话》、《人的正确思想是从哪里来的?》、《人类总得不断地总结经验》、《错误往往是正确的先导》等讲话，多从哲学层面反复论述地探讨了人与自然的关系、人的主观认识与客观世界的关系、“必然与自由”、“必然王国与自由王国”、“客观物质世界与人类社会”等相关问题。这是我们科学地认识和处理人与自然的关系的重要思想来源。

2.“人定胜天”自然观的嬗变

“让高山低头，叫河水让路”也是“人定胜天”自然观在当代发生激变的结果。正如前文所述，“人定胜天”在古代并无人一定能战胜天的意思。即使到了宋明时期，也主要地为了说明“天人相分”的道理，在整体

① 《毛泽东著作选》（下册），北京：人民出版社，1986年，第829页。

上还是强调合天的。如明朝思想家王廷相在《雅述上》说："天有天之理，地有地之理，人有人之理，物有物之理，……各各差别。"讲天人相分，并不是要违背天理，而是为了进一步合天理明人道。明末清初王夫之在《读四书大全说》中所载："欲推即合天之理。"在实践层面上则要因循天理，如他在《诗广传》卷五中说："君子顺乎理而善因乎天，人固不可与天争。"他反对简单的二分对立，在《周易外传·说卦传》中说"天下有截然分析而必相对待之物乎？求之于天地，无有此也"。显然，王夫之也不具有当代人所谓"人定胜天"的思想。

"人定胜天"自然观的嬗变发生在20世纪60、70年代。一是从辞书对"人定胜天"释义修订的情况可看见一斑。例如《辞源》，民国版释义是："言人力能挽回运数"，1979年修订本为"人力可以战胜自然"。《辞海》1936年版只引录《归潜志》的一段话，1980年版明确解释为"战胜自然"。二是据《中国哲学史论文索引》统计：1900—1949年没有专门的论述；1950—1966年只有4篇，且多发表在侧重于宣传目的的报纸上；1967年至1976年共113篇，且多以"批判组"、"学习组"的名义发表。这一方面说明"人定胜天"内涵的嬗变并非独立的学术研究的结果；[①]另一方面表明"人定胜天"作为人类凭自己的智慧和能力战胜自然、征服自然的代名词一度成为指导人们行动的自然观。[②]

这种自然观的嬗变既与新中国成立前后特殊的政治背景紧密相关，又在深层次与西学东渐相联系。清末以来，进步的政治思想家切身感受到西方列强甚至东夷日本的欺凌，精神受到极大的刺激，故而发愤图强，希

① 参见张涅：《"人定胜天"思想的历史考查和认识》，《东岳论丛》2000年第2期。

② 参见《辞源》，商务印书馆，1979年；《辞海》，上海：上海辞书出版社，1980年；《汉语大辞典》，上海：上海辞书出版社，1986年；在《哲学大辞典·中国哲学史卷》（上海：上海辞书出版社，1985年）中还指"人们可以自己掌握自己的命运"。

望在自己的有生之年迎头赶上发达的资本主义国家。孙中山的“突驾”理论就是这样的政治要求，如他在《建国方略·民权初步》中说：“以我四万万民众优秀文明之民族，而握有世界最良美之土地、最博大之富源，若一心一德，以图富强，吾决十年之后，必能驾欧美而上之也。”其《在东京中国留学生欢迎大会的演说》中强调“我们决不要随天演的变更，定要为人事的变更，其进步方速”。为了救亡图存、振兴中华，变革图强成为为贯穿于近现代历史的一个普遍性的政治要求。例如，周佛海在《新青年》九卷二号上撰文，倡言：“不能专倚进化，而要加以革命。”杜守素、李春涛在《孤军》二卷二期发表《社会主义与中国经济现状》一文，称：“中国因为经济的发展落后之故，其社会革命之来，必定急激无疑。”毛泽东更是发出了“落后就要挨打”的政治呼声。政治实践理性因为特定境况而演变为强烈的政治激情和政治主观意愿。于是，“人定胜天”不仅仅局限在人与物质世界的关系范畴内，更成为了政治革命的口号，而且指导着新中国成立以后三十多年的社会经济活动。

在深层次的思想观念领域，从鸦片战争开始的第二波西学东渐浪潮所蕴含的科技文化特质包含三方面内容：(1)“主客二分”的世界观。“主客二分”是一种科学理性，非个人的经验理性，洋务运动、戊戌变法、辛亥革命、早期新文化运动所传播的西方科技文化在本质上是基于主客二分的科技文化。这种世界观认为人与世界万物是二分的，人类是主体，世界万物都是客体，人类通过认识建立主客体的对立统一关系。现代“科学”和“民主”的口号，实质就是学习这种主客思维方式及其与之相联系的主体性哲学的集中反映。(2)对发展规律的认识是线性的。世界万物都是自然不断进化的产物，社会也处于不断变化发展之中，达尔文“物竞天择，适者生存”的自然选择论是社会达尔文主义的裹挟下成为西方殖民者征服自然、征服外族的思想理论，也渗透到各殖民地半殖民地的文化中。(3)强调主体能力。近现科学文化以高扬人的主体精神、主体力量为特征，认为人类能解释一切自然现象，改造、控制和征服自然。古希腊阿基米德的“给我一个支点，我可以撬动地球”的豪言也正是近代西方的口号。这种思想特质很容易被充满诗情画意的中国知识分子接受。龚自珍提出了“心力”说，并在《壬癸之际胎观第一》一文中说出了“我光造日月，我力造山川”的豪言。谭嗣同在《仁学》篇中则认为：“心力最大者，无不可为。”这种“主客二分”的自然观认为人类能认识和把握客观发展规律，充分相信人可巧夺天工，并战胜上天。因此，“主客二分”的自然观、自然选择的进化论以及社会达尔文主义等多元思想的整合，驱使“人定胜天”转向战胜、征服自然。所以，严复在《天演论》中说：“今者欲治道之有功，非与天争胜焉，固不可也。”章炳麟在《书・原变》中也认为：“物苟有志，强力以与天地竞。”陈独秀在《抵抗力》一文中进一步明确提出了“人类以技术征服自然，利用以为进化之助，人力胜天”的观点。正是特定的社会政治条件和思想文化激荡，使“大禹治水”、“精卫填海”、“人定胜天”等传统思想与当代改天换地、治山治水、向自然开战的实践行为结合了起来。神话思维、天人合一思维变成了所谓主客二分的现代理性。

由中国自然观演变的历史逻辑可知，西方进化论、互助论和机械论自然观的传入虽然冲破了中国传统女娲补天、“道生万物”、“天生万物”的神话传说和有机的宇宙整体论自然观，但真正对中国近现代产生重大历史影响的自然观则有两种。

一是以“人定胜天”为表、征服自然为实的基于数力论“二元论”自然观，即所谓学好“数理化”走遍天下都不怕；要扫除一切害人虫，全无敌。这种以改天换地、战天斗地、“让高山低头，叫河水让路”为代表的对抗型自然观，有自己的历史渊源、现实依据和时代背景，不能简单地等同于近现西方以“人类中心主义”或“欧洲中心主义”为价值取向的机械论自然观。同时，其主客二分、过度张扬人的主体精神，将自然对象化、物质化的思想文化特质，又是背离中国传统“合天论”和“胜天论”的自然观的演化趋势的。

二是马克思主义自然观在中国近现代具有一定的主导地位，特别是对于中国共产党及其领导的革命和建设力量而言。遗憾的是，新中国成立后马克思主义自然观被教条化，“向自然开战”的极端思维偏离了马克思主义自然观对立统一的发展方向，偏离了马克思主义自然观关于自然的人道主义与人道的自然主义辩证统一的精神要义。因此，一系列水利工程的上马和群众性战天斗地式的兴修水利既使新中国水利取得了史无前例的成就，黄河、淮河也终于安澜，但好景不长，1972 年黄河的第一次断流警醒人们反思斗争哲学、反思人水关系及其自然观基础。在科学发展的指导下，统筹解决人与自然的关系问题，促进人水和谐，建设水生态文明等策略思想正是在这样的背景下提出来的。

对中国传统水伦理自然观基础的梳理和探讨表明：世纪之交以来，以西方有机整体论自然观、机械论自然观、生态整体论自然观为主线的自然观审视，脱离中国自然观演变和发展规律与趋势。因为流行于西方近现代的机械论自然观和当代非人类中心主义自然观都没有真正在中国生根开花。当代中国水伦理的自然观的重构只能是基于中国传统与现代自然观演变规律和趋势，同时又借鉴和吸纳西方当代自然观成就的基础上提出具有中国特质、并会通中西的自然观。

第四节　走向人水和谐的水伦理自然观

一、“河流生命”论的自然观

“河流生命”论是目前我国人水关系研究中的一个新兴热点。其自然观具有生态学、生态哲学和环境伦理学的基础与前提，也是对黄河等水利实践客观需要的理论回应，是近现代人与水相交往的关系由对抗、对立转向非对抗和统一的必然要求，其实质是生命观在可持续发展理念指导下的整合中西方科学成果而重构的超越生物生命观的生态系统生命观。

“河流生命”论提出和确证的视角不仅仅局限于人类，也包括人与自然关系的整体性透视。因此，它对建构人水和谐的水伦理体系，促进人与自然全面协调可持续发展的生态文明建设具有重要意义。

1.“河流生命”论的提出及其内涵

“河流生命”论的提出，既直接源于黄河管理实践的迫切需要，也直接基于摆脱世界河流生态危机的严重挑战。[①]20 世纪 80 年代，欧美学者就开始把河流与健康联系起来以衡量河流生态系统功能的良好状态。到 21 世纪初，我国黄河水利委员会的专家和学者最早把河流与健康、生命三者联系起来，率先提出了河流健康生命的概念，并在黄河治理的理论创新与实践探索中首次对“河流生命”展开了系统、完整的学理研究，形成了以叶平的《河流生命论》、乔清举《河流的文化生命》、侯全亮和李肖强著的《论河流健康生命》为代表的“河流生命”论，深化了对河流生命、河流文化生命、河流自然生命、河流权利、河流价值等问题的理论研究。

玛克·西奥（Mark Cioe）较早提出河流是有生命的观点。他在《莱茵河》一书中写道：“一条河是一个有生命、有个性的生物实体，这并不完全与科学和常识观念相悖。在我们看来，河流是活生生，有时狂野有时安静，它们永无休止，接纳大气沉降物，成为地球水循环的一个环节。重力和阳光给予河流能量，使他们像雕刻家一样改变了地壳的面貌。河水偶尔也会涌出河岸、毁坏商店和地下室。科学家用‘年轻’、‘成熟’、‘衰老’来描述河流的生命循环。‘死河’并不是说它干涸了，而是它不能维系生

① 叶平：《河流生命论》，郑州：黄河水利出版社，2007 年，第 21 页。

命。河流具有一种‘新陈代谢’，一个世纪前，欧洲人相信河流的自净能力——吸收、中和大量有毒物质和废弃物——源自水下的岩石峭壁。”[①] 玛克·西奥在2002年就已经把河流看做是有自然生命的，并初步表述了河流自然生命的基本特征，如生命循环、自净能力、新陈代谢等。其见解虽然是初步性的、并且未摆脱生物生命论的传统观念束缚，甚至只承认河流自然生命是“文学的想象”、“有机机器”。但是，河流是有生命的观点相对于今天所面临的各种水问题仍是具有前瞻性的。面对黄河等世界大河所出现的水危机，2003年2月黄河水利委员会主任李国英在全球伙伴中国地区委员会高级圆桌会议上正式提出了“河流生命”的概念。从2004年开始，河流生命作为建构河流伦理体系的一个重要课题进入了学术研究领域，旨在保护河流生命。[②]

关于河流生命的界定，目前学术界主要有三个维度，一是从自然科学的视角论及，一是从精神文化的角度阐述，一是将两者结合分析。三者各有优势、各有侧重、各有特点。一般认为“河流生命”包括河流自然生命和河流文化生命。

关于河流自然生命的内涵，李国英于2004年2月6日在《光明日报》发表《我们该怎样“维持黄河健康生命”》一文中提出：“河流生命的核心是水，命脉是流动，河流生命的形成、发展与演变是一个自然过程，有其自身的发展规律，并对外界行为有着巨大的反作用力和规范性。”认为河流完全能体现生命运动过程中的物质、能量、信息三者的变化、协调和统一。孟祥文等在《确保下游不断流恢复黄河健康生命》中认为：“不能用生物生命的定义来判断河流是否有生命”而是应该从河流具有生命的某些特征来界定。如河流生命的演变特征：生长、发育和衰亡；不断与外界进

① Mark Cioe，*Rhinee*，Seattle：University of Washington Press，2002，Introduction.

② 余谋昌：《建立河流生命伦理观》，《人民日报》2004年12月21日。

行物质和能量交换；自我修复；等等。侯全亮、李肖强在《河流生命危机与河流伦理构建》一文中，根据河流形成、运转的自然规律，认为河流自然生命的特征：(1) 是“庞大水系，具有完整的生命形态”；(2) 是“开放的动态系统”；(3)“与生物多样性共存共生，构成了一种互相耦合的生态和环境与生命系统”，构成河流自然生命的各个基本要素，分别显示了河流自然生命的不同指标。以余谋昌为代表的学者从自然科学的角度出发，认为：“河流生命是指河流生态系统整体的生命。在作为天然地表水流，以一定的基本水量及在固定的河道内，以稳定的、正常的河流量为特征。但是，基本水量的流动只是它的必要条件，作为完整的生命系统，除了基本水量及其流动这一重要因素外，还有其他也是重要的方面，例如河流及流域的动物、植物、微生物和各种环境因素，以及所有这些因素的相互作用，这是一个动态的、有机的生命整体。”① 这种观点认为，根据自然规律与社会规律共同作用的程度，河流自然生命可以分为，天然河流自然生命、人化河流自然生命和人工河流自然生命三种类型。

关于河流文化生命，张真宇和乔清举认为，是指河流不作为纯粹自然现象而作为人类文明史的一部分所具有的生命，是河流对人类精神生活、文化历史和文明类型的积极的启示、影响和塑造。② 河流文化生命不是静态的、单向度的，是人与河流相互交往、对话、诠释的产物。其表现为人与河流的相互交往所形成的理念，是人与河流关系的升华，表达了人与河流的互动和同构。河流文化生命具有历史性、整体性和多样性。以刘福森为代表的学者从精神文化角度的探讨证明了这一点。他们认为：“维持河流的健康生命，绝不能忽视她的人文特征。世界上不同的河流，养育了不

① 余谋昌：《关于河流生命伦理问题的讨论——答张博庭教授》，《水利发展研究》2005 年第 6 期。

② 乔清举：《河流的文化生命》，郑州：黄河水利出版社，2007 年，第 43—44 页。

同的明族和人种，形成了不同的文化。维持河流的健康生命，应当强化人们对河流这一功能的重视和敬仰，甚至把具有某一流域特征的思想文化特点，作为河流不可分割的重要组成部分来看待。”① 换言之，不同河流、不同人种、不同民族、不同的耦合进程，孕育不同的河流文化生命。要破除完全从科学理性、工具理性的思维方式和功利主义的价值取向出发去理解河流生命的做法，用心去感受、体验、考量、才能真正确定起来河流生命健康的概念，才能使河流以一个纯洁、善良、平和、美好的形象呈现于世界，才能感受到用工具无法看到和体验的真正的河流生命。

事实上，正如一些学者所意识到的，河流生命应该从河流的自然属性与社会属性相统一的角度去把握，才能真正领悟河流健康生命提出的理论价值和现实意义。② 因为河流自然生命是河流文化生命的基础，河流文化生命是河流自然生命的升华和延续，河流文化生命与河流自然生命相互依存，两者的关系归根结底是物质和精神、存在和意识的关系。

河流生命是以水为根本，以流动为命脉，以大气循环为动力，以河道、河床、流域为载体，以河流与人类、生物和非生物的复合生命体为主体而形成的生生不息的生命体系。实质是生命与非生命物质或环境的有机统一体。其基本内容包括：河流是有生命的，不仅有自然生命而且有文化生命；河流自然生命和文化生命都有形成与发展的规律和过程；河流自然生命是生物圈生命的重要组成部分，具有生命群落与水环境协同进化的属性，河流文化生命则是长期以来人类在与河流相互交往、对话和诠释的实践过程中创造的精神产物。观、类、比、兴是河流文化生命获得的主要方

① 杨松林、彭立新：《浅谈黄河健康生命的基本特征》，《黄河报》2004 年 5 月 7 日。

② 参见李林、金琪、肖大明：《论黄河健康生命本质的多元性》，《人民黄河》2005 年第 11 期。

式，是人类追求精神自由的智慧结晶。

“河流生命”论的提出和论证是调整人与河流关系的重要手段，其终极目的，不仅仅是追究对河流的利用方式，利用得合理不合理，更重要的是要确立一门河流生命学及其研究的社会建制，使河流生命学的理论研究、宣传教育和直接行动三位一体，并自觉地内化为一种人与河流关系的伦理，提升为对河流生命的道德义务和责任，推进人与河流相互依存意识和信念的养成，以生态整体论的哲学基础，重新确立河流母亲的信仰。

2．“河流生命”论的自然观基础

人类对水的认识和情感表达更多的是基于与江河湖海等具象化的水体相交道的实践。其发展大致可分为三个阶段：水体的神化或妖魔化阶段、水体的驯服阶段、人水和谐阶段。这个过程也是自然哲学由“活物论”、“万物有灵论”、“有机整体论”发展到“主客二分”的机械论自然观的过程，是哲学不断地重新解释人与自然、人与水体关系的过程。其间哲学自然观经历了有机整体自然观、机械论哲学、生态整体论自然观等三次重大转向，并伴随着神学自然观、辩证唯物主义自然观等多种样态，而“河流生命”论的自然观基础是生态整体论。

一是以亚里士多德、阿奎那等为代表的目的论自然观虽然强调自然本身具有目的性、秩序性、规则性，但人类才是具有选择行为的理性存在，因而其终极走向是人类中心主义的。古代西方目的论哲学的突出代表人物亚里士多德认为，自然哲学的任务和目的就是要追寻事物的原因，原因有四种，即质料因、形式因、动力因、目的因，而这三种原因常常可以合而为一，实际上只有质料因和形式因两种。由于在解答“为什么”这类问题时，必须要根究到质料、形式、原动力，所以，质料、形式与目的之间必然存在内在的联系。同时，亚里士多德认为：“自然就是目的或为了什么。”① 因此，自然的概念是理解亚里士多德目的观念的基本前提，也是目的论哲学的理论基础。然而，亚里士多德并没有把目的论哲学思想贯彻到底。探究到原动力、事物本质等哲学的基本问题时，仍然要去寻找外在于自然事物的目的因：第一推动者、宇宙的最高目的、纯粹的最高形式，这是世界上一切事物包括人类的目的的最终根据，这样就把最后的目的因归结为超越自然事物和世界之上的上帝或神。亚里士多德认为，这种目的论可用于所有的自然物体，包括人类。万事万物皆有其自然行为和功能，当其功能、潜能能够发挥出来的时候，就是完善的。总之，每个活动都有其完善的一面，任何物的完善就是能完全实现其自然行为。按照亚里士多德目的论哲学推断，人类是地球的中心，是世界的主宰。因为地球是宇宙的中心，而在地球上，一切万物都是围绕着人类而存在、发展。因此，可以说，西方传统哲学征服自然、改造自然观念的理论缘起于亚里士多德。欧洲中世纪神学目的论的代表阿奎那，将基督教神学与亚里士多德的科学伦理相结合，把亚里士多德的目的论解释为上帝存在本体论证明的重要证据，认为所有客体的特征和行为都来自上帝的构想。上帝被假定为绝对的善，自然发现的目的就是上帝的意志，自然秩序就等同于道德秩序。在此理论中，自然法则包括在自然中发现的描述性的规律都是神所计划的，是应当遵守的规范性的法则。在此伦理传统中，人代表上帝统治和掌控自然。因此，在目的论自然观视域中，人、水体和其他自然物体在本原上是一元的，但其地位、作用、价值和使命有所不同。水体是无机的事物，它和自然万物一样服从于人类理性并为人类服务。

二是古代“物活论”、“万物有灵论”和有机整体论是原始人类和早期先民本能地依赖自然生活而对自然有一种与生俱来的膜拜心理，在思想认

① ［古希腊］亚里士多德：《物理学》，张竹明译，北京：商务印书馆，1982 年，第 48 页。

知上还不知道区分人与自然、主体与客体、精神与物质，对人与事物之间的关系的认识更多地是基于主观直觉、观察体悟而得，一切现象在他们眼中是神秘、“互渗”的，现象的背后隐藏着一种神秘的力量。生产力的不发达严重制约着人与人之间的关系，使人与人之间的社会关系长期规约于最狭隘的自然形成的血缘、婚配关系之中。这种生物性的社会关系反过来又影响着人们对自然的关系和意识。使人与人、人与自然的关系显得混沌不分。如图腾崇拜、女娲、大禹、河神、海龙王、湖怪等传说，都是人神不分，人对自然物体、自然力认识不清。因此，人类早期的这些自然观只是一种存在论或本体论的学说，谈不上对自然的科学认识，而“河流生命论”是以现代生物学、生态学、系统科学、生命科学等为科学基础的。

三是随着生产力的发展、社会分化的加剧和近代科学的兴盛而形成的机械论自然观，冲破了自然巫术的神秘外衣，张扬人的主体理性。例如，培根的名言“人是自然的解释者”，他认为人借助实践哲学就可以使自己成为自然的主人和统治者。法国的笛卡尔以“我思故我在”的哲学思考奠定了西方现代哲学的二元论基调。牛顿等科学家在完成近代科学庞大体系建构的同时则把整个世界图景机械化了：自然不再是有机体，不再是神秘不可测或神圣不可触犯的，而是一架机器，一架被它之外的理智设计好的机器，它等待人去识别、组合。就这样，自然被彻底物件、器具化了，人的理性和主体地位则得到了前所未有的提升。机械论自然观是人类解读人与自然关系的重要范式，它极大地弘扬了人类主体的能动性，推动了生产实践和科学实验的发展，加速了人对自然的认识和改造，但也反映了人类作为物种个体所具有的狭隘性、片面性，它所理解的自然及其价值有着不可避免的时代局限性，整个自然界包括河流都是人类征服和统治的对象，水问题、水危机也正是这样的自然观指导下累积而成的。

四是19世纪中后期以来，以研究关联为对象的系统科学、生态科学的发展，逐步揭示了自然界的联系和整体性，在理论上为“河流生命论”

和生态哲学、生态伦理学提供了思想启发及科学依据。生态学研究从个体生态学、种群生态学、群落生态学到生态系统生态学、地球生物圈生态学的深入发展，日益揭示了生物与环境在生物的生存、进化过程中实现共同进化，促进共生发展的普遍联系性和生态整体性，它使人们能够从相互联系的共同体的角度，把人类的关怀与尊敬扩大到大地、水体和整个自然界。“当代生态哲学就是基于生态学的形而上学。”[1] 也正是基于生态学的形而上学发展，产生了关于道德共同体和生命共同体范围的新的差异化认知，形成了基于共同体范围的生态伦理学的流派。如生物共同体、生命共同体、大地共同体等。

“河流生命”论的提出不仅反映了当代生命观的改变，而且是以自然观的变革为前提的。“河流生命”论的生命观既不是通常所谓生理学定义上的生命观，即“具有进食、代谢、排泄、呼吸、运动、生长、生殖和反应性功能的系统”，也不是生物学 / 生物化学意义上的“生命是由核酸和蛋白质等物质组成的多分子体系，它具有不断自我更新、繁殖后代以及对外界产生反应的能力”，也不是遗传学所谓的“通过基因复制、突变和自然选择而进化的系统”，[2] 等等，而是以系统论、整体论、自组织理论等为知识谱系提出的新生命观。正如贝塔朗菲所说：“在铅、水、植物纤维素都是物质的意义上，不存在‘生命物质’，因为从中任取的部分显示出与其余的部分有相同的性质。而生命与个体化和组织化的系统是密切联系的，系统的毁坏，导致生命的终结”。[3] 他认为每一个有机体代表一个系统，系统是由处于共同相互作用状态的诸要素构成的一个复合体。贝塔朗

① 叶平：《生态学的形而上学》，《环境与社会》1999 年第 3 期。

② 《简明大不列颠百科全书》第 7 卷，北京：中国大百科全书出版社，1986 年，第 165 页。

③ ［奥］路德维希 · 冯 · 贝塔朗菲：《生命问题——现代生物学思想评价》，吴晓江译，北京：商务印书馆，1999 年，第 17 页。

非强调生命的整体性，认为生命现象不能分解为孤立的部分，整体有超出部分的总和的性质，这就是生命的“组织问题”或说自主性问题。同时，他还进一步指出了生命的层次性和共生现象。提出“不仅相同有机体的联合，而且不同物种的联合都可以形成更高有序的系统”。[①] 较低等级的有机体可寄居于较高等级的有机体内，进而形成一个共生的整体。比共生现象更为高级的系统是“某一区域的动物群和植物群落（生物群落），诸如一个湖泊或一片森林，并不只是许多有机体的聚集体，而是受确定规律支配的单位。生物群落被定义为‘在动态平衡中维持自身的种群系统’”。他认为最后的、最高的生命单位是“地球上整个生命界。如果一群生物体被消除，那么整个生命界必定会达到新的平衡状态或平衡被破坏的状态”。“生命之流只有在所有种群的有机体之间连续的物质流中才能维持。”[②] 这种生命观和自然观支持生命界和非生命界构成一个连续的整体。譬如不同的生物群落与河流山川的整体性、连续性和共生性。古代“不与河争地”的原则思想也表明了人对于尊重河流生存权利与维系河流与人类共生互利关系的深刻理解。盖娅学说则明确提出：“地球就是一个活的生物，自行调控其环境，使其适合生命的生长”[③]，即地球就是一个具有一定意义的生命体。

现代生态学的地球生物圈理论、有机系统演化的自组织理论、耗散结构论、协同论和超循环论等为新的生命观、自然观奠定了新的科学基础。让人们认识到生物生态系统是开放的、多层级的、活的系统；是动态的、

---

① ［奥］路德维希·冯·贝塔朗菲：《生命问题——现代生物学思想评价》，吴晓江译，北京：商务印书馆，1999年，第55页。

② ［奥］路德维希·冯·贝塔朗菲：《生命问题——现代生物学思想评价》，吴晓江译，北京：商务印书馆，1999年，第55—56页。

③ ［美］克里斯蒂安·德蒂夫：《生机勃勃的尘埃——地球生命的气韵和进化》，王玉山译，上海：上海科技教育出版社，1999年，第286页。

远离平衡的非线性系统；是“万物皆流”、一切都在生成着并消失着的系统；生命演化由低级到高级、由简单到复杂、由无序到有序不断地循环往复；系统内各子系统之间通过非线性的相互作用产生协同效应，而系统中的生物分子借助超循环形式可形成稳定形式，沟通化学进化和生命进化的联系，使系统成为活的生生不息的系统。河流生命以河流生态系统为单位，其生命活性小于生物生命，大于无生命体的活性。它与其他生态系统相互作用、相互依存，形成协同进化的超循环生命系统。因此，新的生命观承认生命的广泛性、层级性、整体性，是动态的、开放的、进化的生命整体。其自然观基础显然是生态整体论而非机械论的。这种生命观内在地要求重新认识和定位河流，重新认识和定位人与河流的实然和应然关系，重构人水相交道的原则，以维持河流健康生命，确保人类的可持续发展生命之基。

二、“山水林田湖草是一个生命共同体”的自然观

“山水林田湖是一个生命共同体”是习近平总书记于2013年11月在《关于〈中共中央关于全面深化改革若干重大问题的决定〉的说明》中首次明确提出的。其内容为：“山水林田湖是一个生命共同体，人的命脉在田，田的命脉在水，水的命脉在山，山的命脉在土，土的命脉在树。用途管制和生态修复必须遵循自然规律，如果种树的只管种树、治水的只管治水、护田的单纯护田，很容易顾此失彼，最终造成生态的系统性破坏。”[①]2017年10月18日至24日，习近平在中国共产党第十九次代表大会报告中进一步将“山水林田湖”阐发为“山水林田湖草”，以人与自然共谐共生为

① 习近平：《关于〈中共中央关于全面深化改革若干重大问题的决定〉的说明》，《人民日报》2013年11月16日。

价值取向，明确提出要“像对待生命一样对待生态环境，统筹山水林田湖草系统治理”①。这就为把山水林田湖草纳入尊重自然生命的生态伦理奠定了哲学基础。

“山水林田湖草是一个生命共同体”包含三层含义：首先，山水林田湖草是有生命的，而主客二分的机械自然观则把山水林田湖草等作为无生命的客体排斥在生命系统之外，认为只有人类或者人类和生物才是有生命的。因此，这属于超越近现代生命观而提出的新生命观。

其次，拓展了生态伦理学“生命共同体”的边界。传统的伦理学就是人际关系的伦理学，其实质就是人类以道德的形式对社会共同体中成员的利益进行调节，以维护人类正常生活所必需的社会秩序。生态伦理学则将伦理道德的边界拓展至非人类生命成员甚至整个自然界。因此，其生命共同体也呈现向非人类生命拓展的趋势。例如，美国的利奥波德在《沙乡年鉴》一书中，明确提出了“大地伦理”，把“共同体”的界限扩大到包括土壤、水、植物和动物在内的“土（大）地”。② 利奥波德的大地共同体或生物共同体实际上是指整个地球生态系统，是尝试建立一种把地球生态系统置于道德视野之下的全新伦理理论，它以是否有利于地球生态系统的和谐、稳定和美丽作为判断人的一切行为是否正确的最终标准。不过，这种生物共同体和大地共同体过分强调共同体成员本质的普遍性而忽视了生命的层级性、差异性和多样性，特别是人与自然万物的联系与区别。对此，“河流生命”论坚持“两个有利于”的标准，即“有利于人类，有利于生态”的原则，将河流视为生物与非生物的生命共同体。这是对西方生态哲学中

---

① 习近平：《决胜全面建成小康社会 夺取新时代中国特色社会主义伟大胜利》，北京：人民出版社，2017 年，第 24 页。

② ［美］奥尔多·利奥波德：《沙乡年鉴》，侯文蕙译，长春：吉林人民出版社，1997 年，第 193 页。

“共同体”理论超越。但其局限是未明确将人类及与河流相关的复合生命体如山田林湖草等纳入研究的范围，因而难以揭示河流与其他水体及复合生命体的内在关系。也有学者坚持认为“生命共同体”作为生态伦理学研究的基础范畴其成员必须是生命主体或由主体组成的群体，“土壤、水体、空气等只是组成生态系统的无机的环境因素，它们没有生命，也就不在乎自己的生存利益，因此，生命共同体就不能直接等同于生态系统，也就不应该包括这些无机的环境因素，它们不能单独成为生态伦理关心的道德对象。”[①] 这实质上是在否认生物共同体的同时又将生命共同体限制于人类与非人类生物生命的范围之内，进而在一定程度上背离了“生命共同体”理论发展的趋势，脱离了生态环境保护的现实需要。

最后，“山水林田湖草是一个生命共同体”是系统论和整体论，是基于超循环的、协同共进的生命共同体观念。其中的人、田、水、山、土、湖、林等都不是个体意义上的，而是作为由各子系统构成的、内在命运相连的整体性生命共同体，强调要认识并遵循生命共同体的整体性规律，承认其生存和发展的内在联系，以便协调各个生命子系统的生态修复和环境保护，确保共同体成员的协同进化。最终消除因顾此失彼而造成生态的系统性破坏。因此，“山水林田湖草是一个生命共同体”使生命共同体的界限从人类扩展成为“人类—生物—非生物”合而为一的复合“生命共同体”，这就为全面而系统地阐明人类对自己的同类和对生物、非生物所应该承担的不同道德义务奠定了重要理论基础。

因此，“山水林田湖草是一个生命共同体”观念是对生态整体论关于人与自然关系认识的深化。正如上文所说，随着科学认识的深入，人们的生命观和自然观发生了前所未有的变化，其总的趋势是打破本质主义还原

① 佘正荣：《生命共同体：生态伦理学的基础范畴》，《南京林业大学学报（人文社会科学版）》2006 年第 1 期，第 19 页。

论的思维方式的局限性，向着肯定生命和非生命的一体性方向发展。这种一体性趋势不仅在生命的广泛性范畴下，承认泥土岩石、河流、山脉、太阳、地球、地球生物圈、生态圈是有生命的，而且认同生命表现形式的多样性，如土、石的自我保持性，山林的生长性，人类遗传基因 DNA 的自我复制性等。不同形式的生命构成生命的层级体系，而人不是生命层级序列的终点。不同层级的生命活性不同，但同根同源，都是自然造化的产物，是动静相依的命运共同体，构成了相互理解、相互诠释、相互适应、相互作用的整体生态圈。这种整体性不仅体现在一个在时空上孤立的个体上，而且反映在不断扩大的、甚至时空分离的系统层面上。如一个生态系统、一个生物群落、直至整个地球全体、宇宙全体都可以视为一个整体。因此，贝塔朗菲认为，只有从整体的观念出发，才能把生命的特征赋予这些对象。宇宙作为一个整体，也是有生命的。中国现代哲学家梁漱溟先生也曾说，宇宙是一个大生命。这无疑是一个洞见。山水林田湖草作为一个生命共同体其生命观是超循环论的，自然观是超生态系统和生物群落的生态整体论。

“河流生命”论和“山水林田湖草是一个生命共同体”的提出，标志着人们生命观和自然观的转变，这对大力推进生态文明建设无疑具有重要的指导意义。然而，就自然观理论的发展逻辑和现实依据而言，探索人水和谐的水生态文明建设之路必须整合和重构水伦理自然观。

三、辩证唯物的生态整体论自然观

水伦理自然观的整合和重构需要直面和接受两方面挑战：一是在理论层面接受“自然终结论”、“自然死亡论”、“伪自然”论等理论的挑战，回应中西方自然观转变中以生态整体论自然观（或说新有机论自然观）为代表的包括“荒野”自然观、自然权利论、自然价值论、河流生命论、生命共同体论等理论观点。二是在实践层面，破除“增长的极限”，直面可持续发展和大力推进生态文明建设的生态瓶颈，实现人与自然和谐发展的挑战。为此，我们必须重新思考和界定两个相互关联的基本问题，即什么是自然、人和自然的关系问题与什么是人、人应该如何善待自然的问题，从自然、人、社会等三个维度重新考察并建构水伦理自然观。

1 生态整体论自然观核心理念和理论局限

以生态整体论自然观为代表的当代新自然观因其吸纳了20世纪以来系统科学、生态科学等自然科学的成果并获得了形而上的生态哲学和道德哲学的支撑而受到中西方众多学者的认同。

一方面，生态整体论提供了不同于机械论自然观的、重新解读人与自然关系的系统的或生态的新范式。第一，它以生态整体论解构了以分析还原为特征的机械论，推动了自然观从部分到整体的转换。它认为自然是有机的整体，主张整体大于部分，部分之和不等于整体；从最终意义考虑，部分仅仅是网上的一个模式或节点，部分的性质只有通过整体的动力学才能得以理解。第二，整个自然界是个不断进化的关系网，整个关系网是内在的、动力学的。每种结构都不过是一个内在过程的表现，主张从结构到过程的转换。第三，主张客观与“认知”、“是”与“应该”的联系。提出认知与实在密切相关，认为认识论不可避免地成为科学理论的一个整合部分。第四，否定“建构”，反对把知识比做由基本定律、基本原理、基本概念等为基础组成的建筑物的建造观念，主张无基础存在的“网络”观念。第五，主张从真理到似真理描述的转换。提出科学只讨论对实在的有限的和近似的描述，不涉及在描述与被描述现象之间精确对应意义上的真理。生态整体论自然观否定了把自然当作可以任人宰割的机器，强调自然万物的有机联系性、系统整体性和进化过程性。作为一种新范式，它改变了科学世界图景的表述方式，把万事万物联结为了一个有机整体，为自然的复活或返魅自然奠定了一定的思想基础。

另一方面，生态整体论自然观以自然价值论为核心，以现代生态思维确立了认识自然的新的知识体系和价值评判体系。它认为万事万物作为一个有机整体，不仅相互间存在因果和概率关系，而且具有“意义—价值”关系，它使得事实与价值的传统分界变得模糊了：“所是”与“应是”之间在推移、过渡。正是在这个意义上，罗尔斯顿认为，这个世界的实然之道蕴含着它的应然之道，在很大程度上我们的价值观与我们生存于其中的宇宙观保持一致；把自然哲学和生态哲学结合起来才能真正理解生态伦理学。① 因此，生态整体论的自然价值观不仅认为自然有外在价值，而且有不以人的意志为转移的内在价值、生态系统价值；不仅人能创造价值，而且大自然也创造价值，人不是价值的唯一创造者；承认价值关系是普遍存在的，其实现方式是多种多样的；承认人是价值评价的主体，但又认为人作为价值评价主体也是大自然创造的产物。这种自然价值观对以人为唯一尺度的传统价值观具有颠覆性的意义，有利于确立一种对待自然、人、人和自然关系的新态度和信念。

然而，生态整体论自然观作为一种新的自然观也存在着明显的理论缺陷。它以自然生态系统的完整、稳定和美丽为评判是与非、好与坏、善与恶的尺度，具有生态中心主义的价值取向，在强调自然整体性的同时贬低人的主体精神及其在自然中的地位和作用，混淆整体自然和人化自然的概念，因而在理论上陷入关于整体论和价值论的片面深刻。

迄今为止，作为整体而存在的宇宙自然并非都在人的认识和实践范围之内，因此，整个自然界可区分为自在自然和人化自然。自在自然是无限性，人化自然是有限性的，两者既辩证统一又相互转化，其转化的途径是

① 参见［美］霍尔姆斯·罗尔斯顿：《环境伦理学：大自然的价值以及人对大自然的义务》，杨通进译，北京：中国社会科学出版社，2000 年，第 313、448 页。

人的认识和实践。生态中心主义的整体自然观的理论缺陷：

一是混淆了整体自然和人化自然的概念，那么，在人口持续增长、科技发展有限的情况下，整体自然确切地说是自在自然的无限性没了，人类可持续发展的希望也就没有了，“悲观论”、“极限论”、“末日论”由此而生，对人化自然有限性的认识也陷入无限放大的误区。没有自在自然与人化自然之分，两者的相互转化就不复存在，人化自然终结了自然也就死了，特别是适合人类生存的地球生物圈的终结。殊不知以科学技术为先导的现代生产力已将地球生物圈甚至部分天体转化成了人化自然，即便地球生物圈没了，宇宙自然仍将存在。

二是过分强调自然的整体性和自然价值而贬抑人的价值、地位和作用，导致人的价值和主体精神被自然遮蔽，生态环境危机的真正根源难以被科学揭示。例如，导致人与自然之间新陈代谢关系断裂的中心城市论、增长极理论、生态殖民论都是顺应资本逻辑的理论，高楼大厦、“扒路军”都是人化自然再建、重建的过程，并非遵循自在自然与人化自然转化的逻辑而是逆自在自然与人化自然转化的方向的，因为自在自然与人化自然的转化是扩展型而非集聚型的，转化的实质是外扩人化自然的边界，是人与自然进行物质变换的本质力量不断增强的表现。不加区分地强调自然的整体性和价值性而对于人化自然的主体缺乏应有的价值关照，那么，人化自然环境问题的深层根源就无从揭示，环境保护和生态文明建设就会遭遇主体缺失的困境，自然、人、社会等三者之间新秩序的建立只能是空想，人水和谐、人与自然和谐当然也无从谈起。生态整体论把人类降为自然界的普通成员，以多主体取代人类主体，这不是人类自觉的表现，而且贬低了人类的道德自觉。

三是具有无限扩大人的生态环境保护责任的趋势。生态环境问题不管是局域性的还是全球性的，都是人化自然的问题，人类要保护的是人化自然而非整个自然界或自在自然。因此，生态环境保护是有边界的。让人类承担环境保护的无限责任，施行无限保护，其结果只能是适得其反，不仅什么也保护不了，还会束缚可持续发展的生态思维，使保护误入歧途。人类要保护的不是整个宇宙自然，即使人类和地球都没了，宇宙自然将依然存在。无限扩大生态保护或生态伦理的边界是不科学、非理性的。人化自然是有限的但存在着无限发展的希望，但这种有限与无限统一人与自然之间进行物质变换的实践，是人类实践历时性和共时性、合规律性和合目的性的统一。处于人类认识和实践之外的自在自然根本谈不上保护和如何保护的问题，只有进入人类认识和实践领域的自然才是人类需要保护的。

辩证唯物的自然观克服了人类早期对自然的神化和崇拜思想，系统而科学地回答了什么是自然、为什么要保护自然以及如何保护自然这几个人类社会可持续发展所要解决的根本问题，恢复了人类对自然的主体地位和自然对人类的有用性以及自然的价值，指明了人与自然和谐发展的方向。因而整合辩证唯物论自然观和生态整体论自然观不仅可以克服生态整体论自然观的理论缺陷，而且能更加科学和完备地反映当代自然观的内在逻辑。

2. 辩证唯物论自然观的科学性和时代性

辩证唯物论自然观与生态整体论自然观相比较而言，其科学性和完备性是显而易见的。

第一，辩证唯物论自然观坚持物质世界的唯物主义一元论，认为自然界是客观存在的、是物质的，物质是运动的，物质运动是有规律的，规律是不以人的意志为转移的。“世界的真正的统一性是在于它的物质性”；辩证法的规律则“是自然界的实在的发展规律”，它是从自然界和人类社会的历史中抽象出来的，是历史发展的这两个方面和思维本身的最一般的规律，包括量变质变规律、对立统一规律、否定之否定规律等。辩证唯物论自然观虽然认为规律是客观的、不以人的意志为转移，但又强调规律是可知的，人类可以认识和利用规律。规律具有稳定性和重复性，因为规律是事物内在的必然联系，是现象中的同一，犹如儒家所谓“理一分殊”的“理”。认识规律的最根本途径是实践，包括生产实践、生活实践和科学实验。因此，坚持“物质第一”和辩证法规律的本体论，使辩证唯物论自然观成为去神化的更加科学的自然观。基于20世纪以来现代科学最新成果的生态整体论自然观虽有意于批判基督教的创世说却对上帝持保留态度。这使它难以去除神的烙印，并因此使其科学性受到牵制。以不以人的意志为转移的内在价值论为理论核心则混淆了本体论和价值论的关系。

第二，辩证唯物论自然观在强调自然整体论的同时，主张将自然区分为自在自然和人化自然，认为自在自然和人化自然之间辩证统一，并可以相互转化。已进入人类视域的“荒野”自然不过是人类认识和实践程度相对较低的人化自然。辩证唯物论自然观认为，所谓自然是客观存在的物质世界，它包含自在自然与人化自然。自在自然包括人类历史之前的自然，也包括存在于人类认识或者实践之外的自然。人化自然则是指与人类的认识和实践活动紧密相连的自然，也是作为人类认识和实践对象的自然。因为我们“周围的感性世界决不是某种开天辟地以来就已存在的、始终如一的东西，而是工业和社会状况的产物，是历史的产物，是世世代代活动的结果，其中每一代都在前一代所达到的基础上继续发展前一代的工业和交往方式，并随着需要的改变而改变它的社会制度”。①

自在自然与人化自然相比，一方面，自在自然具有优先性和基础性。因为人的“这种连续不断的感性劳动和创造、这种生产，正是整个现存感性世界的基础，它哪怕只中断一年，费尔巴尔就会看到，不仅在自然界将发生巨大的变化，而且整个人类世界以及他自己的直观能力，甚至他本身的存在也会很快就没有了。当然，在这种情况下，外部自然界的优先地位仍然会保持

① 《马克思恩格斯全集》第3卷，北京：人民出版社，1960年，第48—49页。

着”。[1] 自在自然的优先性和基础性表明，自然不会因人类的死亡而消失，整个人类世界的存在却须臾离不开自然。另一方面，自在自然是无限的，人化自然是有限的。正是在包含了自在自然的意义上，列宁认为：“自然界是无限的，而且它无限地存在着。”自在自然随着社会发展而逐渐转化为人化自然，但是，这并不意味着两者的转化能与社会发展同步或者处于同一水平，因为这种转化是有前提和规律的。时至今日，自在自然的无限性依然存在，劳动、创造和生产仍然是自在自然向人化自然转化的基本途径。

第三，人是自然造化的产物，是人化自然的主体。生态整体论笼统地把人变成整体自然的“部分”或“普通成员”致使其关于人与自然关系的认识陷于片面。从起源论或生成论的角度而言，人及其社会的出现是自然界长期发展的产物，必须承认并依赖自然界的先在性和基础性。从人与社会的可持续发展角度考察，人类及其社会从自然界中“提升”出来，并不意味着人类社会可以离开自然界来获得发展。一方面，人类社会作为自然界进化的高级阶段，它的存在和发展必须以自然界为基础和前提，它必须遵循自然界发展的客观“尺度”，并通过认识和实践不断把握自然界的本质和规律，将其“内化”为人的主观构成，即“自然人化”；另一方面，作为自然界的特殊部分，人类不但能利用自然界，而且能够按照自己的主观“尺度”，在自然界打上人的本质烙印，营造“人化自然”。对人而言，“凡是有某种关系存在的地方，这种关系都是为我而存在的；动物不对什么东西发生‘关系’，而且根本没有‘关系’；对于动物来说，它对物的关系不是作为关系存在的。”[2] 因为人才是有意识的最高级动物。

第四，在思维方式上，辩证唯物论自然观认为辩证法对自然界的理解是“活生生的”，只有坚持辩证法才能理解一切现实事物。它主张“辩证

① 《马克思恩格斯全集》第 3 卷，北京：人民出版社，1960 年，第 50 页。

② 《马克思恩格斯选集》第 1 卷，北京：人民出版社，1995 年，第 81 页。

法是唯一的、最高度地适合自然观的这一发展阶段的思维方法”；“承认整个自然界的统一，存在普遍联系，可以把包罗万象的发展过程、把自然界的所有领域、它们的全部现象贯穿和有机地联起来”。生态整体论自然观强调生态整体思维，也认为自然是动态变化的有机整体、是普遍联系的。辩证唯物论和生态整体论都承认平衡，并认为平衡是相对的、暂时的。因为“自然界中的整个运动的统一，现在已经不再是哲学的诊断，而是自然科学的事实了”。不同在于前者强调平衡与运动的关系，后者则更倾向于平衡是进化的一种顶级状态。

辩证唯物论自然观的历史意义在于：（1）适时地总结了代表19世纪科学的最高成就，揭示了自然界运动过程中的联系、变化和发展，“新的自然观的基本点是完备了：一切僵硬的东西溶化了，一切固定的东西消散了，一切被当作永久存在的特殊东西变成了转瞬即逝的东西，整个自然界被证明是在永恒的流动和循环中运动着”①。（2）批判性地吸取了人类哲学史上自然观的优秀成果，它是在对机械论自然观与德国自然哲学批判和超越的基础上创新的，是对黑格尔、费尔巴哈自然观的“扬弃”，它是通过对人与自然关系状况现实把握和对自然科学认识的哲学概括。（3）指出人与自然的本质关系是一种对象性关系，即人类活动实现的是自然界的对象化。这种自然观大大提高了人类对自然的认识，克服了机械论自然观的一些不足，是人类历史上自然观的最完备、最科学的形态。

辩证唯物论自然观的现实启示：一方面，在理论层面上，对我们破解所谓的“荒野”自然观、“自然终结论”和“自然死亡论”以及“返魅”自然论奠定了思想基础。它让我们充分认识到，我们生存和发展于人化自然之中，人化自然是历史与现实的辩证统一，作为历史的自然，它具有续承性；作为现实的自然，每一代人面对的自然都不一样。它与人和社会的

① 《马克思恩格斯全集》第20卷，北京：人民出版社，1971年，第373—374页。

需要密切相关，并随着社会发展方式的改变而变革其社会制度。这意味着有人所谓“伪自然”[①] 不过是人化程度较高的自然，其属性仍是人化自然。生态整体论因过分强调自然的整体性而忽视了对客观存在的自然的分析而无法澄清当下人们关于自然的歧义，甚至在一定程度上误导了人们对待人化自然的态度和信念。今天人们关切地球、关注地球生物圈的命运，是因为全球化已使整个地球变成了地球村，人化程度迫使人们“翻转”对人与自然（实质是人化自然）关系的认识。另一方面，在实践层面上，为正在受困于资源短缺的人们提供了自然资源无限的理论假设。辩证唯物论自然观的整体论是无限性与有限性的统一。生态学从个体生态学到地球生物圈生态学的发展了印证着自然有限性与无限性的辩证统一。没有无限自然的存在也就没有所谓大尺度生态系统的扩张。

辩证唯物论自然观的局限性主要体现在科学性与时代性的关系方面，它作为基于 19 世纪科学成果的自然观，不可避免地带有那个时代的印痕，在一些具体问题的理解上并没有彻底摆脱机械论自然观的影响，对当代科学所揭示的人与自然关系的多样性、复杂性、不确定性等不可能有系统的理论观照。正是在这个意义上，我们主张将辩证唯物论自然观与生态整体论自然观有机整合，提出并论证其内涵和内在逻辑。

3. 辩证唯物的生态整体论的合规律性

辩证唯物的生态整体论不是辩证唯物论自然观和生态整体论自然观的简单整合，而是一种基于宇宙哲学基础、文化基础、现实基础的根本的内在超越，它的终极目的是要实现人与人、人与自然的和解。

第一，辩证唯物主义的生态整体论提出以“主客融合”为前提成为主导性思潮。从理论上看，“主客二分”在黑格尔以后就受到尼采、海德格尔

---

① 转引自董光璧：《当代新道家》，北京：华夏出版社，1999 年，第 11 页。

等现当代哲学家的批判否定。“主客融合”的主导性思潮认为：人生存于自然环境中，是自然的产物，依赖于自然；人是有限的，自然是无限的。这从根本上决定了人不可能以征服者的身份对待自然。如果一味地强调科技的先导性和人的主观意志，那么，人类一定会遭遇主客背离的灾难。

第二，生态整体论的发展并不排斥人们对辩证唯物论的关注和信仰。例如，达尔文以来很多科学家的成果是在相信唯物论的基础上取得的。达尔文在 M 笔记中写道：“为了避免走得太远，我虽然相信唯物论，但只能说感情、本能和天才的程度是遗传的，因为孩子的脑与双亲的脑类似。”[①] 他认识到“自然界中的每一事物都是固定法则的结果”[②]。贝塔朗菲也认为：“作为一个整体的世界及其每个个别的实体，都是一个对立统一体。然而，这样的统一体在它们的对立和斗争中构成和保持了一个更大的整体。”[③] 与此同时，生态整体论的研究带动了生态社会主义、生态马克思主义、马克思主义生态学等相关理论研究的深入，以及生态文明理论的提出，使辩证唯物论自然观及其哲学理论与现代科学的关系问题受到高度关注。

第三，是回应自然观多元化挑战的内在要求。一是关于自然概念、自然概念的应用在不同时代、不同文化区域有不同意义；二是生态危机的发生不仅使自然概念出现的频率几乎高于任何方面，而且关于自然的多重新义和规定性等既印证着自然观的新变化，又加剧了自然观的多元化。三是辩证唯物论自然观和生态整体论自然观虽自成理论体系，但两者在理论的科学性和完备性上各有优劣。比如，前者主张无神，后者主张有神；前者

① ［美］斯蒂芬·杰·古尔德：《自达尔文以来》，田洺译，北京：生活·读书·新知三联书店，1997 年，第 10 页。

② 《达尔文生平》，叶笃庄、叶晓译，北京：科学出版社，1983 年，第 50 页。

③ ［奥］路德维希·冯·贝塔朗菲：《生命问题——现代生物学思想评价》，吴晓江译，北京：商务印书馆，1999 年，第 58 页。

主张整体性与矛盾性的统一，后者更强调整体和部分的统一；前者强调规律是不以人的意志为转移的，后者则以自然内在价值为理论核心；前者主张辩证思维，后者主张生态整体思维；前者主张无限与有限、平衡与不平衡、绝对真理与相对真理、自然—人—社会的辩证统一，后者否定无限、绝对真理，更多地侧重于人与自然的整体性。因此，克服各自的理论缺陷、成功回应自然观多元化的挑战，实现协同共生，这是辩证唯物论自然观和生态整体论自然观深入发展的内在要求。

第四，综观自然观演化的相互关系，其规律和趋势如表3—1所示，随着时间的流逝和自然、经济、政治、社会和文化的发展，人类自然观先后形成了自然宗教自然观、有机论自然观、神学自然观、机械论自然观、辩证唯物主义自然观、生态整体论自然观等，不同自然观之间的相互关系，从总体上说，不同时期代表性的新旧自然观之间并不是线性取代关系而是非线性的主导与非主导的关系，是并存共生的关系，其演进的规律是与时俱进，总的趋势是日趋多元化。多元化趋势加强的直接原因在于思想文化发展的差异性，根本原因在于自然、经济和社会发展的不平衡性。

表3—1　自然观演进的规律和趋势

古代				近现代		当代	思维范式	目标	主体
						生态整体论自然观？	科学理性	合规律与合目的	人

古代				近现代		当代	思维范式	目标	主体
					辩证唯物论自然观	**辩证唯物论自然观?**	科学理性	合规律与合目的	人
				机械论自然观	**机械论自然观**	机械论自然观			
			神学自然观	神学自然观	神学自然观	神学自然观	非科学理性	合目的	
		有机论自然观	有机论自然观	有机论自然观	有机论自然观	有机论自然观			
	万物有灵论	万物有灵论	万物有灵论	万物有灵论	万物有灵论	万物有灵论			
自然宗教自然观	自然宗教自然观	自然宗教自然观	自然宗教自然观	自然宗教自然观	自然宗教自然观	自然宗教自然观			

由表3—1可知，（1）古代与近现代、当代的自然观之间存在着理性与非理性的差别。近现代以来，基于科学理性的自然观取代古代非理性自然观而主导人们的思想和行为成为一种趋势，合规律性成为合目的性的基础和前提。

（2）从古到今，自然观提出和论证的主体都是人。它是人类认知水平和实践能力变化发展的智慧结晶。离开了人的主体自觉，就无所谓自然观。因此，自然观是人的本质力量的体现。

（3）占主导地位的自然观往往是基于认识和实践的发展而形成的新自然观。然而，近现代以来，机械论自然观长期占主导地位，而辩证唯物论自然观作为一种新自然观，由于经济、政治、文化等多种因素的影响，只是在少数国家（地区）的意识形态领域占据一定的主导地位。当代生态整体论自然观以生态中心主义为价值取向，从提出至今，始终处于争议之中，能否成为主导的自然观还有待理论和实践的发展。

（4）现当代以来，新自然观主导地位的确立日益困难。究其原因主要有两个方面：一是一种新的自然观有待于实践的检验，并随着实践的发展而发展，同时，理论自身的完备、人们认识和接受一种新的自然观都有一个过程性。二是经济、政治和社会发展的不平衡性，特别是思想文化的日趋多元化，使自然观多元并存的趋势不断增强，主导与非主导的关系变得复杂而不确定。

（5）当代自然观虽然是多元化的，但基于现代科学理性的合规律、合目的、有利于人与自然和谐发展的自然观主要有辩证唯物论自然观和生态整体论自然观，而且两者的并存共荣是历史的必然。不过，两者要接受自然观多元化的挑战而成为主导自然观则有待于在相互借鉴的基础上，克服各自的理论局限，尝试展开合规律、合目的的深度融合，而不是彼此排斥。这正是辩证唯物的生态整体论的合规律性所在。

4．辩证唯物的生态整体论的合目的性

辩证唯物的生态整体论保护人化自然的直接目的就是使自然界更好地并且更有效地为人类服务。离开了以人类劳动为中介的人类与自然的实践关系，任何自然的存在也就都失去了以人类生活为判断尺度的存在意义，因而就不会存在人类如何保护自然环境这个问题。在批判黑格尔抽象的自然观的时候，马克思直接断言："被抽象地孤立地理解的、被固定为与人分离的自然界，对人说来也是无。不言而喻，这位决心进入直观的抽象思

维者是抽象地直观自然界的。"[1] 在人化自然中，人类是主体，而自然是客体。人类认识自然、改造自然以及保护自然的目的就是使自然界更好地并且更有效地为人类服务。

人类把可持续发展、生态文明建设等提上议事日程，目的不只在于维护人类与万物共生共荣的物质基础，更在于谋求人类社会的永续发展以及人与自然的和谐相处。因为人与自然万物不同，人是有意识的、能超越人自身的物质和精神需要而从事和调节人与自然之间的物质变换。例如，"动物只生产它自己或它的幼崽所直接需要的东西；动物的生产是片面的，而人的生产是全面的；动物只是在直接的肉体需要的支配下生产，而人甚至不受肉体需要的支配也进行生产，并且只有不受这种需要的支配时才进行真正的生产；动物只生产自身，而人再生产整个自然界；动物的产品直接同它的肉体相联系，而人则自由地对待自己的产品。动物只是按照它所属的那个种的尺度和需要来建造，而人却懂得按照任何一个种的尺度来进行生产，并且懂得怎样处处都把内在的尺度运用到对象上去；因此，人也按照美的规律来建造。"[2] 这是人与万物的区别之一，生态整体论没有厘清这一点，人如果只能按人的尺度来创造或评价那就不是真正意义上的"人"。自然价值论等在整体意义上强调自然能创造价值、能创造人所不能的美，并且承认人是唯一的价值评价主体。这是对的但又是不全面的，因为人也能创造自然所不能创造的价值和美。问题是人与自然的根本差别不在于能否创造，而在于意识。因为有意识所以人才能创造，才能提出不同的理论观念，才能在自然中建构出人化自然，才能"懂得按照任何一个种的尺度"来生产。前提是要承认自然的自为性。

辩证唯物的生态整体论保护自然的终极目标既在于自然生态系统是否

① 《马克思恩格斯全集》第 42 卷，北京：人民出版社，1979 年，第 178—179 页。

② 《马克思恩格斯全集》第 42 卷，北京：人民出版社，1979 年，第 96—97 页。

稳定、美丽和平衡，又还在于人的自由全面发展，追求的是人与人、人与自然的矛盾的双重“和解”。

一方面，自然生态系统的稳定、美丽和平衡可持续是人类社会全面协调可持续发展的前提。人作为自然界长期进化的产物，“我们连同我们的肉、血、和头脑都是属于自然界”。人因自然而生，人与自然的关系是一种直接的共生关系。人以自然界为客观对象，依赖于自然界为人类提供生存空间和生产生活资源。因此，“我们对自然界的整个统治，是在于我们比其他一切动物强，能够认识和正确运用自然规律”[①]，而不在于向自然“开战”。过去，我们曾高喊“让高山低头，叫河水让路”的口号，认为那是向自然开战；我们曾开山填湖，移河改道，毁林造田，认为那是人定胜天，结果导致了人与自然的对立。正如恩格斯所告诫的：“我们不要过分陶醉于我们人类对自然界的胜利。对于每一次这样的胜利，自然界都对我们进行报复。每一次胜利，起初确实取得了我们预期的结果，倒是往后和再往后却发生了完全不同的、出乎预料的影响，常常把最初的结果又消除了。”[②] 另一方面，人与自然之间的关系从来就不是孤立的，它与人与人、人与社会的关系问题密切相关，并随着人与人、人与社会的关系的变化而变化。人与人、人与社会的对立、对抗无论是过去还是现在都是阻碍人与自然之间物质流、能量流、信息流等合理循环和公正配置的重要因素。

因此，“全部哲学研究的目的，都应立足于对人、自然及其两者关系的科学认识、理论探索、历史考察和哲学反思，并在实践中建立起人与自然的和谐共存和发展”。辩证唯物的生态整体论能最恰当地反映这一哲学目的，并为解读人与自然关系提供新范式。辩证唯物的生态整体论不仅要探求自然本体论、自然认识论，而且更要阐明自然价值论，以及符合人的

① 《马克思恩格斯选集》第 4 卷，北京：人民出版社，1995 年，第 384 页。

② 《马克思恩格斯选集》第 4 卷，北京：人民出版社，1995 年，第 383 页。

本质的伦理道德观。把“人类同自然的和解以及人类本身的和解”作为最高理解，不仅要为解读自然、人、社会等三者的互动发展提供一种新的理论策略，而且旨在为人类确立一种对待自然、人和社会“三位一体”的全面协调可持续的新态度和信念，以求得“人和自然界之间、人和人之间的矛盾的真正解决”。①

5. 辩证唯物的生态整体论的内涵

辩证唯物的生态整体论对自然的界定首先是整体论的。马克思提出对自然做“人本身的自然”和“人周围的自然”的理解。② 或者说是“主体的自然”与“客体的自然”的双重组合③。恩格斯认为：“我们所面对着的整个自然界形成一个体系，即各种物体相互联系的总体。”④ 石里克在《自然哲学》中指出：“所谓自然，我们是指一切实在的东西，即一切时间和空间上确定的东西。”⑤ 罗尔斯顿在《哲学走向荒野》中强调：“自然包括任何的存在，是一切存在的总和。”⑥

其次，辩证唯物的生态整体论必须坚持唯物辩证的本体论，这是实事求是地确立水伦理价值观的生态哲学基础。这种本体论是马克思批判性地继承黑格尔辩证法思想，并把黑格尔所说的人与自然世界的统一发展为唯物辩证的有机整体论自然观。这种本体论认为世界的本质是物质的，强调

① 《马克思恩格斯全集》第42卷，北京：人民出版社，1979年，第120页。

② 《马克思恩格斯全集》第23卷，北京：人民出版社，1972年，第560页。

③ 《马克思恩格斯全集》第46卷（上），北京：人民出版社，1979年，第488页。

④ ［德］恩格斯：《自然辩证法》，北京：人民出版社，1971年，第54页。

⑤ ［德］莫里茨·石里克：《自然哲学》，陈维杭译，北京：商务印书馆，1997年，第6页。

⑥ ［美］霍尔姆斯·罗尔斯顿：《哲学走向荒野》，长春：吉林人民出版社，2000年，第40页。

物质第一精神第二，物质与精神对立统一，强调世界是有机的整体，世界上任何事物都是矛盾运动的、联系发展的，并在一定条件下可以相互转化。

最后，人是自然层创进化的产物。层创进化（emergent）强调进化过程的阶段性和质变的层次性，认为“层创进化现象在自然界中的出现是很明显的。例如，当（首先是）生命和（其次是）学习能力在没有生命的生态系统中出现时”。[①] 据此，我们可以假设宇宙自然构成了一个一体化的“象限”（这是数学的一个基本概念），并用这个“象限”来说明世界的本原和人与自然的关系，则可以清楚地认识到，宇宙自然始终是创造万物的有机整体，大自然层创进化的创生过程始终是在由宇宙、自然构成的象限中进行的。层创进化使人与自然之间形成了人与整体自然、人与自然物的二重关系，前者强调整体，后者侧重部分，两者是辩证统一的。

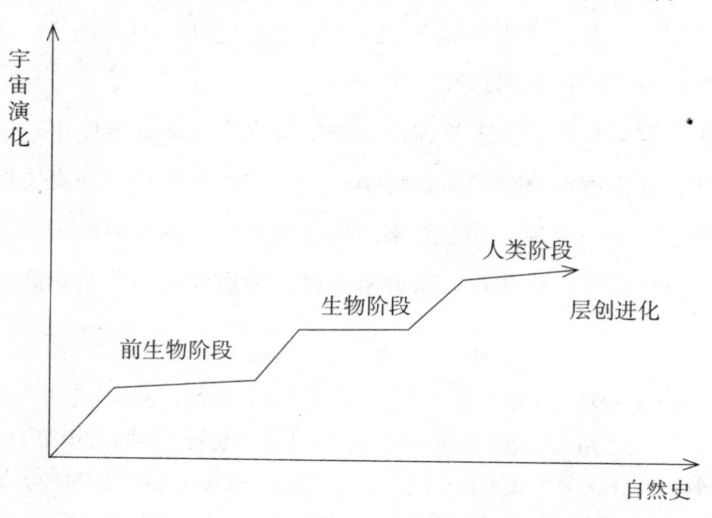

图 3—1　人是层创进化的最高产物

① ［美］霍尔姆斯·罗尔斯顿：《环境伦理学》，杨通进译，北京：中国社会科学出版社，2000 年，第 286 页。

就人与宇宙自然的整体关系而言，一方面，宇宙自然作为创生万物（包括人的）的主体不仅具有主体性、创造性而且主导层创进化的全过程，特别是这种层创进化的矛盾运动是无限的，不以人的意志为转移的，非人力可以取代。正是在这一意义上，有学者认为："大自然永远具有高于人类的主导性"，"人本身是大自然创造出来的，大自然又创造出无数人类根本无法创造的事物，那么谁更有创造力呢？当然是大自然！"[①] 另一方面，人不仅是大自然的产物，而且始终生存和发展于自然中。即便说人能巧夺天工，但人不能再造个太阳、地球和宇宙。因此，敬畏自然、尊重自然、感恩自然是人应有的道德良知，因为人连同人的创造性都是大自然赋予的。人只能而且应该生活在宇宙自然的阈值中！

在人与自然物的关系方面，虽然经历了从"前生物阶段"、"生物阶段"到人类阶段的层则进化，但人和所有自然物都是自然造化的产物，具有"物质第一性"、层创进化性、普遍联系性、协同共生性等特征。因此，坚持众生平等、人与自然万物相互联系、本质统一等是唯物辩证的本体论蕴含的基本伦理诉求，以"自然主义 = 人道主义"或者说"是人的实现了的自然主义和自然界的实现了的人道主义"为价值目标是层创进化内含的价值取向，坚持人与自然万物的本质统一就是"通过人并且是为了人而对人本质的真正占有；因此，它是人向自身、向社会的即合乎人性的人的复归"[②]，通过这种人性复归，人与自然万物（包括水）的矛盾才能得以真正解决，自然界才得以真正复活。

总之，辩证唯物的生态整体论自然观既强调自然是一种自为的力量又

---

① 卢风：《论自然的主体性与自然的价值》，《武汉科技大学学报（社会科学版）》2001 年第 4 期。

② ［德］马克思：《1844 年经济学哲学手稿》，北京：人民出版社，2000 年，第 81、83 页。

主张人类对自然的主体性。它既不同意“想象人类是相对自然的和非自然的”[1]，也不支持人类对自然的征服和对自然的破坏，而是追求人类与自然的和谐统一。一方面，人类自身就是自然界的产物，人类自身的一切都具有自然属性；另一方面，自然又是人类的无机身体，人类依赖自然而生存。因此，人类和自然是一个有机的整体，具有统一性，破坏自然就是破坏人类赖以生存和发展的物质基础，就是毁灭人类自身。“自然界，就它本身不是人的身体而言，是人的无机的身体。”[2]因此，辩证唯物的生态整体论既强调人类的主体性，也强调人类与自然的统一性，正是人类的主体性和人类与自然的统一性要求人类必须保护自然环境，因为破坏自然就等于破坏人类自身赖以存在的“无机的身体”。人与自然的关系主要是认识和改造，而非征服和统治。

① ［美］威廉·P．坎宁安：《美国环境百科全书》，张坤民主译，长沙：湖南科学技术出版社，2003年，第427页。

② 《马克思恩格斯全集》第42卷，北京：人民出版社，1979年，第95页。

第四章　水伦理的德性论

人对水的态度(义务）问题实质涉及人对自身生命和生活意义的理解，转而重视对人格、美德的树立，要求人在意识深处发生改变，达至自我实现。因此，深层生态学家德沃尔和赛勋斯强调，深层的生态学试图“超越一种有限的、零碎的、浅层的对待环境的方法，尝试表达一种综合的、宗教和哲学的世界观”①。因此，水伦理不仅要突破传统伦理学囿于人际伦理的樊篱，而且要突破近代以来伦理学中流行的重规则和义务、轻价值论和德性论的做法。它以反思人对自然的行为为出发点，致力于达成一种新的自然观、价值观以及对人格和理想社会的看法。

水伦理的德性论既包含着人与水相交往时所直觉、感悟或顿悟的道德哲学思想，也包含着基于这种道德哲学而提出的直指人的品德修养的伦理原则和道德规范。由此考察水伦理的德性论，我们不难发现其道德哲学基础源远流长且多元并流，不过中西交融乃是近现代以来的事。

纵观中国哲学的发展进程，水伦理道德哲学和伦理规范的形成和发展与人们所称颂的“百花齐放，百家争鸣”的“轴心时代”密切相关。其中影响深远的有“水德”论和“上善”论，两者的共同之处在于都以关于人的存在的人性论论证为中心内容，是以人性论为其归属的，采用的方法是

---

① Bill Devall，George Sessions，*Deep Ecology, Livingas If Nature Mattered*，Salt Lake City：Peregrine Smith Books，1985：65.

以水比德、以水喻德的“比喻”法。但两者由于所依据的哲学基础不同，因而在内容、形式、思维方式和性质上存在很大差异，不过，这种差异性并不意味着对立而是“和而不同”。正是不同的德性论成就了功在千秋的大河文明。例如，众所周知的都江堰水利工程。

如果说“水德”论和“上善”论更主要地可归属于形而上的道德哲学的话，那么贯穿古今治水实践的“利害”论则是维系国计民生、以功利标榜德性并注重原则和规范的应用伦理，其思想更多地源于几千年来人们对人水关系的直觉、体悟和实践。简而言之，“水德”论、“上善”论和“利害”论都是当代水伦理和水生态文明建设不可或缺的精神资源。

第一节 “水德”论及其哲学基础

“水德”这一概念是战国末期阴阳五行学说的代表人物邹衍（约公元前324—前250年）正式提出的。“水德”论作为一种道德哲学，它集先秦诸子特别是儒家以水论道、以水比德的道德哲学之大成，其基本思路与主张继善成性的儒家传统一脉相承。

一、以水本原论为基础的“水德”论

水本原论是古代先哲关于世界本原的理论之一。古希腊哲学家泰勒斯曾提出“水是万物的始基”，古印度哲学也有“四大”即地水火风四个物质元素作为事物本原的理论。[①] 中国不仅早就有“精卫填海”、“大禹治水”、

① 参见姚卫群：《印度古代哲学文献中的“四大”观念》，《西南民族大学学报》2012年第8期。

"女娲补天"等神话传说，而且把"水"作为生成万物的本原的多元唯物论形态。如《易》说："天一生水，地六成之。""坎为水，润万物者，莫润于水。"再如"五行"本原论和"八卦"本原论，其中"水"也是构成世界本原的物质要素之一。不过，在中国古代第一次明确提出"水"是万物本原论断并把"水"与"德"相联系的则是春秋时期的管子。

管子（公元前723—前645年）名仲，虽然被后人称为法家的代表，但对他而言其实无所谓儒家、道家和法家。不仅其生卒年代要早于老子和孔子近百年，而且其思想的综合性和实践性极强，对后世的影响远不限于法家。不仅孔子赞赏，而且主要观点被荀子所接受，三国时诸葛亮还自比管仲并终身以他为榜样。

管子因长期辅佐齐桓公争霸天下，因而对人与自然、社会形成了独到见解，是春秋前期难得的一位在政治上、思想上都卓有建树的思想家。他对水的深切认识和道德感知远胜前人。不仅明确提出了水本原论，而且阐发了一方水土养一方人的人性论，揭示了自然环境对人身心养成的重要影响。

第一，管子在《水地篇》中明确提出了水本原论和水生德性论。

他说："水者何也，万物之本原，诸生之宗室也，美恶、贤不肖、愚俊之所生也。"[①] 这段话一方面第一次明确提出了"水"本原论；另一方面阐明了水生"美恶贤不肖愚俊"的德性论。虽然在同一篇文本中也载有："地者，万物之本原，诸生之根菀也，美恶、贤不肖、愚俊之所生也"的"地"本原论，但紧接着说"水者，地之血气，如筋脉之通流者也。故曰：水，具材也"。即水是地的血气，它像人身上的筋脉一样在大地里流淌着。所以水是具备一切的东西。因此，最终《水地篇》的本原论和人性生成论落到了"水"上。"是故具者何也？水是也，万物莫不以生，唯知其

① 《管子・水地》，李山译注，北京：中华书局，2009年，第211页。

托者能为之正。具者，水是也，故曰：水者何也？万物之本原也，诸生之宗室也。”

“水”作为世界的本原，它浮天载地、无处不在；世间万物中都因集聚或多或少的水而存在；动植物的繁衍生息、形状性状也依赖于水的滋养哺育。“是以水者万物之准也。诸生之淡也，违非得失之质也。是以无不满无不居也，集于天地，而藏于万物。产于金石，集于诸生，故曰水神。集于草木，根得其度，华得其数，实得其量，鸟兽得之，形体肥大，羽毛丰茂，文理明着，万物莫不尽其几，反其常者……”[①] 在本原论意义上，人也不例外。人的身形外貌和德性也源于水、生于水。“人，水也。男女精气合，而水流形……”“(水）凝蹇而为人，而九窍五虑出焉。”[②] 这一点大致体现了中国古代哲学的本体论特征，即“中国古代哲学都没有形成像西方古典哲学中的概念本体，而是始终以天人关系来阐释世界的秩序与原因，形成了生活世界本体论”。[③] 管子的水本原论在时间上比泰勒斯的水始基论要早一个世纪，在理论形态上表现为唯物论的一无论。其特点是管子的水本原论还是道德论的哲学基础，水性是人性、道德的始基。

第二，第一次揭示了水性与人性的内在关系，初步阐发了一方水土养一方人的独到见解。

管子认为水性和人性密切相关，不同的水土特性能陶冶出不同的人性。《水地篇》载：“夫齐之水遒躁而复，故其民贪粗而好勇。楚之水淖弱而清，故其民轻而果敢。越之水浊重而自洎，故其民愚疾而垢。秦之水泔最而稽，淤滞而杂，故其民贪戾罔而好事。晋之水枯旱而浑，淤滞而杂，

① 《管子·水地》，李山译注，北京：中华书局，2009 年，第 206 页。

② 《管子·水地》，李山译注，北京：中华书局，2009 年，第 208—209 页。

③ 梅良勇、杨晶：《管子的水本原论研究》，《阜阳师范学院学报（社会科学版)》2010 年第 5 期。

故其民谄谀葆诈，巧佞而好利。燕之水萃下而弱，沈滞而杂，故其民愚戆而好贞，轻疾而易死。宋之水轻劲而清，故其民简易而好正。”意思是齐国的水迫急而流盛，所以齐国人就贪婪，粗暴而好勇。楚国的水柔弱而清白，所以楚国人就轻捷、果断而敢为。越国的水浊重而浸蚀土壤，所以越国人就愚蠢、妒忌而污秽。泰国的水浓聚而迟滞，淤浊而混杂，所以秦国人就贪婪、残暴、狡猾而好杀伐。晋国的水苦涩而浑浊，淤滞而混杂，所以晋国人就谄谀而包藏伪诈，巧佞而好财利。燕国的水深聚而柔弱，沉滞而混杂，所以燕国人就愚憨而好讲坚贞，轻急而不怕死。宋国的水轻强而清明，所以宋国人就纯朴平易喜欢公正。由此可见，在管子的思想律中，“水”作为一种自然存在，不仅会影响社会存在，还会影响社会意识，水性与人性是内在关联的。因此，他明确提出：“善治国者，必先治水”；“圣人之化世也，其解在水。故水一则人心正，水清则民心易。一则欲不污，民心易则行无邪”（《水地篇》）。圣人化育世人要从了解水情、水性入手；圣人治理国家和社会关键也在抓住了水这个问题，抓住了水这个问题也就抓住了治国治民的要害。

第三，以水比德，提出并论证仁义道德论。管子说：“夫水淖弱以清，而好洒人之恶，仁也。视之黑而白，精也。量之不可使概，至满而止，正也。惟无不流，至平而止，义也。人皆赴高，已独赴下，卑也。卑也者，道之室，王者之器也，而水以为都居。准也者，五量之宗也。素也者，五色之质也。淡也者，五味之中也。是以水者，万物之准也。”[①]水柔弱而清澈，能涤除污秽，如去除人之恶，这是仁的表现；看上去呈现黑色，而实质却是白的，这是“精”；至满而止，至平而止，体现正义；由高而低，显现出谦卑的品质。这里描绘了水的五种德性：仁、精、义、正、卑。后面又说“水集于玉”而产生九种德性：仁、知、义、行、洁、勇、精、容、

① 《管子·水地》，李山译注，北京：中华书局，2009年，第205—206页。

辞。“夫玉温润以泽，仁也；邻以理者，知也；坚而不蹙，义也；廉而不刿，行也；鲜而不垢，洁也；折而不挠，勇也；瑕适皆见，精也；茂华光泽，并通而不相陵，容也；叩之，其音清抟彻远，纯而不杀，辞也；是以人主贵之，藏以为室，剖以为符瑞，九德出焉。”这些道德概念也许不免后人在整理《管子》时有所添加，但管子德性论的核心内容确已通过以水比德得到了较为系统的阐述，充分体现管子以仁义礼智为核心的道德观。后来《荀子·宥坐》记载的孔子关于水的论述与此极其类似。

管子以水比德而提出的道德论，对后世儒、道“水德”论和“水善”论的形成具有重要影响。直至清代，刘宝楠还仿效管子的方法解释“智者乐水”说：“夫水者，缘理（按：由高而下的法则）而行，不遗小闻，似有智者；动而下之，似有礼者；蹈深不疑，似有勇者。障防而清，似知命者。历险致远，卒成不毁，似有德者。天地以成，万物以生，国家以宁；万物以平，品物以正。此智者所以乐水也。”[①]他将水的功能拟人化，与智、礼、勇等相对照，以说明水对人启迪的道德情操的意义。

第四，第一次从治水、治国、治人相互关联的角度，较为系统地提出并论证了趋利避害的水利观。管子认为趋利避害是人的本性，主张“欲利者利之”。（《枢言》）他在《度地篇》中说：“善为国者，必先除其五害，人乃终身无患害而孝慈焉。”他接着说：“水，一害也；旱，一害也；风雾雹霜，一害也；厉，一害也；虫，一害也。此谓五害。五害之属，水最为大。五害已除，人乃可治。”治水、治国与治人包括人的物质需要满足和道德修养等都是相互联系和彼此影响的。“水有大小，又有远近。水之出于山，而流入于海者，命曰经水；水别于他水，入于大水及海者，命曰枝水；山之沟，一有水一毋水者，命曰谷水；水之出于他水沟，流于大水及

① 刘宝楠撰：《论语正义》卷七，北京：中华书局，1990年，第238页。

海者，命曰川水；出地而不流者，命曰渊水。此五水者，因其利而往之可也，因而扼之可也，而不久常有危殆矣。”“夫水之性，以高走下则疾，至于漂石；而下向高，即留而不行，故高其上。领瓴之，尺有十分之三，里满四十九者，水可走也。乃迂其道而远之，以势行之。水之性，行至曲必留退，满则后推前，地下则平行，地高即控，杜曲则捣毁。杜曲激则跃，跃则倚，倚则环，环则中，中则涵，涵则塞，塞则移，移则控，控则水妄行；水妄行则伤人，伤人则困，困则轻法，轻法则难治，难治则不孝，不孝则不臣矣。故五害之属，伤杀之类，祸福同矣。知备此五者，人君天地矣。”水情、水形、水性等关乎人民的祸福、忠孝。这是统治者必须深刻认识的。因此，要“因其利”、“除水害”，通过制度变革确保兴利除害。“请除五害之说，以水为始。请为置水官，令习水者为吏：大夫、大夫佐各一人，率部校长、官佐各财足。乃取水左右各一人，使为都匠水工。令之行水道、城郭、堤川、沟池、官府、寺舍及州中，当缮治者，给卒财足……”

与此同时，管子提出只有“因天材，就地利”，才能求得“顺民心”而“威令行”、民富国强。正如《管子·度地篇》所述：“圣人之处国者，必于不倾之地，而择地形之肥饶者，乡（向）山，左右经水若泽，内为落渠之写（泻），因大川而注焉。乃以其天材，地之所生，利养其人，以育六畜。”意思是说，圣人选择建设京都之处，必定是地势平缓、水地肥沃、物产富饶的地方，且背靠着山，左右有大的江河或湖泽，城内筑成沟渠网络来排泄污沥之水，并导入大的江河而排泄出去。这样才有利于人类万物的生存。在《乘马篇》中，管子强调：“凡立国都，非于大山之下，必于广川之上，高毋近旱而水用足，下毋近水而沟防省，因天材，就地利。”就是说，凡是要确立国都，必定要选择大山脚下或者大河旁边；建在高爽而供水充足的地方，不能离水太近，以省去建筑防洪抗涝、开沟排水等事宜。总之，“下令于流水之原，使居于不争之官……下令于流水之原，令顺民心也……令顺民心，则威令行。”① 治理国家和社会必须认识到“水一则人心正，水清则民心易（易谓平和），一则欲不污，民心易则行无邪”。定国安邦，“因天材”、“尽地利”、尊水道、顺民心最重要，只要遵循天地、人水之道，趋利避害，就能实现百姓安居乐业、国家稳定富强的社会理想。

综上所述，从水本原论到以水比德、以水论道，管子都提出了许多有价值的创见，其核心在于他将水视为观察和理解人、自然与社会问题的“枢要”，进而提出了立德、化世、治国的思想和方略，为人们多层次、多维度地认识和把握水的伦理价值打开了思路。“是以圣人之治于世也，不人告也，不户说也，其枢在水。”②

二、孔孟以“仁”为本的“水德”论

孔孟注重人性人道而少言天道。孔子把“志于道，据于德，依于仁，游于艺”（《述而》）作为立言的总纲，创立“仁爱”学说。他对水道和水德仅有只言片语。不过，这些只言片语立足人性，激励人们去体悟积极、乐观和有为的主体精神，追求人水和谐的社会理想。孔子通过观水，不仅领悟到了“逝者如斯夫，不舍昼夜”（《论语·子罕》）的人生进取法则，而且提出了“知（智）者乐水，仁者乐山。知者动，仁者静”这一影响深远的智德兼修、动静相连的快乐修养法，只有既乐山、乐静，又乐水、乐动，人才能以平衡的心态去追求人与自我、人与人、人与社会和人与自然的和谐，实现孔子所赞赏和认同弟子曾点的志向：“莫春者，春服既成，冠者五六人，童子六七人，浴乎沂，风乎舞雩，咏而归。”③ 这是人与人、

① 《管子·牧民》，李山译注，北京：中华书局，2009年，第6—7页。

② 《管子·水地》，李山译注，北京：中华书局，2009年，第212页。

③ 《论语·先进》，北京：中华书局，2006年，第166页。

人与自然和乐相处、歌舞升平的太平世界，没有“礼崩乐坏”和战乱纷争。因此，孔子关于“水德”的言论虽然不多，但初步勾勒出了以“仁”学为核心追求人与人、人与水和谐的逻辑框架。

孟子作为先秦儒学的重要代表，其道德思想以性善论而著称，而其性善论的提出和论证则是直接以水性喻人性、以水性论人性的形式呈现的。孟子说：“天下之言性也，则故而已矣。故者以利为本。所恶于智者，为其凿也。如智者若禹之行水也，则无恶于智者矣。禹之行水也，行其所无事也。如智者亦行其所无事，则智亦大矣。”这段话的意思是天下所谓“性”是指人与物与生俱来的本质属性，对这种已拥有本性聪明的人应该像大禹治水那样因势利导、顺其自然，变有事为无事才能成就大智慧。因此，“人性之善也，犹水之就下也。人无有不善，水无有不下”。（《孟子·告子上》）即人性善如同水“就下”，是固有的、先天的和客观的，人生来没有不善良的，水也没有不往低处流的。孟子通过以水比德一方面论证了人性善的哲学命题；另一方面提出了基于人性善的“君子之志”，即要像水一样积极进取，通过立言立德使天下归“仁”。孟子说：“源泉混混，不舍昼夜，盈科而后进，放乎四海。”①（《孟子·离娄下》）“……流水之为物者，不盈科不行；君子之志于道也，不成章不达。”（《孟子·尽心上》）孟子认为：“仁之胜不仁也，犹水胜火。”②只要君子能像有源之水那样以“仁”为本，昼夜努力，不达目标不罢休，那“仁义”就一定能战胜不仁不义，就如同水能克灭火一样，最终使天下回归“仁者，爱人”的仁道，实现仁治天下。

在道德观上，孟子把“测陷之心”、“羞恶之心”、“恭敬之心”和“是非之心”作为仁、义、礼、智等“四德”的“善端”，认为大禹之所以能“八

---

① 《孟子·离娄下》，金良年撰，太原：山西古籍出版社，2004年，第176页。

② 《孟子·告子上》，万丽华、蓝旭译注，北京：中华书局，2006年，第260页。

年于外，三过其门而不入”（《孟子·滕文公上》），“决九川致四海，浚畎浍致之川”，然后使“中国可得而食也”。[①]这是“禹思天下有溺者，犹己溺之”[②]的内在德性所致。因此，“如有不嗜杀人者，则天下之民皆引领而望之矣。诚如是也，民归之，犹水就下，沛然谁能御之?”（《孟子·梁惠王上》）统治者只有以民为本、以德服人，才能天下归一、仁治天下。因为“民之归仁也，犹水就下，兽之走圹也”[③]。这是发自人的内在的善良本性所驱使的，这种趋势是谁也挡不住的。基于人性与水性的内在关联，孟子主张以井田制为基础，实现“百姓亲睦”、民富且仁的社会理想。“死徙无出乡，乡田同井。出入相友，守望相助，疾病相扶持，则百姓亲睦。”[④]“易其田畴，薄其税敛，民可使富也。食之以时，用之以礼，财不可胜用也……圣人治天下，使有菽粟如水火。菽粟如水火，而民焉有不仁者乎?”[⑤]

在方法论上，孟子认为：“观水有术，必观其澜。”[⑥]总体上传承了孔子观察和体悟的感性方法。

值得注意的是，《子思·中庸篇》则进一步提出了“小德川流，大德敦厚”[⑦]的观点。这不仅第一次将“德”这一属于道德范围的概念与江河“川流不息”的特性联系在了一起，而且阐明了如果“小德”能像江河那样川流不息，“大德”能像天地那样包容宽厚，那么就可以实现“万物并育而

---

① 《孟子·滕文公上》，万丽华、蓝旭译注，北京：中华书局，2006年，第111页。

② 《孟子·离娄下》，金良年撰，太原：山西古籍出版社，2004年，第186页。

③ 《孟子·离娄上》，金良年撰，太原：山西古籍出版社，2004年，第154页。

④ 《孟子·滕文公上》，万丽华、蓝旭译注，北京：中华书局，2006年，第105页。

⑤ 《孟子·尽心上》，万丽华、蓝旭译注，北京：中华书局，2006年，第300页。

⑥ 《孟子·尽心上》，金良年撰，太原：山西古籍出版社，2004年，第282页。

⑦ 子思：《中庸》，杨洪、王刚注译，兰州：甘肃民族出版社，1997年，第45—46页。

不伤害”共生共荣的美好前景。初步表达了道德分层而不相悖的洞见。

因此，从孔子的“知者乐水”到孟子、子思的“人性善”、“小德川流”、“水胜火”，“仁胜不仁”，“水德”论和“相胜”论的思想逐渐萌芽。

三、“五行相胜说”与“水德”论

顾颉刚先生认为，“五行，是中国人的思想律，是中国人对于宇宙系统的信仰；千余年来，它有极强固的势力。”[①]“五行”在经典上的根据为《尚书·甘誓》和《尚书·洪范》。前者是夏书，后者是商书，但都没有说明“五行”的起源。因此，史记历书说是黄帝所创。黄帝创建说一直到近代梁启超发表相关言论而引起一定的学术争鸣。顾颉刚先生赞成梁启超弟子刘节的“邹衍创建说”。

事实上，《洪范》中有“五行”的出现，其排序是：“水、火、木、金、土”；先秦诸子中的墨子也有“五行无常胜”说；荀子则认为“五行”是子思创倡、孟子所和的一种论说。不过，正如梁启超先生所注意到的，先秦孔、老、墨、孟、荀、韩等大哲学家谈及“五行”的很少，只是偶有提及。因此，邹衍的“五行相胜说”在《史记·孟子荀卿列传》中被认为是“滥”、“怪迂”、“闳大不经”的学说。这反证了“五行相胜说”是不同以往的创见，并有“闳大”的理论体系。“五行”经邹衍立言以及董仲舒集成发展后才真正成为“中国人的思想律”。汉代儒生没有“不受阴阳五行说的浸润的，阴阳五行即是他们的思想规律”。[②]

---

① 顾颉刚：《五德终始说下的政治和历史》，《清华大学学报（自然科学版）》1930 年第 1 期。

② 顾颉刚：《五德终始说下的政治和历史》，《清华大学学报（自然科学版）》1930 年第 1 期。

1. 五行相胜说

“五行”是指水火木金土等五种物质元素，“五行”作为本原论则认为世界是由五种物质构成的。“五行”较早见于《尚书》，据《尚书·洪范》记载：“水曰润下，火曰炎上，木曰曲直，金曰从革，土爰稼穑[①]，”“五行”各有独特的生态功能和经济社会功能。但《尚书·甘誓》、《尚书·洪范》都没有明确提出“五行”是世界本原或万物本原的观点。据文献记载，把五行与宇宙万物的起源联系起来的是周太史史伯。《国语·郑语》载：史伯认为：“夫和实生物，同则不继……故先王以土与金、木、水、火杂，以成百物。”真正在哲学上系统阐述“五行本原论”的则是战国时期邹衍的“五行相胜说”。

邹衍“案往旧造说”，不但重新排定了“五行”的次序，而且以相生相胜建构了“五行”之间的内在关系，形成了较为系统的“五行相胜说”。(1) 重新排定了“五行”的顺序即“土，木，金，火，水”；(2) 将“五行”之间的顺逆循环关系固化。顺逆有序，顺则生，逆则胜（克）。顺则隔次相生，如土生金、金生水、水生木、木生火、火生土……逆则逆次相胜（克），如土克水、水克火、火克金、金克木、木克土；(3) 这种“生”与“胜”的关系循环往复，是世间万物存在和变化的内在规律；(4)“五行”主运，即“五行相胜”不仅是自然法则，也是人类社会发展的内在规律，历史变化和王朝更替都受这五种物质元素的支配。因此，历史的变化是永恒的，没有万世长存的王朝，王朝的兴亡要依据“五行”运行的规律，并配之以相应的道德，因此，邹衍依据“德配天地”的逻辑，又创建了“五德始终说”，以进一步阐明“五行相胜”与社会历史发展的关系。

---

① 江灏、钱宗武译注：《今古文尚书全译》，贵阳：贵州人民出版社，1990年，第235页。

2.“五德始终说”与“水德”论

立言、立德和立功这是先秦诸子为人处世的共同目标。一方面，“邹子疾晚世之儒墨不知天地之弘，昭旷之道”而创“五行相胜说”；另一方面，为匡正在政治生活中“不能尚德”的统治者而创建了“五德始终说”。正如司马迁在《史记·孟子荀卿列传》中所说，“邹衍睹有国者益淫侈，不能尚德……乃深观阴阳消息而作怪迂之变，《终始》、《大圣》之篇十余万言……然要其归，必止乎仁义节俭，君臣上下六亲，始也滥耳。”①

首先，“五德始终说”不仅承认人类历史的进化是有规律的，而且认为这种演化表现为以“五行相胜”为内在逻辑的五种道德相始、相终、相胜的循环关系。据《文选·魏都赋》李善注引《七略》载：“邹子有终始五德，从所不胜，木德继之，金德次之，火德次之，水德次之。”《吕氏春秋·应同》讲得更具体：“凡帝王之将兴也，天必先见祥乎下民。黄帝之时，天先见大螾大蝼。黄帝曰：‘土气胜！’土气胜，故其色尚黄，其事则土。及禹之时，天先见草木秋冬不杀。禹曰：‘木气胜！’木气胜，故其色尚青，其事则木。及汤之时，天先见金刃生于水。汤曰：‘金气胜！’金气胜，故其色尚白，其事则金。及文王之时，天先见火，赤乌衔丹书集于周社。文王曰：‘火气胜！’火气胜，故其色尚赤，其事则火。代火者必将水，天且先见水气胜。水气胜，故其色尚黑，其事则水。”这些引文据学者反复考证，应属于邹衍的佚文。它在说明相胜逻辑的同时，指明了取代周王朝而兴起的王朝必然是以“水”为标志、倡导“水德”的王朝。

其次，“五德始终说”第一次正式提出了“水德”这一个概念，并应用于对王道政治的道德评判。这对“水德”论的形成具有标志性意义。同

① 司马迁：《史记·孟子荀卿列传》卷七十四，北京：中华书局，1963年，第2344页。

时，按照“五行相胜说”和“五德始终说”的逻辑，揭示了“水气胜”、“尚黑”、“事水”的历史必然性，使丰富和发展“水德”论成为可能。

最后，关于“水德”的内涵，虽然从邹衍“五德始终说”中提出“水德”到其后出版的《吕氏春秋》都未确立“水德”的道德楷模，但就土德如黄帝、木德如大禹、金德如商汤、火德如文王等“四德”榜样而言，黄帝、大禹、商汤和文王都是为缔造千秋大业而立下特殊功德的帝王，是儒家推崇的德配天地、万民敬仰的道德典范。因此，“《终始》、《大圣》之篇十余万言……然要其归，必止乎仁义节俭，君臣上下六亲，始也滥耳”。[①] 在社会实践中“尚黑”、“事水”的精神实质仍在于重仁义道德、伦理亲情。

邹衍“水德”概念的提出，一方面因循了先秦诸子由天道到人道的思想逻辑，由“谈天”而及人事，进而指向了社会意识。如《史记》集解引刘向《别录》说：“邹衍之所言……尽言天事，故曰‘谈天。’”《史记·孟荀列传》说，“邹衍之术，迂大而宏辩……故齐人颂曰：‘谈天衍’。”另一方面，邹衍“谈天”、“说事”都与众不同，他有自己的理论创建。从本原论到历史说、道德论自成一体。因而，他的“水德”论作为“五德始终说”的重要组成部分，与先秦诸子百家以水论道、以水比德的道德哲学不同的是，其历史哲学和政治伦理的色彩更加强烈，并且达到了规律性认识，因而更具理论说服力和影响力。尽管这种规律性认识具有错位嫁接、因果循环的局限。

长期的战乱使百姓盼望圣王明君的再世，因此，无论是主张仁政王道的儒家，还是主张“尚贤”、“尚同”的墨家，又或是主张无为而治的道家，都希望道德最好的人能为圣为王。邹衍的“五德始终说”意义简单明了，符合学者的思路，又能解决称王的合法性问题。因而“势力便一日千

---

① 司马迁：《史记·孟子荀卿列传》卷七十四，北京：中华书局，1963年，第2344页。

里”。[①] 以“五行相胜”和“五德始终说”为理论基础的“水德”论也成为秦始皇、汉高祖、汉文帝、汉景帝以及曹操等以立德、立治的依据，对以德治国发挥了深远影响。如不可一世的秦始皇称帝后也意识到以“眇眇之身”大定天下，“今名号不更，无以称成功，传后世”。为寻求合法性，秦朝采用齐人上奏的“水德”，以表明秦王改朝换代符合“五德始终说”的“水德之瑞”，并“更名河曰德水，以冬十月为年首，色上黑，度以六为名，音上大吕，事统上法”。这意味着“五德始终说”成为秦始皇实行“天下车同轨，书同文，行同伦”革新的重要理论支撑。[②]

四、“化性起伪”与“水德”论的比德法

旷日持久的战争使人性问题成为诸子百家长期争鸣的一个重大现实问题，而激烈的人性论争又促成了以水比德的“水德”论的正式形成。

老庄认为只要人“抱朴复初”，回归出生时的纯朴、真实状态，天下就能无为而治，因此，人应该像水一样“处下”、“不争”，便能实现“鸡犬相闻，而老死不相往来”的太平世。法家认为人“性好利”，应该严刑峻法，使天下归治。孔孟等则认为“性相近”、人性善；告子又认为人“性无善无不善”。荀子虽以儒学为宗，但又兼容管学及其他各家思想，认为人“性恶，其善者伪也”。

有趣的是，在长期的人性争鸣中，不同的人性论却多用水性喻人性，并借此论证观点的合理性。例如，告子以决堤之水的流向为依据，说明人性“无善无不善”。他认为，人性如河水从东方决口则向东流，从西方决

① 顾颉刚：《五德终始说下的政治和历史》，《清华大学学报（自然科学版）》1930年第1期。

② 司马迁：《史记·封禅书》卷三十八，北京：中华书局，1963年，第1370页。

口则向西流，无所谓善恶。孟子则不以为然，极力反驳，说："水信无分于东西，无分于上下乎？人性之善也，犹水之就下也。人无有不善，水无有不下。今夫水，搏而跃之，可使过颡；激而行之，可使在山。是岂水之性哉？其势则然也。人之可使为不善，其性亦犹是也。"(《孟子·告子上》)其实，孟子在这里犯了一个先入为主的逻辑错误：一是认为人性是善的；二是以"水之就下"喻之。据此，如果有人认为人性是恶的，同样也可以用"水之就下"喻之。事实上，人性先天是无所谓善恶的。不过，孟子并未否定人性可以通过后天的努力而改变。如"搏而跃之，可使过颡；激而行之，可使在山。"(《孟子·告子上》)这点又与主张"人性恶"的荀子的观点接近。他们都认为人性的改变与其生存的后天环境以及个人受到的教化密切相关。荀子说："故人心譬如槃水，正错而勿动，则湛浊在下，而清明在上，则足以见鬒眉而察理矣。微风过之，湛浊动乎下，清明乱于上，则不可以得大形之正也。心亦如是矣。故导之以理，养之以清，物莫之倾，则足以定是非、决嫌疑矣。"[①] 荀子认为，人只要接受良好的教化，自然会走向善的世界。因此，"性善论"与"性恶论"并不像人们想象的那样冰火不容。承认"教化"，承认客观环境对人性的重大影响，这是儒学一脉相承的传统。

正因为荀子主张"人性恶"，因而其伦理道德重在"化性而起伪"，"水德"论也不例外。《荀子·性恶》说："今之人性，生而有好利焉，顺是，故争夺生而辞让亡焉；生而有疾恶焉，顺是，故残贼生而忠信亡焉；生而有耳目之欲，有好声色焉，顺是，故淫乱生而礼义亡焉。"由此可见，"人之性恶明矣，其善者伪也。"所以，在荀子看来，"辞让"、"忠信"、"礼义"等"善"的思想行为，都不是人的本性所固有的，而完全是人为的。"故圣人化性而起伪，伪起而生礼义，礼义生而制法度。"因此，"必将有师法

① 《荀子·解蔽》，安小兰译注，北京：中华书局，2007年，第227页。

之比，礼义之道，然后出于辞让，合于文理，而归于治。”[①] 于是，以水比德，并明确提出“比德”的概念，更加系统地阐明水的道德含义成为荀子“水德”论的重要内容。

《荀子·宥坐》中就明确写道：“（水）以出以入就鲜洁，似善化。”[②] 为了“化性起伪”，荀子一方面以水喻学，劝导人们加强学习、注重厚积薄发。荀子《劝学》说：“冰，水为之，而寒于水……积土成山，风雨兴焉，积水成渊，蛟龙生焉……不积小流，无以成江海。”[③] 另一方面，通过以水比德，更加系统地阐述了“水德”论的道德内涵，并明确提出了“比德”的方法论概念。

一是借孔子之名进一步阐发儒家道德哲学主要概念的含义。如《荀子·宥坐》载：“孔子观于东流之水。子贡问于孔子曰：‘君子之所以见大水必观焉者，是何？’孔子曰：‘夫水，大遍于诸生而无为也，似德。其流也埤下，据拘必循其理，似义。其洸洸乎不偃尽，似道。若有决行之，其应佚若声响，其赴百仞之谷不惧，似勇。主量必平，似法。盈不求概，似正。淖约微达，似察。以出以入，以就鲜洁，似善化。其万折也必东，似志。是故君子见大水必观焉。’”[④] 这段文字通过以水比德集中阐明了儒家“德”、“义”、“道”、“勇”、“法”、“正”、“察”、“善化”以及“志”等九种道德概念的内涵。

二是荀子还借孔子之名进一步探讨了观水而悟的“中正”、“谦让”、“谨慎”等道德原则和规范的内涵。例如，《荀子·宥坐》记载：孔子观于鲁桓公之庙，有欹器焉。孔子问守庙者曰：“此为何器？”守庙者曰：“此盖为

---

① 《荀子·性恶》，安小兰译注，北京：中华书局，2007年，第267页。

② 《荀子》，孙安邦译注，太原：山西古籍出版社，2004年，第76—77页。

③ 《荀子》，孙安邦译注，太原：山西古籍出版社，2004年，第12页。

④ 王先谦撰：《荀子集解》第二十卷《宥坐篇》，北京：中华书局，1988年，第524页。

宥坐之器。”孔子曰：“吾闻宥坐之器者，虚则欹，中则正，满则覆。”孔子顾谓弟子曰：“注水焉！”弟子挹水而注之，中而正，满而覆，虚而欹。孔子喟然而叹曰：“吁！恶有满而不覆者哉！”子路曰：“敢问持满有道乎？”孔子曰：“聪明圣知，守之以愚；功被天下，守之以让；勇力抚世，守之以怯；富有四海，守之以谦。此所谓挹而损之之道也。”

三是通过以水比德阐述了自己观水而形成的新的道德感悟。如前文所提到的“人心譬如槃水”说，荀子认为，人心就像盆水一样，盆水放正，污浊的东西便会自然而然地沉淀在下面，上面清澈之水就足以鉴人；如果摇晃振荡，把盆底的污浊搅动，上面的清水也会随之变得浑浊，也就不能进行鉴照了。同理，人只要接受良好的教化导引，就会像“正错而勿动”的盆水一样明辨事理，知晓是非大义。针对时弊，《荀子·天论》提出了：“水行者表深，表不明则陷；治民者表道，表不明则乱。”①即统治者如果不明确自己立言立德的主张，就如同行走在不知深浅的水上，随时会遭遇危险。最著名的当属荀子的“载舟覆舟”论，即《荀子·王制》中所说：“君者，舟也；庶人者，水也；水则载舟，水则覆舟。”这种政治洞见通过以水作喻一下提升到了道德哲学的高度，因而才能千古流传。

四是在方法论上正式提出了“比德”这一概念。“比德”作为一种方法，并用于德育虽最早见于《诗经》，但它作为一个概念被正式提出则见于《荀子·法行》。《荀子·法行》载：子贡问于孔子曰：“君子之所以贵玉而贱珉（按：似玉的石）者，何也？为夫玉之少而珉之多邪？”孔子曰：“恶！赐！是何言也！夫君子岂多而贱之、少而贵之哉？夫玉者，君子比德焉。温润而泽，仁也。栗而理（按：条理），知也。坚刚而不屈，义也。廉而刿（按：有棱角而不伤人），行也。折而不挠，勇也。瑕适（按：适谓美好）并见，

① 《荀子》，太原：山西古籍出版社，2004年，第12—13页。

情也。扣之，其声清扬而远闻，其止辍然，辞也。故虽有珉之雕雕（按：雕饰文采），不若玉之章章（按：素质彰明）。《诗》曰：'言念君子，温其如玉。'”在这段文字中，荀子不仅借孔子的名义提出了“比德”的概念，而且运用“比德”方法，诠释了“仁”、“知(智)”、“义”、“行”、“勇”、“情”、和“辞”的应有之义。

因此，历经先秦到战国末期的长期丰富和发展，以水比德的“水德”论已成为形神皆备的道德哲学理论，内容和方法独特，主要指向中国古代以人们对水的道德感知为基础、以继善成性为使命、以仁义道德为内容、以“大德”、“上善”为追求的道德原则、道德规范、道德理想的统称。它经历了由萌芽、提出到形成和发展的基本过程，包含着“观”、“察”、“比”等方法论。经战国时期邹衍和荀子的创新发展后，“水德”论逐渐与现实政治结合到一起，并产生了深远的影响。秦始皇以“水德”标榜统治的合法性，但政权仅仅维持了十五年。运道太短，能否算邹衍“五德始终说”所谓“水德”的王命所归者呢？汉朝开国皇帝的答案是否定的。于是，汉高祖刘邦定汉朝为水德，以表明其“王统”直接秉承于周朝而非短命的秦王朝，直至汉武帝太初元年改水德为土德。在此期间，中国历史上出现了第一个太平盛世“文景之治”。

然而，由于水作为“五行”之一，兼有利、弊两种品性，用利用弊在于“德”，德恶则亡，德仁则兴。水有生养万物、润万物的品性。因此，“水德”论者一般倾向于主张具有“水德”的人要休养生万物、利万物、润万物的道德。先秦诸子如老子“道”与“德”是统一，才有“道德经”的问世。“秦以刑罚为巢，故有覆巢破卵之患。”[①]“覆巢破卵，则凤凰不至”(《吕氏春秋·应同篇》，到了汉代董仲舒提出“三纲五常”，建立“天人合一”的理论体系，以“德主刑辅”克服了秦始皇的偏执，以相生、相胜完

① 王利器撰：《新编诸子集成》，北京：中华书局，1986年，第51页。

善了“五行相胜说”，以求“厚其德而简其刑，以此配天”。[①] 因此，董仲舒《春秋繁露 · 五行顺逆》、《春秋繁露 · 治水五行》、《春秋繁露 · 五行变救》等都更加清楚地阐述了五种物质的利弊两重性，主张德可除弊，并将忠孝仁德糅入了五行论中。如“五行者，乃孝子忠臣之行也”。因此，董仲舒“五行”“五德”说将邹衍的“水德”论发展到了新高度。不过，“天命不于常，惟归有德”，[②]“民心无常，惟惠之怀”。[③] 到宋朝时，“五德终始说”遭到了欧阳修、苏轼、司马光等“正统论”、章望之的《明统论》的挞伐。所谓正统也重在以功德立论。如章望之说：“以功德而得天下者，其得者正统也，尧舜夏商周汉唐我宋其君也；得天下而无功德者，强而已矣，其得者霸道也，秦晋隋其君也。”[④] 总之，“水德”论作为“五德始终说”有机组成部分，对确立中华文明的道德文化传统具有不可或缺的意义。

水随处可见，德随处可修。从以水喻德转向以水养德，这才是管子、孔子、孟子、荀子、邹衍等先哲们系统阐述“水德”论的目的所在，也是“水德”论作为道德哲学始终充满精神活力的关键所在。

第二节 “上善若水”的道德哲学

众所周知，“上善若水”是由道家提出并至今仍影响着人们的行为和价值取向的思想律和道德律，也是两千多年来指导和评判中华水利实践的

① 苏舆撰：《春秋繁露 · 义证》，北京：中华书局，1992 年，第 351—352 页。

② 陈寿撰：《三国志 · 魏书 · 文帝纪》卷 2，北京：中华书局，1959 年，第 62 页。

③ 萧子显：《南齐书 · 高帝纪》卷 1，北京：中华书局，1972 年，第 22 页。

④ 章望之：《明统论》，引自苏轼：《正统论中》，《四部丛刊初编》，第 158 册，上海：上海书店出版社，1989 年（影印本），第 6 页 b、第 7 页 b。

重要哲学理论。“上善若水”作为道德哲学始于老子的《道德经》，作为指导人与水、人与自我的“道德金律”则源远流长，是中华优秀道德文化的有机组成部分。

一、“上善若水”的内涵

虽然1998年出版的《郭店楚墓竹简》中有“太一生水”说①，但就总体而言，道家学说是以“道”为世界本原的，其水伦理的德性论也不例外。与其他诸子百家不同的是，道家由水而阐发的基本伦理概念是“善”。

《老子》第八章说：“上善若水，水善利万物而不争，处众人之所恶，故几于道。”②这可以视为老子提出的认识和把握人与自然、人与人以及人与社会的伦理总纲。首先，老子开门见山地提出了道德目标，即“上善”，一种高尚而又善良的“善”。其次，阐明了“上善”的最基本内涵是“善利万物”和“不争”。这是一种不以人类为中心、人类也不只以为自身争名夺利为目的的义利论。再次，“上善”的基本特征是秉持一种像水一样“处众人之所恶”而无所遗弃、就像道并育万物一样的内在精神特质。最后，“上善”以“道”为本原，它承认所谓“道生一，一生二，二生三，三生万物……”③的本原论。认为“道”具有先在性、独立性和变动性。“道”“先天地生。寂兮寥兮，独立而不改，可以为天地母。吾未知其名，字之曰道。吾强为之名曰大，大曰逝，逝曰远，远曰反。”“反也者，道之动也。”④“道”广大无比，大于天地和人间帝王，即“道大，天大，地大，

① 荆门市博物馆编：《郭店楚墓竹简》，北京：文物出版社，1998年，第11—15页。

② 李耳：《老子》，太原：山西古籍出版社，2001年，第14页。

③ 李耳：《老子》，太原：山西古籍出版社，2001年，第77页。

④ 李耳：《老子》，太原：山西古籍出版社，2001年，第76页。

王大”，“道”是最广大的。①

水“几于道”但不等同于“道”，“善”贯穿着“道”但“善”与“道”分属不同的关系领域。“道者，万物之注也。善，人之宝也。”“道”是诠释和理解自然和世间万物的最高哲学概念，“善”则是阐释和把握人与人、人与社会关系的最基本的伦理范畴。因此，“善”分“上善”与“不善”。“上善若水”“利万物”、“不争”、“处下”。“上善”贯穿着“道”，凡事与“道”保持内在统一。“居善地，心善渊，予善天，言善信，正善治，事善能，动善时。”“上善”谦和不争，“夫唯不争，故无尤。”②

“不善，人之所保也。”③即“道”是万物的主宰，“善”是人类的珍宝，而“不善”则是人所要执着保护而非由“道”主宰的。“不善”的观念产生于“善”的认识。“皆知善，斯不善矣。”④即当大家都知道善之所以为善时，“不善”或说“恶”的观念也就产生了。

“善”与“不善”的主体都是人，因而人也分“善人”与“不善人”。“善人”能善行、善言、善数、善闭、善结。行事能做到“善行者无辙迹，善言者无瑕谪，善数者不以筹策，善闭者无关楗而不可启也，善结者无绳约而不可解也”。即善于行走而不留痕迹，善于说话而不会授人以话柄，善于计算而不用筹码，善于闭关而不用门闩，善于记事而不受结绳记事的约束。因此，“善人，善人之师；不善人，善人之资也。”⑤这意味着“善人”不仅能以善待他人的人为老师，而且能以不善待他人的人为鉴。因为“善者善之，不善者也善之，德善也。信者信之，不信者亦信之，德信也”。⑥

① 李耳：《老子》，太原：山西古籍出版社，2001年，第44页。
② 李耳：《老子》，太原：山西古籍出版社，2001年，第14页。
③ 李耳：《老子》，太原：山西古籍出版社，2001年，第111页。
④ 李耳：《老子》，太原：山西古籍出版社，2001年，第4页。
⑤ 李耳：《老子》，太原：山西古籍出版社，2001年，第47—48页。
⑥ 李耳：《老子》，太原：山西古籍出版社，2001年，第88页。

善良的人，以善待他；不善良的人亦以善待他，这样才能得到“善”。守信的人我们信任他，不守信的人我们也信任他，这样才可使人人守信，这才叫得到“信”。

此外，“上善若水”的“上善”论还主张“善者不多，多者不善”。善良的人不求身外之物的多多益善，相反认为贪多是不善良的。

总之，“上善”是老子提出并追求的一种高层次的伦理道德境界，“上善若水”的“上善”不仅与“道”相通，体现“道”的内在要求，而且以“善人”为理想人格，主张“善者善之，不善者也善之”，“善者不多，多者不善”，“善利万物”而不争等，其辩证的逻辑思维使“道”、“善”、“德”三者之间避免了异质同构的理论误区。

二、“上善若水”的“道”与“德”

“上善若水”的“道”是自然万物得以产生和发展的本原，是自然运行变化的法则，是事物内在的、不以人的意志为转移的规律。

在知识论的意义上，“道可道也，非恒道也。名可名也，非恒名也。无名，万物之始也；有名，万物之母也。”①“道”虽然深奥玄妙，但是可以认识、命名和界定。“道恒无名。”“道之在天下也，猷小谷之于江海也。”②“道”永恒而没有名字，“道”存在于天下，万物归顺，就如同小溪流归江海一样。“道氾呵！其可左右也。成功遂事而弗名有也。万物归焉而弗为主，则恒无欲也，可名于小。万物归焉，而弗为主，可名于大。”③“道”广泛而博大，永存宇宙、独立运行，能左能右、左右逢源，

---

① 李耳：《老子》，太原：山西古籍出版社，2001 年，第 3 页。

② 李耳：《老子》，太原：山西古籍出版社，2001 年，第 56 页。

③ 李耳：《老子》，太原：山西古籍出版社，2001 年，第 59—60 页。

无往不在。功成事就却不自称有功有德。万物归附却不自以为主宰。它永远没有什么欲望，可以称说为微小。万物归附于它，而它却不自以为主宰，可以称说是伟大。

在实践论层面上，“道”是可以长久利用的，但利用的前提是要遵守“道纪”。“道冲，而用之有弗盈也。渊兮！似万物之宗。”即“道”虽然虚空无形，但作用却无穷无尽，其深远性就像万物的祖宗，“用之，不可既也。”[①] 利用它，总也用不完。因此，道是可以利用的，有长远的实际应用价值。然而，“道”有“道纪”。《老子》认为“善为之道者”一方面应如水一般“与呵！其若冬涉川；猷呵！其若畏四邻；严呵！其若客；涣呵！其若冰泽；沌呵！其若朴；湷呵！其若浊；旷呵！其若谷。浊而静之，徐清。安以动之，徐生。葆此道者不欲盈，夫唯不欲盈，是以能敝而不成”。[②] 即他行事要小心谨慎，就像严冬蹚水过河；疑虑谋划啊！就像害怕四方邻国来围攻；庄重严肃啊！就像作宾客；涣散不羁啊！就像冰凌消融。积厚深沉啊！就像江河的浑水。空旷开阔啊！就像空虚的山谷。混浊的水静下来，慢慢就会澄清。安静的东西慢慢动起来，就会产生变化。保持这个“道”的人，不贪求满足，正因为不贪求满足，所以能安于陈旧而不完满。另一方面，在方法论上应“执今之道，以御今之有，以知古始，是谓道纪”。[③] 只要把握了现今的“道”，用它来驾驭现在的具体事物，就能了解远古万物的缘起，这就叫做“道”的规则，或者叫做“道”的规律。这是不以人的意志为转移的。

“道”分天道、人道和王道。一方面，“天道无亲”，天道不同于人道。因此，“天地不仁，以万物为刍狗。”天地不存在仁爱之心，它将万物看

① 李耳：《老子》，太原：山西古籍出版社，2001 年，第 61 页。

② 李耳：《老子》，太原：山西古籍出版社，2001 年，第 26 页。

③ 李耳：《老子》，太原：山西古籍出版社，2001 年，第 25 页。

似草扎的狗一样。[1]“天道”强调的是顺应自然，“功遂身退，天之道也。”[2]即功业完成了就要急流勇退，这就是顺应自然的道理。另一方面，“天道”蕴含着人道。“天之道，利而不害；人之道，为而弗争。”[3]天之“道”行事有利于万物而不妨害它们；人之“道”对人有所作为但无所争夺。“天之道，不战而善胜，不言而善应，不召而自来，单而善谋。天网恢恢，疏而不失。”[4]自然法则意味着不交战却善于取胜，不言语却善于应对，不用召唤却一切会自动到来，淡定坦然却善于谋划。自然法则构成的网纲恢宏广大、疏而不漏。“天之道，犹张弓也，高者印之，下者举之，有余者损之，不足者补之。故天之道，损有余而益不足。人之道则不然，损不足而奉有余。孰能有余而有以取奉于天者乎？”[5]自然规律就如同上弓弦，高了就压低些，低了就抬高些；多余时就减少些，不够时就补足些。所以自然规律是减省有多余的来补足不够的，人世的规律却不是这样，是削减不足的而供给有多余的。谁能够把多余的东西拿出来而奉献给天下呢？善于实行“道”的人微妙通达、高深莫测，无法记述。即“善为道者，微眇玄达，深不可志”。[6]不顺应和遵守“道”的则会气盛而衰，也就是“物壮而老，谓之不道”。[7]因为尽管“道”盛大而没有名字，但只有“道”才能善始善终。老子说：“道褒无名。夫唯道，善始且善成。”[8]

① 李耳：《老子》，太原：山西古籍出版社，2001 年，第 10 页。
② 李耳：《老子》，太原：山西古籍出版社，2001 年，第 16 页。
③ 李耳：《老子》，太原：山西古籍出版社，2001 年，第 122 页。
④ 李耳：《老子》，太原：山西古籍出版社，2001 年，第 134 页。
⑤ 李耳：《老子》，太原：山西古籍出版社，2001 年，第 141 页。
⑥ 李耳：《老子》，太原：山西古籍出版社，2001 年，第 27 页。
⑦ 李耳：《老子》，太原：山西古籍出版社，2001 年，第 53 页。
⑧ 李耳：《老子》，太原：山西古籍出版社，2001 年，第 74 页。

“天道”和“人道”的最基本关系是“天道无亲，恒与善人”。[①]“天道”对谁都没有偏爱，但永远会亲近、赞助有“德”的善人。人中只有“王”可以与“道”、“天”、“地”并称为“四大”，即“国中有四大，而王居其一焉”。[②]“王道”和“天道”拥有共同特质是“容”与“公”。这也是合乎“道”并能持久并终身不发生危险的品质要求。“容乃公，公乃王，王乃天，天乃道，道乃久，没身不殆。”[③]

“道”的人格化代表是“道士”。老子根据人们对“道”的态度和信仰程度，将人分为“上士”、“中士”和“下士”。“上士闻道，堇能行之。中士闻道，若存若亡。下士闻道，大笑之。”[④] 即上士听了“道”，能勤奋地实行；中士听了“道”，半信半疑；下士听了“道”，只是哈哈大笑，一笑了之。

通过对“道”、“道纪”、“道用”到“天道”、“人道”、“王道”及“道士”的系统阐释，老子赋予“上善若水”以独特的本体论基础，在“道”和水有相结合的基础上使“上善若水”成为传承至今的生态道德哲学的重要精神资源。正如王弼《老子注》所载：“道无水有，故几于道。”因而，老子独辟蹊径，偏好以水喻“道”，说水“善利万物”、“处下”、“不争”、“不盈”就如同“道”一样。“譬‘道’之在天下，犹川谷之于江海。”（《老子·第三十二章》）

“上善若水”的“德”与“道”、“善”内在关联，是“上德”。“上德”符合“道”的要求，是体现“善”的“善德”。反之，则是背道而驰的“下德”。“道”和“德”的基本关系是“道生之，而德畜之”。

① 李耳：《老子》，太原：山西古籍出版社，2001年，第145页。

② 李耳：《老子》，太原：山西古籍出版社，2001年，第44页。

③ 李耳：《老子》，太原：山西古籍出版社，2001年，第28页。

④ 李耳：《老子》，太原：山西古籍出版社，2001年，第74页。

第一，自然万物“道生”“德畜”，因此要尊道贵德。“道生之，而德畜之，物刑之，而器成之。是以万物尊道而贵德。道之尊，德之贵也，夫莫之爵而恒自然也。”① 尊道贵德是永远符合自然法则的。

第二，“德”可以区分为“上德”和“下德”。其中，“上德”不论称做“玄德”、“孔德”、“恒德”或者分称“上德”、“广德”和“建德”都是保持着与“道”的内在统一。例如，“玄德”至公而无私，并育万物、长养万物，没有偏私。“道生之，畜之，长之，育之，亭之，毒之，养之，复之。生而弗有也，为而弗恃也，长而弗宰也，此之谓玄德。”② 即“道”生育万物，蓄养万物，滋长万物，发育万物，结籽万物，成熟万物，调养万物，保护万物。生育万物却不据为己有，兴作万物却不自恃己能，滋长万物却不为其主宰，这才是道德的最高境界，把它称为“玄德”。简单地说，“玄德”虽“玄”却不违自然法则。“同于德者，道亦德之。”③“德”和“道”是合一的。

第三，德道合一的主要途径有：（1）积德。“重积德则无不克。无不克则莫知其极。莫知其极，可以有国。”④（2）以德报怨。做到“大小，多少，报怨以德”。⑤（3）秉持人生“三宝”。即“一曰慈，二曰俭，三曰不敢为天下先”。“三宝”中最重要的是“慈”，“夫慈，以战则胜，以守则固。天将建之，如以慈垣之。”⑥

老子所谓“下德”实质上是儒家所倡导的有为道德，它包含上仁、上义和上礼。“下德”与“上德”相对而言，它与道是对立的。“上德”与“下德”

---

① 李耳：《老子》，太原：山西古籍出版社，2001 年，第 92 页。
② 李耳：《老子》，太原：山西古籍出版社，2001 年，第 92 页。
③ 李耳：《老子》，太原：山西古籍出版社，2001 年，第 43 页。
④ 李耳：《老子》，太原：山西古籍出版社，2001 年，第 92 页。
⑤ 李耳：《老子》，太原：山西古籍出版社，2001 年，第 113 页。
⑥ 李耳：《老子》，太原：山西古籍出版社，2001 年，第 124 页。

的基本区别是“上德无为，而无以为也”；“下德为之，而有以为”。老子认为：“大道废，案有仁义。知慧出，案有大伪。六亲不和，案有孝慈。邦家昏乱，案有贞臣。”① 即大“道”被废弃了才会提倡仁义，智慧出现了，才会产生严重的诈伪；父子、兄弟和夫妇之间不和睦才会提倡孝慈；国家昏乱动荡才会产生忠臣。所以，其理论逻辑是“失道而后德，失德而后仁，失仁而后义，失义而后礼”。特别指出：“夫礼者，忠信之泊也，而乱之首也。”② 对此，他提出了与儒家完全相反的道德主张即“绝圣弃知”、“绝仁弃义”、“绝巧弃利”以求“民利百倍”、“民复孝慈”和“盗贼无有”。与此相应老子倡导“见素抱朴，少私寡欲，绝学无忧”的人性论。③

比照“上德”和“下德”的相关论点，老子在“上德”论中较好地贯彻了“上善若水”的道德思想，而在“下德”论中则显然颠倒了道德进化的逻辑，多了一些“是”与“应该”混同。这与百家争鸣的独特时代背景具有一定联系。因为对其他伦理道德的深刻批判和否定往往会使自身走向反面。

三、“上善若水”的理想人格

“圣人”是“上善若水”的人格化。“圣人”总的人格特征是“居无为之事，行不言之教，万物作而弗始也，为而弗志也，成功而弗居也。夫唯弗居，是以弗去”。④ 这种品格正是源于老子对水的感悟。《老子》第四十三章载：“（水）天下之至柔，驰骋于天下至坚，无有入于无间，吾是以知无为之有

① 李耳：《老子》，太原：山西古籍出版社，2001 年，第 32 页。
② 李耳：《老子》，太原：山西古籍出版社，2001 年，第 69 页。
③ 李耳：《老子》，太原：山西古籍出版社，2001 年，第 33 页。
④ 李耳：《老子》，太原：山西古籍出版社，2001 年，第 4 页。

益也。不言之教，无为之益，天下希能及之矣。”①

“圣人”作为“上善若水”的理想人格，其具体品格表现为以下几个方面：

第一，“圣人”是尊道贵德的典范。“圣人执一以为天下式。不自视故章，不自见故明，不自伐故有功，弗矜故能长。夫唯不争，故莫能与之争。”②即圣人始终遵守“道”的原则行事，已然成为天下的典范。不自以为是，所以声名显扬；不自我显露，所以才能自明；不自我夸耀，所以建功立业；不自以为贤能，所以才能当领导。正因为与人无争，所以没有人能和他相争。

第二，“圣人去甚、去大、去奢。”③一方面，不重自我积蓄并尽全力去帮助别人。“圣人无积，既以为人，己俞有；既以予人矣，己俞多。”④正因为如此，“圣人”反而变得更富有、更丰足。另一方面，从不自以为伟大，进而成就了自身的伟大。“圣人之能成大也，以其不为大也，故能成大。”⑤

第三，圣人遇事如水一样谦退无争，反而能以退为进、以无私而成就了自身的愿望。正所谓：“圣人退其身而身先，外其身而身存，不以其无私邪？故能成其私。”⑥

第四，圣人总是善于救助人，不放弃任何人，不抛弃任何有用的东西，是所谓双重高明的人。“圣人恒善救人，而无弃人，物无弃财，是谓袭明。”⑦

---

① 李耳：《老子》，太原：山西古籍出版社，2001 年，第 79 页。
② 李耳：《老子》，太原：山西古籍出版社，2001 年，第 41 页。
③ 李耳：《老子》，太原：山西古籍出版社，2001 年，第 51 页。
④ 李耳：《老子》，太原：山西古籍出版社，2001 年，第 122 页。
⑤ 李耳：《老子》，太原：山西古籍出版社，2001 年，第 61 页。
⑥ 李耳：《老子》，太原：山西古籍出版社，2001 年，第 13 页。
⑦ 李耳：《老子》，太原：山西古籍出版社，2001 年，第 47—48 页。

第五，“圣人不行而知，不见而名，弗为而成。”[①]“圣人”不出行就知天下事，不必窥见外面的一切就能心明，不必有所作为就能成功。

第六，“圣人恒无心，以百姓之心为心。”[②]圣人永远没有主观偏见，而是以百姓的意见为意见。

总之，圣人顺自然而不妄为，不妄为就不会有失败；始终辅助万物的自然生成发展，而不敢轻举妄为。老子说：“圣人无为也，故无败也；无执也，故无失也……圣人欲不欲，不贵难得之货；学不学，而复众人之所过；能辅万物之自然，而弗敢为。”[③]

如果圣人真的要有所作为，那也会像“道”一样不占有、不居功、不显露自己的贤能才德。这就是“圣人为而弗又，成功而弗居也。若此，其不欲见贤也”。[④]

“上善若水”的社会理想是“圣人”与君王合一，实现“圣王”治世。所以，圣王之道也在于就下。“江海之所以能为百谷王者，以其善下之也，是以能为百谷王。是以圣人欲上民，必以其言下之。其欲先民也，必以其身后之……天下乐推而弗厌也。”[⑤]圣王之治也就是“圣人之治”。其治理国家“不上贤”、“不贵难得之货”、“不见可欲”，“虚其心，实其腹，弱其志，强其骨，恒使民无知、无欲也。”[⑥]“圣人之欲上民也，必以其言下之。其欲先民也，必以其身后之。”[⑦]

圣王治世的总原则是“以正治邦，以奇用兵，以无事取天下”。[⑧]圣

① 李耳：《老子》，太原：山西古籍出版社，2001年，第85页。
② 李耳：《老子》，太原：山西古籍出版社，2001年，第88页。
③ 李耳：《老子》，太原：山西古籍出版社，2001年，第115页。
④ 李耳：《老子》，太原：山西古籍出版社，2001年，第141页。
⑤ 李耳：《老子》，太原：山西古籍出版社，2001年，第118—119页。
⑥ 李耳：《老子》，太原：山西古籍出版社，2001年，第6页。
⑦ 李耳：《老子》，太原：山西古籍出版社，2001年，第119页。
⑧ 李耳：《老子》，太原：山西古籍出版社，2001年，第102页。

王治理天下的基本策略：一是“治人事天，莫若啬”。① 坚持爱惜人力、物力的原则；二是以“无为而治”作为最基本的治国策略；认为在君民之间：“我无为也，而民自化；我好静，而民自正；我无事，而民自富；我欲不欲，而民自朴。”②“圣王”只要顺自然而无为，百姓自会潜移默化；君王喜好清静，百姓自会走上正轨；君王不扰民生事，百姓自会富裕；君王没有贪欲，百姓自会淳朴。因此，君民之间“无为”与“自化”具有内在因果关系。三是在君臣之间，君尊“道”而行，臣以“道”辅佐君王，两者以“道”为治国理政的基本依据，以求“道济天下”。“以道佐人主，不以兵强于天下……善者果而已矣，毋以取强焉。果而毋骄，果而勿伐，果而毋得已。居是，谓果而不强。”③ 在战乱频繁的时代，臣子只有依“道”而行，坚持用兵的胜利原则，不骄傲、不逞强，就能最终拥有天下。如同后世毛泽东以有理、有利、有节的原则最终取得战争胜利一样。

因此，圣人的身心与“道”合一，圣人的品行如水一样谦卑无为，圣人治人、事天则不居功、不尚贤、不骄傲、不逞强。只有这样才能实现“圣”“王”合一，成就所谓“国中有四大”即“道大，天大，地大，王亦大”。④ 这种圣王合一的思想虽然被后世“玄学”和宋明理学所继承发扬，但前后有质的变化。老子的圣王合一是“上善若水”式的，是王道与自然之道、人道的辩证统一；后世的圣王合一名为王道与天道统一，实质则是王道与帝王专制之道的统一。一言以蔽之，“上善若水”式的圣人或圣王是自然无为、有容乃大而非争强好胜、凭强力霸天下的圣人或圣王。

① 李耳：《老子》，太原：山西古籍出版社，2001年，第106页。

② 李耳：《老子》，太原：山西古籍出版社，2001年，第103页。

③ 李耳：《老子》，太原：山西古籍出版社，2001年，第53页。

④ 李耳：《老子》，太原：山西古籍出版社，2001年，第44页。

四、“上善若水”的思维方式

“上善若水”的思维方式是辩证的。老子借此提出并论证了“善”与“不善”、“善人”与“不善人”等概念，阐发了美丑、善恶、上下、无有、刚柔、强弱、大小等众多“道”与“德”的范畴，为当代水伦理提供了一种“像水一样思考”重要的方法论基础。

《老子》第二章载：“天下皆知美之为美，恶已；皆知善，斯不善矣。有无之相生也，难易之相成也，长短之相刑也，高下之相盈也，音声之相和也，先后之相随，恒也。”这揭示了两个相对事物间可以相互转化、相互形成、相互显现、相互补充、相互谐和、相互连接的关系。并认为这是永恒的法则。特别需要指出的是，老子认为有与无在事物生成变化中的关系是“相生”而非后来邹衍所谓“相胜（克）”的关系，同时结合其本原论，老子的关于有无“相生”的观点是利用论意义的，即在本原论意义上并不意味着“有”可以生“无”。在老子的本原论中，“无”才是根本，从无到有再到“有生万物”是单向度的。[①] 归根到底是“天下之物生于有，有生于无”。[②]

像水一样思考并体悟刚柔、强弱的关系，那么，刚柔、强弱是可以交互转化的。“天下之至柔，驰骋天下致坚。”[③]“天下莫柔弱于水，而攻坚强者莫之先也，以其无以易之也。水之胜刚也，弱之胜强也，天下莫弗知也。”[④]

“上善若水”的辩证思维也蕴含着循环往复和物极必反的生态意义。因为“道”的运行有始有终，终极而返；它广大无比，“大曰逝，逝曰远，

---

① 李耳：《老子》，太原：山西古籍出版社，2001年，第4—5页。

② 李耳：《老子》，太原：山西古籍出版社，2001年，第76页。

③ 李耳：《老子》，太原：山西古籍出版社，2001年，第79页。

④ 李耳：《老子》，太原：山西古籍出版社，2001年，第143页。

远曰反。”[1]“反也者，道之动也。”[2]所以，事物向相反的方向转化发展是“道”的运动规律。“道”如此，“德”也此。“恒德”充足就会“复归于朴”，“恒德不忒，复归于无极”[3]。“恒德”的终极是返璞归真，“恒德”完善无缺终归于无穷无尽的“道”。世间万物的运行也体现着这种内在规律。“曲则全，枉则正，洼则盈，敝则新，少则得，多则惑。”因此，老子主张“执一以为天下式”[4]。

“上善若水”式的思维是联系的。“道”、“善”、“德”有分有合，相互联系，相互贯通。这是理解和把握“道德经”的关键所在。一方面，其“道”和“德”的原则规范是丰富而多层次的。如在个人层面要确立祸福相依、知足常乐、知止不殆的人生态度。懂得“祸，福之所倚。福，祸之所伏”[5]的人生哲理，理解“知足不辱，知止不殆，可以长久”[6]的人生意义，认识“祸莫大于不知足”[7]的深层原因，以“知足者，富也”[8]、“知足之足，恒足矣”的乐观心态，做到“慎终若始”[9]，确保个人在社会中的持久与安全发展。在社会层面，要倡行“为无为，事无事，味无味。大小、多少，报怨以德”[10]的道德风尚，让百姓确立“甘其食，美其服，乐其俗，安其居”[11]的理想追求。在国家层面则要坚持“治大国若烹小鲜”的原则，

① 李耳:《老子》，太原:山西古籍出版社，2001年，第44页。
② 李耳:《老子》，太原:山西古籍出版社，2001年，第76页。
③ 李耳:《老子》，太原:山西古籍出版社，2001年，第49页。
④ 李耳:《老子》，太原:山西古籍出版社，2001年，第41页。
⑤ 李耳:《老子》，太原:山西古籍出版社，2001年，第104页。
⑥ 李耳:《老子》，太原:山西古籍出版社，2001年，第80页。
⑦ 李耳:《老子》，太原:山西古籍出版社，2001年，第83页。
⑧ 李耳:《老子》，太原:山西古籍出版社，2001年，第58页。
⑨ 李耳:《老子》，太原:山西古籍出版社，2001年，第115页。
⑩ 李耳:《老子》，太原:山西古籍出版社，2001年，第112页。
⑪ 李耳:《老子》，太原:山西古籍出版社，2001年，第120页。

坚持无为而治。[①]另一方面，无论修身、修家、修乡、修国及修天下都是联系的、辩证一体的。就如同"道之在天下也，猷小谷之与江海也"。[②]"修之身，其德乃真。修之家，其德有余。修之乡，其德乃长。修之国，其德乃。修之天下，其德乃博。以身观身，以家观家，以乡观乡，以邦观邦，以天下观天下。吾何以知天下之然兹？以此。"[③]也就是说，用"道"来修身，他的"德"就真诚；用"道"来治家，他的"德"就富余；用"道"来治乡，他的"德"就久长；用"道"来治国，他的"德"就博大。按照修身之道来观察一身，按照齐家之道来观察一家，按照合乡之道来观察一乡，按照治国之道来观察一国，按照平天下之道来观察普天下。正是依据联系的原则，"道"才会成为不同层次的"德"的基础，"德"也才能真正体现"上善若水"的精神要义："无弃人"且"无弃财"。

因此，"上善若水"言道也言德，目的是借"几于道"的水，阐明人之所为人的"德"和"上善"的哲理。通过"水德"化为人德，谋求人与自然、人与人、人与社会的和平安宁，进而消解战乱与残杀，这是老子最直接的社会理想。不过，虽然老子将水与善、德联系在一起进行了考察论证，提出"上善若水，水善利万物而不争"，但他并未具体地论述水道德或水伦理。[④]

五、"上善若水"的续成与发展

"上善若水"作为道家的善道哲学，在老子创立后得到了开拓创新和

---

① 李耳：《老子》，太原：山西古籍出版社，2001年，第108页。

② 李耳：《老子》，太原：山西古籍出版社，2001年，第56页。

③ 李耳：《老子》，太原：山西古籍出版社，2001年，第97页。

④ 参见徐少锦：《管仲及其学派的科技伦理思想》，《伦理学研究》2002年第1期。

持续发展，并最终成为中华优秀传统文化中“至善”论的有机组成部分，至今仍影响着人们的道德行为。

庄子是战国时期道家思想的重要代表，他在《庄子》的不同篇章中不仅继承了老子以水论道、以水论德的范式，而且拓展了“上善若水”的思想和方法。他以厚积薄发为基，以“虚静恬淡寂寞无为”为德，以静水、止水、清水为星鉴，强调以水“养神”，倡导帝王圣人、大人、君子之人格，在人与人之间要培育像鱼和水一样“相濡以沫”的情感，做到“相造”以道、无事生定、“忘乎道术”。[①] 在方法论上更侧重于静察与思辨的结合，认为“水静犹明”。

《逍遥游》集中阐发了庄子人生哲学的最高理想，其主旨是要超越现实世界的束缚，达到精神无拘无束、自由快乐地生活。但逍遥是要遵循“道”并受道德律的约束的。首先，要重视像水一样厚积薄发。《庄子·逍遥游》载：“且夫水之积也不厚，则其？背负大舟也无力。”[②] 其要义是厚德才能载物，厚积才能薄发，决非背道离德而能快乐逍遥。“夫道，覆载万物者也，洋洋乎大哉！”（《庄子·天道》）人与万物都深受广大、深远的“道”的影响。

其次，庄子认为水性平静、清明可以陶冶人心、人性和人的精神。庄子说：“水静则明烛须眉，平中准，大匠取法焉。而况精神。圣人之心静乎，天地之鉴也，万物之镜也。夫虚静恬淡无为者，天地之平，而道德之至。故帝王圣人休焉。休则虚，虚则实，实则备矣。虚则静，静则动，动则得矣。”[③]《庄子·刻意》也载：“水之性，不杂则清，莫动则平；郁闭而不流，亦不能清。天德之象也。故曰：纯粹而不杂，静一而不变，淡而无

① 《庄子·大宗师》，太原：山西古籍出版社，2004 年。

② 《庄子》，太原：山西古籍出版社，2004 年，第 67—68 页。

③ 《庄子》，太原：山西古籍出版社，2004 年，第 57—58 页。

为，动而天行，此养神之道也。”[①]其伦理要义是人与水相处，既可以培养人的“至德”，又可以养育人的内在精神特质。特别是“止水”，庄子在《德充符》中说：“人莫鉴于流水而鉴于止水，唯止能止众止”，又说：“平者，水停之盛也，其可以为法也，内保之而外不荡也。”[②]因此，水可以让人心境澄明，性情平和。

最后，庄子高度赞赏大海“不满”、“不盈”、“不虚”的水性特质。《庄子·齐物论》以海喻道，说：“注焉而不满，酌焉而不竭。”《庄子·秋水》则称：“天下之大水，莫大于海。万川归之，不知何时止而盈；尾闾泄之，不知何时已而不虚；春秋不变，水旱不知。”因此，观海思德，可以培育兼容并包、泽及群生、不图名利的圣人和君子人格。正如《庄子·徐无鬼》所载：“故海不辞东流，大之至也。圣人并包天地，泽及天下，而不知其谁氏。是故生无爵，死无谥，实不聚，名不立，此之谓大人。”“君子之交淡若水，小人之交甘若醴。君子淡以亲，小人甘以绝。”（《庄子·山木》）君子之间不尚虚华，具有“真水无香”的关系特征。不过，其中“君子”与“小人”的道德人格定位具有吸纳儒家伦理思想的意味。

墨家的思想代表墨子一方面受老子水道观和水德观的影响，在《墨子·亲士》中阐发了“江河不恶小谷之满己也，故能大……是故江河之水，非一源之水也”的思想。另一方面，在《墨子·修身》中以原与流的关系，论述了行与名的相关性，认为“原（源）浊者流不清，行不信者名必耗”。以“溪狭者速涸，逝者速竭”为理据，提出了“兼王”应该“尚同”的伦理主张。

汉代道家的两部经典《淮南子》和《太平经》则在续成创新中提出新理论，开创了儒道水伦理思想相互交流和交融的新境界。《淮南子·原道

① 《庄子》，太原：山西古籍出版社，2004年，第156页。

② 《庄子》，太原：山西古籍出版社，2004年，第60页。

训》在赞成“柔弱者，道之要也”,[①]而“天下之物，莫柔弱于水，然而大不可及，深不可测，修极于无穷”；“原流泉浡，冲而徐盈，混混滑滑，浊而徐清”等观点的同时，更加具体地阐述了水道与“至德”的关系。《淮南子·原道训》中说：“(水)上天则为雨露，下地则为润泽；万物弗得不生，百事不得不成；大包群生而无好憎；泽及蚑蛲，而不求报；富赡天下而不既，德施百姓而不费……是故无所私而无所公，靡滥振荡，与天地鸿洞；无所左而无所右，蟠委错紾，与万物始终。是谓至德。”水无所不在，上天下地，润泽万物，不分先后，没有公私，恩泽浩浩荡荡，和天地融为一体，这就是最高尚的道德。在《淮南子·说山训》和《修务训》则从兴修水利的实际出发，提出“以水为师”、“循理举事”的新思想，在秉承无为而治的精神要义的同时更加注重人积极有为的主体性。《淮南子·修务训》中说：“夫地势，水东流，人必事焉，然后水潦得谷行。禾稼春生，人必加功焉，故五谷得遂长。听其自流，待其自生，则鲧、禹之功不立，而后稷之智不用。若吾所谓无为者，私志不得入公道，嗜欲不得枉正术，循理而举事，因资而立，权自然之势，而曲故不得容者，事成而身弗伐，功立而名弗有，非谓其感而不应，攻而不动者。”[②]提倡“无为”，是因为凡事似水东流，有其自身的内在规律。《淮南子·说山训》载：“水定则清正，动则失平，故唯不动则无不动也。”[③]主张“以水为师”、“循理而举事”，是因为世间万物虽天生、地养但还要靠“人成”。人的主体性在人水相处中不可或缺。

《太平经》则针对人水不和的现实，在论述“今水泉当通，利之乃宣，因天地之利渎，以高就下”[④]等思想的同时，根据“当通不通”、“王治不

① 刘安：《淮南子》，重庆：重庆出版社，2007年，第121页。

② 刘安：《淮南子》，重庆：重庆出版社，2007年，第89页。

③ 刘安：《淮南子》，重庆：重庆出版社，2007年，第137页。

④ 杨寄林译注：《太平经今注今译》，石家庄：河北人民出版社，2002年，第260页。

和”、“地大病”等问题，拟人化地提出了岩土是大地的骨骼，水泉是血液等观点。

魏晋南北朝时期的“玄学”代表，则以静默、淡泊、忘为等方式和主张，弘扬了道家“上善若水”的伦理传统。如郭象在《庄子注·应帝王第七》说：“渊者，静默之谓耳。夫水常无心，委顺外物，故虽流之与止，鲵桓之与龙跃，常渊然自若，未始失其静默也。夫至人用之则行，舍之则止，行止虽异而玄默一焉……虽波流九变，治乱纷如，居其极者，常淡然自得，泊乎忘为也。”[①] 他认为聚集水的深渊，宁静沉默是它的本身属性，水自身的规律就是随从顺应外界事物而改变自己。所以纵然存在流动和停止，鲸鱼的盘桓和蛟龙的腾空，水依然如故没有改变，从来没有失去它宁静沉默的特点。道德修养高超的人如果得到任用，会将大道推行于世；如果被弃而不用的话，就将静默隐世。推行和归隐虽然不一样但都体现了深奥清静的“道”……所以，虽然流动的波涛充满着变化，天下的局势不断的改变，但是处在最高位的人，还是能长久地保持淡泊名利、自得其乐和与世无争的心态。

“上善若水”的续成发展到了近代则多了几分变革维新的内涵。如魏源在《老子本义》中，通过对老子关于水蕴含“善治，善能”意义的解释，纳入了欲立先破、革除污秽的维新思想。他说：“（水）洗涤群秽，平准高下，善治物也；以载则浮，以鉴则清，以供坚强莫能敌也，善用能也。”[②] 主张将水“洁净善化”的品格与治用变革相结合。

总之，经过长期的哲学流变，“上善若水”最终与“止于至善”结合到一起，使“上善若水，止于至善”成为人们长期信奉的“道德金律”。其基本特征是：从万物而非仅限于人来界定水之道、水之德和水之善的，

① 汤一介：《郭象与魏晋玄学》，武汉：湖北人民出版社，1983 年，第 112 页。

② 魏源：《老子本义》，北京：商务印书馆，1986 年，第 74—75 页。

因而具有非人类中心的生态价值意蕴。“上善若水”与《礼记·大学》中关于“止于至善”思想的融合不仅体现了“有容乃大”的原则，而且在更高层次上成就了中华民族的“至善”论，形象地诠释了几千年来炎黄子孙对于“至善”的信仰和追求，使水生万物、水润万物、水利万物成为华夏民族谋求功在当代、利在千秋的水利文明的优秀文化基因。“上善若水”的思辨方式强调人天合一，形成了“人法地，地法天，天法道，道法自然”[①]的独特思维范式，合理反映了人性向善的精神需求和现实路径。这是“上善若水”始终充满活力的原因所在，也是当代水伦理构建应合理继承的宝贵资源。

第三节　水利观的嬗变与当代水问题

通俗而言，水利是水或水体给自然万物带来的利益和好处。水利观则是人们对水利的看法和观念。水利观产生于人与水相交往的生产实践和生活实践，并随着生产力的发展和社会历史的变迁而嬗变。

一、传统水利观的内涵和发展

“黄帝以姬水成，炎帝以姜水成”，水是中华文明的生态之基。因此，“水利”一词早在先秦时期的一些文献中就出现了。不过，其含义主要地是指水本身存在的利益，即“水中之利”，而非现代水利资源开发利用和防止水害的意义。如《吕氏春秋·孝行览》就有“取水利”的说法。《吕氏春秋·孝行览》载：“舜之耕渔，其贤不肖与为天子同，其未遇时也，

① 李耳：《老子》，太原：山西古籍出版社，2001年，第44页。

以其徒属掘地财，取水利，编蒲苇，结罘网，手足胼胝不居，然后免于冻馁之患。”这里的“取水利”仅指水产捕鱼等利益。先秦时期也没有水利专著，但在不少文献中已包含水利方面的内容。如《山海经》、《尚书·禹贡》、《周礼·夏官司·职方氏》等著作。

汉代司马迁首次明确赋予了“水利”一词具体含义，其水利观也贯穿于古代中国的千年治水实践。他在《史记·河渠书》中撰述了先秦至汉代黄河治理和渠道开凿的基本情况，以史实论证了“水利”的基本内涵，如治水、防洪、灌溉、航运等，使“水利”成了一个有特定含义的专门用词。

比照《管子·度地》的水利观念，管子将水作为影响民富国强的“五害”之首，提出了“善为国者，必先除其五害，人乃终身无患害而孝慈焉”的主张。管子说：“水，一害也；旱，一害也；风、雾、雹、霜，一害也；厉，一害也；虫，一害也，此谓五害。五害之属，水最为大。五害已除，人乃可治。”这“五害”中不仅水害最大，而且前三害都与水有关，第四害“厉”则通“病”，指灾疫，也多与水旱相连。如《管子·五行》有“旱札（札谓夭死），苗死，民厉（厉为疫死）”之说。管子认为：“水妄行则伤人，伤则困，困则轻法，轻法则难治，难治则不孝，不孝则不臣矣。”①所以，管子说整除五害，亦应“以水为始。因其利而（往）〔注〕之可也，因而扼之可也”，“五害之属，伤害之类，祸福同矣。知备此五者，人君天地矣（按：支配天地，和其合德）。”②

司马迁在《史记·河渠书》中，一方面，因袭了管子“水害”论的观念，认为“河灾衍溢，害中国也尤甚”。另一方面，较为系统地阐发了避害兴利的“水利”思想，通过记叙了不同时代各地兴修水利、“百姓飨其利”的史实，提出了水利观。例如，他充分肯定了战国时期，中原开鸿

① 《管子·度地》，李山译注，北京：中华书局，2009年，第315页。

② 《管子·度地》，李山译注，北京：中华书局，2009年，第315页。

沟，楚通渠汉水、云梦及江淮，吴通渠三江、五湖，齐通渠淄、济，蜀李冰凿离堆，用以灌溉农田，“百姓飨其利”等水利业绩；以史实论证兴修水利的多重效益。例如，魏国西门豹引漳水灌溉邺地，使河内地区（今河南黄河以北）农业丰收。秦国的郑国渠修成后，既改良了土壤又浇灌了农田，实现了化害为利。“用注填阏之水，溉泽卤之地四万余顷，收皆亩一钟。”“于是关中为沃野，无凶年。”战国时所开沟渠，“皆可行舟，有余则用溉浸”；汉代则修渠溉田“不可胜言”，“以万亿计”。汉武帝元光六年（公元前 129 年）开凿的关中漕渠，此渠历时三年修通，“以漕，大便利”。

《史记·河渠书》不仅第一次阐明了“水利”的内涵，而且更多地拓展了管子“因其利”而非“水害”论的观念；以当时的古今水利实践系统地论述了避害兴利的水利思想，高度赞赏了人工水利和人为水利，充分肯定了人的主体治水精神，对水利的价值评判也从经济领域的灌溉、航运等拓展到了政治和国计民生、人民福祉，使汉武帝时出现了官员们“争言水利”的政治景象。在客观上，极大地促进了人与水关系的转变。如果说汉朝之前的人水关系是水主人奴的话，那么西门豹治漳则具有破除这种关系而推进新型人水关系建立的标志性意义。这种新型的人水关系以天人合一为生态哲学基础，以法自然为原则，以因势利导、避害兴利为内涵，使人从水神的控制下解放出来，朝着人水共主的伦理方向发展。水虽然仍是主宰人们生产和生活一种自然神力，人们从内心深处敬畏水和水神，在行为选择上也崇拜各种水神、湖神、河伯、井神等。但是，人们同时尊敬治水英雄，也敬奉治水功臣为神并顶礼膜拜，把兴修水利视作为民造福的善事、德业，是行善积德、功在千秋的好事。此外，司马迁以《河渠书》的方式专门记述水利事务，使《史记》成为我国第一部包含水利史的专著，为后世的史书如《汉书》等撰述河渠水利专篇树立了典范。因此，《史记·河渠书》的问世，标志着避害兴利的传统水利观的正式形成。

汉代以后，无论国家是统一还是分裂，由于长期施行“重农抑商”、

“以农为本”、自给自足的小农经济政策，因此，水利的基本内涵相对稳定，是指人们通过人类活动而获得的、与水相关的物质利益和精神满足，主要内容始终以防洪、灌溉、航运为重点，形成了对农田水利等的高度认同和系统认识。一方面，在思想层面，普遍认同水利是“农之本”、“稼之命”。历代思想家反复强调并不断论证水在“民为邦本”、“农为邦本”的国家的重要性，形成了农为邦本、水为农本的思想逻辑。南宋陈耆卿明确提出：“夫稼，民之命也；水，稼之命也。”[①] 明代的徐光启在《农政全书·凡例》说：“水利，农之本也，无水则无田矣。”指出：“凡水，皆谷也。”“水者，生谷之藉也”，“弃之则害，而用之则利”。历代皇帝也高度重视并认同水利是“农之本”。如宋神宗说：“灌溉之利，农事大本。”[②]

另一方面，形成了较为系统的方法论体系。随着实践的发展，基于农田水利的方法论不断完善，形成了比较系统的认识。例如，明代徐光启在《农政全书·凡例》总结了以往兴修农田水利的方法：（1）提出了依据实际情况、因地制宜的原则。如提出了关于保墒防旱的三条最重要原则：农田储雪、冬灌保墒和夏末秋初深翻蓄水等。（2）系统阐释了差异化开发利用水资源的用水“五法”，即用水之源、之流、之潴、之委以及“作潴作原以用水”，诠释了用水“五法”的内涵。“用水之源”是指利用山上的流泉、平地的喷泉及山涧的溪流；“用水之流”是指利用江河港浦干支流的水源；“用水之潴”是指利用沼泽荡漾的水源；“用水之委”是指利用潮汐顶托、引用入海河口段的水源；“作潴作原以用水”是指开发地下水和利用雨雪水等。徐光启认为：“尽此五法，加以智者神而明之，变而通之，田之不

① 陈耆卿：《筼窗集：卷四奏请急水利疏》，http：//www.360doc.com/content/16/1203/05/14253823_611460348.shtml。

② 脱脱、阿鲁图撰：《宋史·河渠志五》卷九十五，北京：中华书局，1977年，第2369页。

得水者寡矣，水之不为田用者亦寡矣。”[①]（3）进一步提出并阐明了综合开发和利用水资源的七种措施：引水、蓄水、调水、防水、疏水、凿井取地下水、提水等，阐明了运用这七种措施的看法。例如，提水是要在水低田高、不能自流灌溉的地方，根据具体条件，利用人力、畜力、水力、风力带动提水机具等提水灌田。

与此同时，生产力的发展和人水关系变化，也使人们形成了对水利的新知，甚至提出了基于“人定胜天”思想的一些水利观念。

晋代和傅玄对于水田和陆田的人水关系提出了自己的观点，认为“‘陆田命悬于天，人力虽修，苟水旱不时，则一年之功弃矣。水田之制由人力，人力苟修，则地利可尽。’且虫灾之害亦少于陆田，水田既修，其利兼倍”。[②] 在水与地关系的认识上，南宋陈耆卿曾提出了“水在地中，犹人之有血脉”[③] 的有机整体论思想。

关于人与水的关系，王安石基于“人定胜天”的思想，不仅提出了“三不足”思想，即“天变不足畏、祖宗不足法、人言不足恤”，而且以“三不足”的精神认识和治理水利。他认为，水旱灾害是“人力不至，而非岁之咎也”，主张“浚治川渠”，“并广泛发动，无老壮稚少，亦皆惩旱之数”，“起堤堰，决陂塘，兴水陆之利”。由此，兴修水利成为王安石变法也即熙宁变法中成就最辉煌的业绩之一。在水利投入上，仅熙宁七年至十年的3年中达到了15.5万多贯。在兴修水利方面，一是围湖造田，使江东和浙西成为圩田的典范。形成用圩岸将湖边湿地与湖水隔开、在圩堤上建斗门堰闸；旱可开闸引水灌溉，涝则闭闸拒水于外的“圩田模式”。范仲淹曾

① 徐光启：《农政全书》卷十六，上海：上海古籍出版社，1979年，第406页。

② 脱脱、阿鲁图撰：《宋史·食货志四（上）》卷一百七十六，北京：中华书局，1977年，第4265页。

③ 陈耆卿：《筼窗集·奏请急水利疏》卷四，http：//www.360doc.com/content/16/1203/05/14253823_611460348.shtml。

描述当年圩田的规模和技术，高度赞扬其作用说："江南旧有圩田，每一圩方数十里，如大城，中有河渠，外有门闸，旱则开闸引江水之利，涝则闭闸拒江水之害，旱涝不及，为农美利。"① 二是兴建拒咸蓄淡工程。所谓拒咸蓄淡工程，即采用一组闸坝建筑物，抗御海潮入侵，蓄引内河淡水灌溉。宋代在福建莆田建成的木兰陂就是拒咸蓄淡的典型。莆田人郑樵专门书写了《重修木兰陂记》，并盛赞其效益说："蓄泄凡溉田万顷，使邦无旱?饥馑之虞。"范仲淹在泰州则修建名扬古今的"范公堤"。据史书记载："范仲淹为泰州西溪盐官日，风潮泛溢，渰没田产，毁坏亭灶，有请于朝，调四万余夫修筑，三旬毕工。遂使海濒沮洳泻卤之地，化为良田，民得奠居，至今赖之。"②

水利观的发展，使兴修水利成为历朝官员的自觉行动。例如，元明清时期，江南官员虞集、郑元枯、吴师道、陈基、丘浚、归有光、徐贞明、冯应京、汪应蛟、左光斗、董应举、徐光启、方贡岳、陈子龙、张溥、顾炎武、许承宣、柴潮生、林则徐、包世臣等都积极倡导水利。元朝虞集"五行之才，水居其一，善用之，则灌溉之利，瘠土为饶。不善用之，则泛滥填淤，湛溃啮食"。③ 他建议泰定帝说："京师之东濒海数千里，北极辽海，南滨青齐，萑苇之场也。海潮日至，淤为沃壤。用浙人之法，筑堤捍水为田。"④ 明朝灭亡后，顾炎武在西北垦荒开发水利，造福人民。据史料载，他在西北"近则贷资本，于燕门之北、五台之东，应募垦荒。同事者二十余人，

① 脱脱、阿鲁图撰：《宋史·仁宗》卷一百四十三，北京：中华书局，1977 年，第 3440 页。

② 脱脱、阿鲁图撰：《宋史·河渠志七》卷九十七，北京：中华书局，1977 年，第 2394 页。

③ 虞集：《道元学古录·会试策问》卷十八，台北：华文书局印行，1912 年，第 1329 页。

④ 宋濂：《元史·虞集传》卷一百八十一，北京：中华书局，1979 年，第 4177 页。

辟草莱，披荆棘，而立室庐于彼。然其地苦寒特甚……彼地有水而不能用，当事者遣人到南方，求能造水车、水碾、水磨之人，与夫能出资以耕者”。[①]林则徐在所写的《钱辅水利议》一文中指出：如果京、津一带的水利问题解决了，化害为利，化害河为益河，稻谷产量自会加增。这样，“上以裕国，下以便民”，“潜弊不禁自除”。因此，他不仅在京、津地区治水，而且在1845年被道光帝派遣新疆后亲赴南疆等地勘察，在吐鲁番开通了龙口至黑山的水渠，同时，广泛推进坎儿井，“增穿井渠”，使吐鲁番“变赤地为沃壤”[②]，赢得了新疆人民尊敬。至今传颂着坎儿井为“林公井”美誉。

千年文明，千年水利。不断丰富的水利观不仅成为中华水文化的重要组成部分，而且为大河文明的水利辉煌奠定了思想基础，指导中华儿女创造了功在千秋的水利工程和不朽的水生态文明。然而，以家天下的长治久安为根本目的治水实践和水利工程也因为王朝的治乱兴衰而废举不定。黄河水患成了“中华之痛”，百姓只能靠天吃饭，治水兴利也因此始终属于为国为民谋福利的德业善举。

二、近代民生主义水利观的精神要义

为了谋求“吃饭”问题和“水祸”问题的标本兼治，近代水利观一方面表现出了对传统水利观的续成特性。如近代中国民族工业的先驱张謇因为淮河水患而继续倡导“导以除害”、“垦以兴利”，“水利为农田之命脉”的水利观。[③]孙中山也主张遵循自然法则，因地制宜，合理利用水利资源

① 顾炎武：《顾亭林诗文集》，北京：中华书局，1983年，第76页。

② 引自苏全有：《论林则徐的农业水利思想与实践》，《邯郸师专学报（综合版）》1996年第1—2期。

③ 参见庄安正：《对张謇导淮几个问题的探讨》，《江海学刊》1996年第2期。

的思想，采用防灾、航运与综合治理相结合的方法，由政府主导、百姓参与，共同争取消除水祸。孙中山曾说：民主主义要解决的第一个问题是“吃饭问题”，“对于吃饭问题，要能防止水灾……免去全国的水祸”①，防止水患是“全国至重大之一事”。他指出：“修理黄河，费用或极浩大，以获利计，亦难动人。故防止水灾，斯为全国至重大之一事。黄河之水，实中国数千年愁苦之所寄。水决堤溃，数百万生灵、数十万万财货为之破弃净尽。以故一劳永逸之策，不可不立，用费虽巨，亦何所惜，此全国人民应有之负担也。”② 他还作出了“多种森林便是防止水灾的治本方法”的结论，认为多种森林“便不至于成灾”。③

另一方面，提出了反映近代社会发展经济、保障民生的民主主义水利观，其思想代表是孙中山。

第一，水利以民生主义为价值取向。在1894年《上李鸿章书》中，孙中山就提出兴水利的目的是为了“人民的生活，社会的生存，国民的生计，群众的生命”④。辛亥革命兴起后，他在“三民主义”的政治纲领中明确将水利纳入了“民生主义”，使传统水利观发生了质的变化。他说：“民生主义是以养民为目的”的，它要解决的第一个问题是“吃饭问题”，“对于吃饭问题，要能防止水灾……免去全国的水祸”。⑤

第二，将水利作为实业救国的重要内容，确立了兴修水利要规划先行的近代治水理念。在《实业计划》中，孙中山描述了其兴修江河水利的规划，明确提出要“开浚运河，以联络中国北部、中部通渠及北方大港”；要“整治扬子江水路及河岸”，“改良扬子江之现存水路及

① 《孙中山选集》，北京：人民出版社，1981年，第2页。
② 《孙中山全集》第6卷，北京：中华书局，1985年，第265—266页。
③ 《孙中山全集》第1卷，北京：中华书局，1981年，第6页。
④ 《孙中山选集》，北京：人民出版社，1981年，第165页。
⑤ 《孙中山选集》，北京：人民出版社，1981年，第2页。

运河”；“改良广州水路系统”等。[①] 在交通开发部分，包括了对现有运河的修疏，如杭州和天津间的运河、西江和长江间的运河等；对现有江河的治理，如在长江通过筑堤修浚水路，从汉口开始；在黄河两岸修筑堤坝以防止洪水；对西江、淮河等其他河流也要进行疏通等。[②] 他对黄河治理和长江开发作了专门研究，提出了防治策略，为长江开发作了第一个设计书。

第三，赋予水利以新内容。一是将治河与水电开发相结合。孙中山在《上李鸿章书》中就表达了“用瀑布之水力以生电，以器蓄之，可待不时之用，可供随地之需，此又取之无禁，用之不竭者也”。二是把水利与近代商贸发展相统筹。认为“商务之能兴，全恃舟车之利便”，“通商之埠所以贸易繁兴、财货山积者，有轮船为之运载也”，因此，兴修水利可以“畅我货流，便我商运”之基也。[③] 三是注重采用近代先进的水利机械兴修水利。“非有巧机无以节其劳，非有灵器无以速其事。”如凿井浚河，非机无以济其事，其用亦大矣哉。[④]

第四，在实现途径上，提出水道国有，倡导借鉴外国经验和利用外资。孙中山指出：“国家一切大实业，如铁道、电气、水道等事务皆归国有。”[⑤] 通过设立农务局，负责全国水利。规定“农务局之己为兴修水利”。[⑥] 与此同时，借鉴外国经验，“泰西国家深明致富之大源，在于无遗地利，

① 王瑞芬：《浅论孙中山的水利思想》，《新乡师范高等专科学校学报》2006 年第 1 期。

② 《孙中山全集》第 6 卷，北京：中华书局，1985 年，第 251 页。

③ 参见王瑞芬：《浅论孙中山的水利思想》，《新乡师范高等专科学校学报》2006 年第 1 期。

④ 参见《孙中山全集》第 1 卷，北京：中华书局，1981 年，第 11 页。

⑤ 参见《孙中山全集》第 2 卷，北京：中华书局，1982 年，第 323 页。

⑥ 参见《孙中山全集》第 5 卷，北京：中华书局，1985 年，第 432 页。

无失农时，故特设专官经略其事，凡有利于农田者无不兴，有害于农田者无不除。如印度之恒河，美国之密士，其昔泛滥之患亦不亚于黄河，而率能严治之者，人事未始不可以补天工也。”① 要动员举国之力，并利用外资、外力、外法等兴利避害。为此，孙中山还提出了利用外资的“三原则”，即一不失主权，二不用抵押，三利息甚轻三大原则。②

近代中国风云变幻，救国救亡成为压倒一切的急务，民生水利也因此壮志难酬。1903—1925年张謇为导淮奔走呼吁长达23年，并首创河海工程专门学校，但终究未能消除“水灾不已，人民苦痛”③。民国时期的中国仍被外国学者马罗利称为“饥荒之国度”。

然而，与传统水利观相比，民生主义水利观显然属于新的思想文化体系，与传统水利观有着质的不同。传统水利观以家天下的长治久安为出发点和回归点，水利内容以防洪、灌溉、航运为主，水利原则以均平为重，水利兴废取决于封建君臣的意愿和王朝的盛衰。虽然也有以民为本的思想，但救民水火主要的是基于封建帝皇安邦定国的现实需要。周恩来一语道破了传统水利的实质，他说：“我们中国治水已有二三千年历史，广大人民群众要治水，过去封建帝王和奴隶主也要治水，否则，他们的统治就要垮台。”④ 民生主义水利观内在于近代资产阶级救国救亡的经济、政治和文化纲领。以近代国家和政府为主导，谋求自然水患的标本兼治以及新的人为水利。⑤ 如水电、水利商务等。

如果将孙中山水利观与毛泽东的水利观相比较，则可以发现两者治水

---

① 参见《孙中山全集》第1卷，北京：中华书局，1981年，第10页。

② 参见《孙中山全集》第1卷，北京：中华书局，1981年，第568页。

③ 刘厚生：《张謇传记》，上海：上海书店出版社，1985年，第278页。

④ 中共中央文献研究室：《周恩来经济文选》，北京：中央文献出版社，1993年，第305页。

⑤ 参见《孙中山全集》第9卷，北京：中华书局，1986年，第407页。

的基本思路相近，都想标本兼治，都坚持因地制宜，重视整体规划和水土资源的综合治理与及开发等。但是，两者的价值取向不同，前者是民生主义的，后者则是人民主义的。前者未能如愿以偿，后者却取得了史无前例的成效，民主主义的梦在毛泽东时代变成了现实。虽然毛泽东时代兴修水利的方式是大规模群众运动式的，是以变革生产关系的方式代替了水利生产力发展式的，因而也是不可持续的。不过，在治理千年水患方面确实成功了。至于治水过了头，这既有时代局限，也有认知偏差。可那时的人们，谁又能正确预知今天的生态环境问题呢？就根本而言，是经济社会发展的水平和主要矛盾导致了国人对生态环境保护等集体无意识。孙中山和毛泽东看到的是美国等发达国家的筑坝经验，因为拆坝时代还没到来。对此，客观地对待前人的失误也需要我们有历史思维、整体思维和辩证思维。

三、当代水利观的嬗变与水问题的转化

1．当代水利观的嬗变

当代水利观一方面延续了对农田水利的高度重视和普遍认同；另一方面发生了质的变化，这种变化不仅表现为民生主义水利观向人民水利观的转化，更在于对人水关系的颠覆性认识。

第一，“水利是农业的命脉”的观点贯穿于经济社会发展的始终。早在1919年7月毛泽东在其创办的《湘江评论》的创刊宣言中便指出，“世界什么问题最大？吃饭问题最大”①，而要想解决吃饭问题就必然得发展好农业；要想发展好农业，毛泽东指出必须解决好“农业生产的必要条件方面的困难问题，如……水利问题等”。②1927年，毛泽东在《湖南农

① 毛泽东：《创刊宣言》，《湘江评论》1919年7月14日。

② 《毛泽东选集》第一卷，北京：人民出版社，1991年，第131页。

民运动考察报告》一文中，将农会领导农民修塘坝作为农民运动的十四件大事之一。[①]1934年1月23日，第二次全国工农兵代表大会上，毛泽东便明确提出了："水利是农业的命脉，我们也应予以极大的注意。"[②]即使是在抗日战争期间，毛泽东也主张要在有条件的地方尽可能兴修水利，而且要反对悲观和冒进两种倾向。1942年12月，毛泽东在边区高级干部会议上所作的《经济问题与财政问题》报告中，提出要将"兴修有效的水利"放到提高农业技术的首位。报告指出：抗战期间"兴修水利并不是没有希望的，在有些地方是有修水利的条件的，特别是靖边的同志这种认真努力实事求是的精神，值得各县效法。各县水利情况虽不会与靖边相同，但依靠党和政府的领导与人民的努力，在真正有利的条件下，也可开发若干水利事业"。毛泽东强调兴修水利要从边区实际情况出发，通过兴修水利提高农业技术，增产增收。他批评了对边区水利建设失去信心的悲观主义和过分夸大水利建设可能性的冒进主义两种错误水利观。[③]

即使在"文化大革命"期间，毛泽东仍十分重视农田水利建设。1969年7月8日历时9年的林县红旗渠工程全部建成。红旗渠分为长达140华里的总干渠和203华里的干渠及1896华里的支渠配套工程，使林县形成了一个水利灌溉网络，全县水绕地面由解放前的不到1万亩扩大到60万亩，仅1969年的小麦产量就比1968年增加三成。到1972年长江中下游水利建设取得重大成绩，完成土石方180亿立方米，建成500多座大、中型水库，使长江中下游的灌溉总面积达到1.5亿多亩，其中建成的旱涝保收农田1.1亿亩，沿江平原可以排泄5年到10年一遇的渍

① 《毛泽东选集》第一卷，北京：人民出版社，1991年，第12页。

② 《毛泽东选集》第一卷，北京：人民出版社，1991年，第132页。

③ 参见《毛泽东选集》第三卷，北京：人民出版社，1991年，第774—777页。

涝，丘陵灌溉区可以抗御持续 50 到 70 天或更长时间的干旱。同年，淮河治理也取得显著成就，在治理过程中，兴建了大型灌区及大量的机电排灌站，灌溉面积相当于 1949 年的 5 倍以上，全流域有 20 多个县、市和 1 万多个生产队粮食亩产超过《纲要》指标。受“大跃进”的鼓舞，提出了“只要再苦战两冬两春，全国现有耕地，基本上完成水利化是完全可能的”①。

第二，人民水利为人民，人民水利情系人民。1950 年，毛泽东在听取邓子恢和薄一波关于荆江分洪工程建设的汇报时，提出了人民水利为人民的思想。他在报告批示中说：“为了广大人民的利益，争取荆江分洪工程的胜利。”② 一句“为了广大人民的利益”颠覆了传统水利为家天下定国安邦的核心价值观，也标志着近代民生主义水利观向人民水利观的转变。从人民的党、人民的军队到人民的政府和人民的共和家，意味着人民的根本利益成为了党和国家的价值选择。为人民谋利益也日渐成为反映当代中国水利特质的价值和目的，并充分体现在水利工作的知、情、意、行中。1950 年 8 月，江淮灾情趋于严重，有些村落全被沉没，还有人被毒蛇咬死的现象。毛泽东得知后痛心疾首，要周恩来限水利部 8 月份务必制订出导淮计划，并交由毛泽东亲自审阅，通过政务院的审批后，秋初便立即动工。③9 月 21 日，毛泽东又下发指令，要求相关部门与人员做好治淮工程的前期勘察与规划，他嘱咐该工程要尽快开工，不宜久延。④ 人民领袖不

① 《中共中央关于今冬明春在农村中普遍展开社会主义和共产主义教育运动等五项文件》，北京：人民出版社，1958 年，第 6—7 页。

② 转引自曹应旺：《周恩来与治水》，北京：中央文献出版社，1991 年，第 33 页。

③ 参见中共中央文献研究室编：《建国以来毛泽东文稿》第 1 册，北京：中央文献出版社，1987 年，第 459 页。

④ 参见中共中央文献研究室编：《建国以来毛泽东文稿》第 1 册，北京：中央文献出版社，1987 年，第 530 页。

是为江山永固而是为了人民利益而兴修水利，因为百姓遭殃而痛心疾首。这与古代封建时代完全不同。

人民水利为人民，人民水利也靠人民。毛泽东说："我们共产党人好比种子，人民好比土地。我们到了一个地方，就要同那里的人民结合起来，在人民中间生根、开花。"[①]他曾形象地将党群关系、军民关系比作鱼和水，"离开了群众路线这个根本，共产党就成了无源之水，无本之木，党的政治、组织、军事及其他一切就不可能有正确的路线，党不但不能实现解放无产阶级的任务，而且有被敌人消灭的危险"[②]。

第三，提出了"事在人为"和"向地球开战"的观点。在新中国建设初期，毛泽东就提出了要消灭荒山，绿化祖国的号召。毛泽东指示："在十二年内，基本上消灭荒地荒山，在一切宅旁、村旁、路旁、水旁，以及荒地上荒山上，即在一切可能的地方，均要按规格种起树来，实行绿化。"[③]1951 年 5 月，毛泽东要求组织中央治淮视察团，亲临淮河大地，一方面检查治淮计划的落实情况，另一方面鼓舞治淮工作者的士气。临行前，他亲笔题词："一定要把淮河修好。"1952 年 10 月，毛泽东在视察黄河时发出了要把黄河的事情办好的号召。1955 年，国务院第十五次会议讨论了《关于根治黄河水害和开发黄河水利的综合规划的报告》，通过了立足于水资源的充分利用、防洪与水电相互结合，施行整体规划、科学与群众结合、水土保持等策略根治黄河。

随着"大跃进"和人民公社的推进，毛泽东先后提出了"向地球开战"和"事在人为"的观点。1959 年 6 月，毛泽东在同秘鲁议员团谈话时说："过去干的一件事叫革命，现在干的叫建设，是新的事，没有经验。怎么

① 《毛泽东选集》第四卷，北京：人民出版社，1991 年，第 116 页。
② 《毛泽东选集》第一卷，北京：人民出版社，1991 年，第 145 页。
③ 《毛泽东文集》第六卷，北京：人民出版社，1999 年，第 509 页。

搞工业，比如炼铁、炼钢，过去就不大知道。这是科学技术，是向地球开战，当然这只是向地球上的中国部分开战，不会向你们那里开战。”①1959年12月至1960年2月，毛泽东在与陈伯达、胡绳、邓力群、田家英等一起读苏联《政治经济学教科书》时提出了“事在人为”的观念。他说：“‘事在人为’，在土地改良里是很重要的。自然条件相同，经济条件相同，一个地方‘人为’了，结果就好；一个地方‘人不为’，结果就不好。例如，在河北省内，京汉路沿线的机井很多，津浦路沿线的机井却很少，同样是河北平原，同样是交通方便，但是土地的改良却各不相同。这里可能有土地利于或不利于改良的原因，也可能有不同的历史原因，但是，最主要的原因是‘事在人为’。……北京昌平县过去常闹水旱灾害，修了十三陵水库，情况改善了，还不是‘事在人为’吗？河南省计划在一九五九、一九六〇年以后再用几年，治理黄河，完成几个大型水利工程的建设，也都是‘事在人为’。实际上，精耕细作，机械化，集约化，都是‘事在人为’。”②其中比较明确地提出了要将“事在人为”用于指导黄河治理和大型水利工程建设。于是，一批大型水利工程在这种观念指导下启动，河流的“根治”加速推进。1963年海河大水后，“一定要根治海河”成为海河治理的指导思想。

第四，水利建设应坚持三项原则。一是将人民群众的生命财产安全作为水利工作的第一要务。二是发挥人的主观能动性，积极治理水患。1953年，毛泽东在视察长江时指出：“水治我，我治水。我若不治水，水就要治我，我必须治水。”这既表达了治理水患的决心和信心，同时也是主动处理人水矛盾的原则。三是统筹规划，协同治理。在水利建设中，特别要统筹处理好“远景与近景，干流与支流，上中下游，大中小型，防洪、

① 《毛泽东文集》第八卷，北京：人民出版社，1999年，第72页。

② 《毛泽东文集》第八卷，北京：人民出版社，1999年，第127—128页。

发电、灌溉与航运，水电与火电，发电与用电"[1]的关系，做到统筹规划、综合利用。1951年，毛主席明确提出："导淮必苏、院、豫三省同时动手，三省党委的工作计划，均须以此为中心。"1953年，国家设置了小水电的专门管理机构，全面统筹全国小水电建设。在《1956年到1967年全国农业发展纲要》中，中共中央进一步提出"凡是能够发电的水利建设，应当尽可能同时进行小型水电建设，结合国家大中型的电力工程建设，逐步增加农村用电"。[2]此后，农村和山区的小水电得到快速发展。

第五，水利要从为农业服务为主转到为社会经济全面服务。改革开放的展开使水利与经济社会的关系也逐渐发生了变化。1980年7月，邓小平在考察都江堰工程时，要求研究和借鉴都江堪的智慧，为治理长江和修建三峡大坝提供经验。他不仅十分重视水电建设在经济建设中的作用，更希望水利能服务于经济社会的全面发展。他认为"我们的能源应该搞水电，水电建设虽然周期长一些，但不用煤，成本低，利润高"[3]。因此，1984年明确提出了"水利要从为农业服务为主转到为社会经济全面服务，从不讲投入产出转到以提高经济效果为中心的轨道上"[4]的论断，还基于国内市场和国际市场等"两个市场"理论，提出了缓解洪灾与林业发展矛盾的途径。为了避免森林过度砍伐，他说宁可进口一点木材，也要少砍一点树。[5]

第六，"要把水利作为国民经济的基础产业，放在重要的战略地

---

① 《中共中央关于三峡水利枢纽和长江流域规划的意见》，1958年3月25日成都会议通过。

② 王玉贵：《共和国领袖的三农思想》，南京：江苏大学出版社，2009年，第79页。

③ 中共中央文献编辑委员会编：《邓小平文选（1975—1982）》，北京：人民出版社，1983年，第282页。

④ 张岳：《新中国水利50年》，《水利经济》2000年第3期。

⑤ 参见《邓小平论林业与生态建设》，《内蒙古林业》2004年第8期。

位”，提出要“再造一个山川秀美的西北地区”。20世纪90年代，我国以经济建设为中心的改革开放初见成效，困扰中国几千年的“吃饭”问题渐趋解决，传统水利问题也得到了根本治理。然而，以水资源短缺、水环境污染、水生态破坏为基本特征的现代水问题伴随着工业化的进程而不断加剧。因此，在中共中央制订“八五”计划时，现代水问题治理被提上议事日程。江泽民总书记指出：“要认真研究一下水的问题。人无远虑必有近忧，是应该未雨绸缪。”[①]1991年的“八五”计划也写明：“要把水利作为国民经济的基础产业，放在重要的战略地位”。在“九五”计划中则进一步要求将水利建设作为国家基础设施的第一位。1998年长江大洪水之后，江泽民等国家领导人更加重视水利建设，并在党的十五届三中全会《决定》中指出：“洪涝灾害历来是中华民族的心腹大患，水资源短缺越来越成为我国农业和经济发展的制约因素，必须引起全党高度重视，要增强全民族的水患意识，动员全社会的力量把兴修水利这件兴邦安民的大事抓好。”[②]为此，江泽民一方面强调江河的综合治理，在指导西北治理水土流失工作中提出要大抓植树造林，绿化荒漠，发展水利，建设生态农业，从根本上改变了水土流失的问题。[③]另一方面，基于可持续发展的理论提出要发挥社会主义的优越性，以艰苦创业的精神，齐心协力大抓植树造林，认为“经过一代一代人长期地持续地奋斗，再造一个山川秀美的西北地区，应该是可以实现的。”[④]

---

① 《江泽民文选》第一卷，北京：人民出版社，2006年，第90页。

② 《江泽民文选》第一卷，北京：人民出版社，2006年，第158页。

③ 中共中央文献研究室：《新时期环境保护重要文献选编》，北京：人民出版社，2001年，第40页。

④ 姜春云：《关于陕北地区治理水土流失建设生态农业的报告》，《光明日报》1997年9月2日。

2. 当代水利观的实践成效与现代水问题的出现

新中国成立之初，因长期战乱和停滞式的发展，使水、旱灾害依旧成为关系农业和国计民生的头等大事。1949 年夏，荆江大堤因降雨连绵险些溃决，同期的淮河流域则无法避免水灾的降临。淮河河堤多处决口，遭灾面积达2500多万亩[①]。全国大大小小上千条河流，每年都会发生多场洪水泛滥，河堤决口，洪水淹没和冲毁良田，村庄房屋倒塌，百姓流离失所，甚至家破人亡等，成为广大人民群众的最大祸患。同时，北方广大地区缺水干旱，土地不能灌溉，旱情严重时甚至颗粒无收。正常年景下亩产只有二三百斤。当时农业完全处于靠天吃饭、受大自然摆布的状况，人民生活得不到基本保障。因此，治理江河水患成为共产党和人民政府亟待解决的最大民生问题。

为了解决“水祸”和“吃饭”问题，新中国成立初中央政府召开最多的会议是水利工作会议，每年都要召开几次全国性会议，研究解决治水的问题。1950 年，中共七届三中全会在所做的题为《为争取国家财政经济状况的基本好转而斗争》的报告中指出：“我们国家去年有广大的灾荒，约有一亿二千万亩耕地和四千万人民受到轻重不同的水灾和旱灾。人民政府组织了对灾民的大规模的救济工作……”[②] 在人民水利为人民、人民水利靠人民的水利观指导下，传统水问题的综合治理和新中国的水利兴修迅速提上党和国家的议事日程，大江大河的治理也快速展开。1951 年便提出了“一定要把淮河修好”的口号，1952 年 10 月又明确指出“要把黄河的事情办好”，1955 年国务院第十五次

---

① 参见中央文献研究室科研管理部信息中心：《人民总理周恩来（上）》，北京：红旗出版社，1997 年，第 42 页。

② 参见《毛泽东文集》第六卷，北京：人民出版社，1999 年，第 69 页。

会议则讨论通过了《关于根治黄河水害和开发黄河水利的综合规划的报告》，1963 年提出并启动了“一定要根治海河”的行动。经过治理和建设，当代中国水利不仅呈现出了现代水利的基本特征，而且取得了前所未有辉煌成就。

第一，全国性的多层次、多功能农田水利网基本形成。

据地方志记载，苏北地区在经过 20 世纪 60 年代的农田水利建设，在 70 年代农业生产水平又有了提高；[①] 天津在 60 年代农田水利建设以治漠排水为主，发展以蓄代排，大搞治水改土为中心的农田水利建设；[②] 位于山东省东北部黄河入海口的垦利县，在 60 年代农田水利建设以灌排配套为主，对县内排水河道进行系统疏浚治理，建设了一大批农田工程。[③] 震惊中外的河南林县“红旗渠”，被称为“人造天河”，该渠于 1960 年动工，1969 年全部竣工。红旗渠长达 140 华里的总干渠、203 华里的干渠及 1896 华里的支渠配套工程，使林县形成了一个水利灌溉网络，全县水浇地面由解放前的不到 1 万亩扩大到 60 万亩，仅 1969 年的小麦产量就比 1968 年增加三成。到 1972 年，长江中下游水利建设取得重大成绩，累计完成土石方 180 亿立方米，建成 500 多座大、中型水库，使长江中下游的灌溉总面积达到 1.5 亿多亩，其中建成的旱涝保收农田 1.1 亿亩，沿江平原可以排泄 5—10 年一遇的渍涝，丘陵灌溉区可以抗御持续 50—70 天或更长时间的干旱。同年，淮河治理也取得显著成就，在治理过程中，先后兴建了大型灌区及大量的机电排灌站，灌溉面积相当于 1949 年的 5 倍以

① 参见李富阁：《江苏经济 50 年》，南京：江苏人民出版社，1999 年，第 9 页。

② 参见《中国水利年鉴》编辑委员会编：《中国水利年鉴》，北京：水利电力出版社，1991 年，第 329 页。

③ 参见山东省圣利县地方史志编纂委员会编：《垦利县志》，济南：山东人民出版社，1997 年，第 5 页。

上，全流域有20多个县、市和1万多个生产队粮食亩产超过国家下达的指标。与此同时，水利航运迅速增加，航运里程数从1949年的7.3万公里增加到了1962年的16.2万公里，创历史最高水平[①]。到1961年，内陆航运货运量在全国货运量的占比达到18.39%，内陆航运客运量在全国客运的占比达10.44%[②]。70年初又提出了用两年时间基本完成水利化的目标。即“只要再苦战两冬两春，全国现有耕地，基本上完成水利化是完全可能的”[③]。

第二，统筹统治、规划先行成为新的水利内涵。

早在1950年导淮工程启动时，周恩来便根据毛泽东的指示召开会议，要求江苏、安徽、河南三个省份必须制订统一的工作计划，将导淮作为它们共同的工作中心。[④] 开启跨省统筹联治的时代。

1953年后，随着国家经济进入了第一个五年计划建设时期兴修水利也由以恢复、重修排水灌溉工程为重点转为按照国家经济整体规划分阶段、有计划地兴修农田水利工程，逐步提高农业抵抗水旱灾害的能力和增加农业产量，更大程度地发挥水资源的经济效益的阶段。

1955年12月毛泽东在《中国农村的社会主义高潮》的按语中进一步提出了制定水利专项规划的要求。毛泽东说：“每县都应当在自己的全面规划中，做出一个适当的水利规划。兴修水利是保证农业增产的大事，小型水利是各县各区各乡和各个合作社都可以办的，十分需要定出一个在若干年内，分期实行，除了遇到不可抗拒的特大的水旱灾荒以外，保证遇旱

① 参见陈雪等：《中国革命史通论》，大连：大连出版社，1996年，第230页。

② 参见孙国庆：《中国内河航运回顾与展望》，《中国水运》2001年第1期。

③ 《中共中央关于今冬明春在农村中普遍展开社会主义和共产主义教育运动等五项文件》，北京：人民出版社，1958年，第6—7页。

④ 参见中共中央文献研究室编：《建国以来毛泽东文稿》第1册，北京：中央文献出版社，1987年，第491页。

有水，遇涝排水的规划。这是完全可以做得到的。”[①]1955年，依据整体规划、科学与群众结合、水土保持等根治黄河的原则，国务院第十五次会议讨论《关于根治黄河水害和开发黄河水利的综合规划的报告》，内容包括水资源的充分利用、防洪、水电等多个方面。1957年3月7日，陈云等向毛泽东和中央提交意见，认为必须有计划地治理为害最大的几条水系，首先是黄河、淮河、海河水系。此后，黄、淮、海的治理和水利工程建设都依据这一意见，实行了统筹治理、规划先行。

从国家“一五”计划到目前正在执行中的“十二五”规划，当代中国水利始终坚持全国一盘棋，跨省跨流域治理成为行之有效的方法和经验。针对改革开放后新的水问题，2011年中共中央以一号文件的形式对水利建设进行了全面规划指导，提出要实行最严格的水资源管理制度，严格控制用水效率和用水量，确保水利建设与生态环境共同可持续发展。

第三，开创了政府主导、上下互动、全民治水的水利新模式。

1950年召开的农田水利工作会议提出了要“广泛发动群众，大力恢复、兴修和整理农田水利工程，有计划有重点地运用国家投资、贷款，大力组织群众资金和吸收私人资本投放农田水利事业，帮助改善原有管理机构，加强灌溉管理，逐步达到合理使用，并建立健全各种制度”。[②]同年7月20日，毛泽东在接到华东防汛总指挥部发来的电报后，认为必须集中各种力量，全力以赴来解决洪水灾害问题，他立即指示周恩来在当前预防的基础上，寻求治本办法，期望可以利用一年时间，从当年秋天开始组织

① 《毛泽东文集》第六卷，北京：人民出版社，1999年，《中国农村的社会主义高潮》按语选。

② 《水利辉煌50年》编纂委员会编：《水利辉煌50年》，北京：中国水利水电出版社，1999年，第143页。

导淮工程，从而避免第二年的水灾。[①] 在中共中央《关于 1952 年水利工作决定》中提出“塘堰、沟洫、小型渠道、井、泉和水土保持等比较简单而有效的水利工程，应发动与组织群众力量，大量举办”[②]。

在政府主导、全民治理的基础上，新中国水利初见成效。1949—1953年，国家及群众都大力兴修农田水利工程，为农业状况恢复和发展提供了保证。其中，全国各地修整和新修小型的塘坝 600 多万个，打井 80 多万眼，恢复和重建的较大型的灌溉及排水的工程 280 多处，以及安装抽水机达 3 万多马力，耕地的有效灌溉面积扩大了 5600 多万亩。

在农业合作化运动中，被广泛调动的群众积极性进一步坚定了中国政府人民水利靠人民的思想。1955 年毛泽东满怀信心地说：“在合作化的基础之上，群众有很大的力量。几千年不能解决的普通的水灾、旱灾问题，可能在几年之内获得解决。”[③] 于是，以规模大、力度强为特征的“水利大跃进”随之而来。在“大跃进”中，全民兴修水利成绩突出，当然也出了不少问题。一方面，水利在农业建设中依然占据着首要地位，并且列入了“农业八字宪法”，即“水、肥、土、种、密、保、工、管”农业“八字宪法”。其中“水”，意指“兴修水利，合理用水”。另一方面，在政府的领导下，全国人民鼓足干劲，力争上游。到 1959 年，大约有 500 多万人参与了水利的兴建，除了已经建成的大中型工程，又新建了中型水库 37 宗，大型水库 8 宗。开始了对大江大河的截流、改道、栏河等重大工程，包括对海河、黄河、长江等许多大江大河的治理。各地在水利部门出现了诸如“水利书记”、“水利党委”等很多与水利相关的职务，其中广东省专抓水

---

① 参见中共中央文献研究室编:《建国以来毛泽东文稿》第 1 册，北京：中央文献出版社，1987 年，第 440 页。

② 张神根:《中国农村建设 60 年》，沈阳：辽宁人民出版社，2009 年，第 149 页。

③ 《毛泽东文集》第六卷，北京：人民出版社，1999 年，《中国农村的社会主义高潮》按语选。

利工作的就有16名地委书记和232名县委书记，水利建设真正作为全党全民的集体运动。

因此，1959年末至1960年初，毛泽东在《读苏联〈政治经济学教科书〉的谈话（节选）》中专门说明："我们要继续搞这样大规模的运动，使我们的水利问题基本上得到解决。"[①] 在对《一九五六年到一九六七年全国农业发展纲要（草案）》稿的修改中提到："兴修水利，保持水土。一切大型水利工程，由国家负责兴修，治理为害严重的河流。一切小型水利工程，例如打井、开渠、挖塘、筑坝和各种水土保持工作，均由农业生产合作社有计划地大量地负责兴修，必要的时候由国家予以协助。通过上述这些工作，要求在七年内（从一九五六年开始）基本上消灭普通的水灾和旱灾，在十二年内基本上消灭特别大的水灾和旱灾。"[②] 从新中国成立初到1979年中央政府用于水利基本建设的投资达到760多亿元。（据万里在1980年10月全国水利厅局长会议上的讲话）

这种政府主导、全民治理的方式断断续续沿用至"文化大革命"结束。虽然存在着急于求成等问题，但也积累了国家治理与群众治理、国有资本与私人资本、工程建设与制度健全等相结合的经验。这是寻求生态文明时代根本解决水问题方案的重要精神资源。

第四，重大工程综合治理、循序渐进。

以黄河三门峡为例，1952年10月，毛泽东第一次出京视察的地方就是黄河。在谈到三门峡工程的时候，毛泽东认为既要解决防洪问题，也要考虑到黄河流域人民的生活、生产问题，要进行全面开发。他指出："这个大水库（三门峡水库）修起来，把几千年以来的黄河水患解

① 《毛泽东文集》第八卷，北京：人民出版社，1999年，第127页。

② 中央文献研究室：《建国以来毛泽东文稿》第6册，北京：中央文献出版社，1992年，第1页。

决啦”，毛泽东接着指出“还能灌溉农田几千万亩，发电一百万，通行轮船也有了条件，是可以研究的”[①]。1957—1958年的黄河三门峡截流工程正式启动并完成。截流后，可造成647亿立方米的库容，历史上“三年两决口”的黄河从此再无发生过水患。同时具有防洪、发电、灌溉等综合功能，可灌溉农田4000万亩。两岸人民生活生产环境得到了保障。与此同时，1958年开始且竣工的海河拦河大坝合龙工程，这使得华北五条内河与大海的通道切断，至此淡水不再入海，海水也不再上溯；1958年胜利截流的丹江口水利枢纽工程；黄河刘家峡水利枢纽工程完成了截流；青铜峡水利枢纽完成了拦河坝合龙截流。这些大型水库都具有蓄水、防洪、灌溉、抗旱、养殖、发电等综合性功能，对当地的环境、生态和经济发展起着重大作用。

对三峡水库、南水北调工程等则是慎之又慎。在综合治理的同时更注重调研论证、科学推进。1952年，毛泽东在视察黄河的过程中，深入分析了我国所面临的水资源现状。基于现实考虑，毛泽东第一次正式提出了“南水北调”的宏伟构想。1953年2月，毛泽东乘坐“长江”舰在湖南、湖北地区考察工作的途中，对当时的长江流域规划办公室主任林一山同志说道：“南方水多，北方水少，如有可能，借一点来是可以的。”[②]1958年，《引江济黄济淮规划意见书》最终完成，自此确定了“南水北调”工程具体的实施方案。中央先后在1958年到1960年三年中，召开了四次有关南水北调规划的全国性会议，最终制订出了未来四年期间南水北调工程的实施计划。为了最终确定南水北调工程东、中、西线的规划方案，水利工作者经过近半世纪的反复研究论证，做了大量的规划、研究与有关线路的勘

① 《毛泽东主席视察黄河记》，http：//news.sina.com.cn/o/2005-10-11/10347139237s.shtml。

② 华利：《毛泽东水利思想初探》，《毛泽东思想论坛》1997年第2期。

察等前期工作，最后在2002年12月27日，南水北调这一万众瞩目的世界最大水利工程终于正式动工。

关于三峡工程，毛泽东从1956年起就关心此事，并在同年5月与美国工程师萨凡奇交流时亲自了解三峡工程的造价问题，后来又邀请苏联专家组考察全长江流域，估算三峡工程造价，结果二者出入很大；最后他又指示我国水利工程技术人员进一步论证，才得出了符合实际的估算。1956年7月，他三次畅游长江之后写下了《水调歌头·游泳》，描绘了“更立西江石壁，截断巫山云雨，高峡出平湖”的壮丽宏图。1958年1月在南宁中央工作会议上讨论三峡问题时，他开始考虑深层次的降雨问题、工程安全问题和战略防空问题，并提出了“积极慎重、充分可靠”的方针。对于三峡工程的寿命问题更是十分关心，他认为修建三峡工程“不是百年大计，而是千年大计”。但1969年5月，水电部再次提出修建三峡的建议，并得到了武汉军区和湖北省党委的积极响应。由于发生了珍宝岛事件，中国与苏联的矛盾激化，毛泽东从备战的角度考虑，指示要谨慎行事，他认为目前不宜考虑此事。但他还是支持了先修三峡工程的重要组成部分葛洲坝水利枢纽工程的意见。1970年12月26日，毛泽东审阅了周恩来主持起草的《中共中央关于兴建宜昌长江葛洲坝水利枢纽工程的批复》及周恩来就这项工程建设有关问题写的信后，①写下了以下回复：“赞成兴建此坝。现在文件设想是一回事。兴建过程中将要遇到一些现在想不到的困难问题，那又是一回事。那时，要准备修改设计。”②

① 周恩来在信中说：修三峡下游宜昌附近的葛洲坝低坝，采用径流发电，既可避免战时轰炸造成下游淹没的危险，又可争取较短时间加大航运和发电量。至于三峡大坝，要视国际形势和国内防空防炸的技术力量等因素以后再考虑兴建。

② 中央文献研究室：《建国以来毛泽东文稿》第13册，北京：中央文献出版社，1998年，第197页。

第五，因地制宜，标本兼治。例如，对于淮河主要采用疏、导结合的方法，对黄河则采取循序渐进、长期治理的策略，但对海河则作出了根治水患的决定。据史书记载，1368—1948年的580年间，海河流域发生过严重水灾387次、旱灾407次。由于经常决口，各支流时常改道，形成了大小不等的碟形和条形洼地。洼地常年积水，土地盐碱化现象十分严重。美国学者Lillian M. Li曾撰书，尖锐地指责：在中国北方，由于国家治理不力，导致自然环境退化，引发水患和饥荒的问题。①

基于与淮河、黄河相比，海河的流域面积相对较小、治理相对容易的实际。1963年海河发生罕见的特大洪水后。毛泽东作出"一定要根治海河"的指示。经过十余年的努力，修筑防洪大堤4300多公里。在各支流上游先后兴建官厅、岗南、黄壁庄、密云、岳城等大水库和众多中小型水库。开挖、疏浚潮白新河、永定新河、子牙新河、滹卫新河和独流减河的出海干道。修建抽水站，开凿数以万计的机井，提高农业的抗旱能力。上游山区植树造林1000多万亩，整修梯田300多万亩，控制了水土流失，平原地区有一半以上的盐碱地得到改造。经治理，彻底改变海河流域的面貌。取得了举世瞩目的成就。

第六，以建设为主、快中有稳为原则，着力兴修大中小型水库，发展水利事业。20世纪50年代至70年代建起了许多具有综合功能的水库，如汉江的丹江口水库、洞庭湖的漳河水库、青弋江陈村水库、清江隔河岩水库等；在淮河流域上游有梅山、响洪甸、板桥等18座大型水库；黄河流域有刘家峡、三门峡、龙羊峡等大型水电站；松辽流域建成了白山、柴河、新立城等大型水库，辽河流域和松花江流域的大型水库等。1949年至1976年全国水库建设情况如下：

① See Li, Lillian M., *Fighting Famine in North China State, Market, and Environmental Decline, 1960–1990s*, Stanford：Stanford University Press，2006.

建设年代	大型水库(座)	中型水库(座)	小型水库(座)	合计
1949年前	6	17	1200	1223
1949—1957年	19	60	1000	1079
1958—1965年	20	1200	4400	45410
1966—1976年	73	850	37000	37923
合计	308	2127	83200	85635

据统计，止于1979年，全国各地共建成了大中小型水库（库容10万立方米以上的）8万多座。同时，开掘、兴建人工河道近百条，新建万亩以上的灌溉区5000多处。灌溉面积达到8亿亩，是1949年的3倍。在很大程度上解决了农业用水的问题。

到改革开放前，新中国治水工程取得了决定性胜利，水利建设的预定目标基本实现。不仅在总体上实现了对江河、湖泊水情的控制，而且由此基本形成了江河洪水由人控制、服从人的设计和摆布的格局。与此同时，变水害为水利，不仅基本上消灭了大面积的干旱现象，达到了灌溉、发电等综合利用，而且基本消除了大的洪涝灾害，扭转了几千年来农业靠天吃饭的历史。1980年夏秋之际，虽然长江发生了25年来最大的洪水，但由于新建的水利工程的作用和广大军民的协力抗洪，千里干堤无一处溃口，确保了两岸人民的安全。

改革开放后，由于党和国家工作重心的转移，我国水利建设：一是转向了以大型水利设施为主。至2008年，我国建成大型水库529座，总库容达5386亿立方米，占全部总库容的77.8%，而中型水库库容只占13.1%。① 二是开展了对病险水库的维修和治理。根据水利部的统计数据：

① 参见周学文：《2008年全国水利发展统计公报》，北京：中国水利水电出版社，2009年，第7页。

从1954年起，我国共发生溃坝水库3515座，其中小型水库占98.8%。其中，最为惨烈的溃坝事件发生在1975年的淮河流域。河南省驻马店地区的数十座水库漫顶垮坝，1100万亩农田被毁灭，1100万人受灾，超过2.6万人死亡。曾有资料显示，全国面临病险水库威胁的城市有179座，占全国城市的25.4%，县城有285座，占全国县城的16.7%。截至2011年，我国经过开展大范围除险加固工程，基本解除了637座县级以上城市、1.61亿亩农田以及大量重要基础设施的溃坝洪水威胁，保障了水库下游1.44亿人的生命财产安全。①

当代中国水利观和水利实践与传统相比发生了质的变化，取得了史无前例的辉煌成就。但存在的缺陷也是鲜明的。

改革开放前，主要表现为三个方面：一是因受“左”倾思潮的影响，水利工作也由长治变短治，在急功近利中失去了可持续性。例如，陈云在1951年明确提出：“水利建设是治本的工作，是百年大计。”② 但新中国成立初中共中央决定首先要根治、长治的黄河、淮河、海河，到20世纪70年代末综合治理基本结束，持续时间不足20年。结果持续几千年的“中华之痛”——黄河水患消除了，却在1972年出现了首次断流，从此一发不可收，70年代6次断流，80年代7次断流，90年代出现9次断流，并且断流的时长在1997年长达226天。不见了庄子在《秋水》中所描述的“秋水时至，百川灌河，泾流之大，两溪渚崖之间不辨牛马”的壮观景象。当代水资源短缺问题日益凸显。二是思想认识的局限，表现为对现代生态环境问题的集体无意识，并认为社会主义国家不会出现像西方一样的环境问题，因而在20世纪70年代前，中国没“环境保护”的概念。虽然也提出在兴修水

① 参见郭芳、李凤桃、汪孝宗等：《病坝之患4万病险水库的威》，《中国经济周刊》2011年第33期。

② 《陈云文集》第2卷，北京：中央文献出版社，2005年，第98页。

利时要植树造林、要注意水土保持，但对水环境、水生态没有系统的认识。三是没有可持续的经验可循。有的是苏联和西方发达国家筑坝、发电、修水库的成功案例，因此，才在“没经验”情况下却敢于提出“向地球开战”。

改革开放后，一是基于前30年的水利成就，精力放到了经济建设上，在一定程度上忽视了水利建设的可持续性，导致“病险”水库、“一公里”现象和“癌症村”的出现。二是可持续发展、科学发展不敌资本逻辑；公益性的水利被外部化，同时急功近利、享乐主义、消费主义等使水的分配和消费严重失衡。水污染严重影响了水环境、水生态和经济社会的可持续发展。三是对于工业化、城市化进程中人水关系的转型及可能出现的问题没有清醒的认识。因此，当代中国遭遇了水环境、水资源、水生态、水灾害等四方面的水问题，旱涝灾害仍然不断发生，旱涝灾害损失逐年增加，极端天气多发；工农业以及生活污染导致严重水质性“缺水”，人均水资源占有量不断下降，断流、湿地减少、水生物物种濒危等水生态问题突出。

因此，针对新的水利问题，需要有新水利理论指导。2011年，我国中央一号文件指出目前我国水利建设存在水资源调控能力还不足的缺陷，大多数城市存在不同程度的缺水问题。同时文件也提出到2020年要基本建成水资源合理配置和高效利用体系，以使人民吃水及农民用水问题得到一定程度的解决。水利部、国土资源部、环境保护部也联合下发了《全国地下水污染防治规划（2011—2020年）》，规划中确定了我国将尽快划定地下水禁采区和限采区、投资建设地下水污染防治专项工程等措施，体现了国家对解决我国地下水过度开采问题所表现出的必胜决心。在世界范围内也开始了“海水淡化”、“生态护坡”①、生态补偿等实践探索。然而，新的水问题的实质是人为的、是人类以自身利益为中心，无限膨胀人的欲

① 莫俊华：《谈水利防洪工程中生态护坡建设》，《城市建设理论研究》2011年第10期。

望，在资本逻辑的驱使下，无视自然存在和发展的规律，忽视与世间万物协同共生的联系而造成的。因此，需要在科学认识人与自然、人与人、人与社会关系的基础上构建有利于问题解决的人性观、义利观、价值观和自然观，才能实现真正的标本兼治。

两千多年来，关于人水关系的德性论表明，义与利是人水和谐不可回避的重要理论命题，也是关系水利事业善恶的重要依据。“水德”论、“上善若水”论和趋利避害的水利观各有侧重，前两者重视水对人性、人心、人情的道德滋养意义，注重对水性的道德诠释，旨在鼓励和促进人们对“至德”、“至善”信仰和追求；后者即趋利避害的水利观强调水利实践的功利性。值得注意的是，虽然从古到今都认同水利“功在当代、利在千秋”的功利性价值，但因为古代“水德论”、“上善若水”论与趋利避害的水利观是三位一体的，所以兴修水利既追求物质性、功利性与德业善性的统一，又追求利人与“善利万物”的统一。然而，现当代水利则受西方水文化的影响，造成了“水德”论、“上善若水”论的式微以及两者与水利观的分离。在当代水利观的嬗变中，人类利益逐渐成为考虑的中心，其中人类的物质利益又成为衡量水利得失的主要标准。水利的道德性、至善性在很大程度上被遮蔽了。“水德”论和“上善若水”论的精神内涵更多地呈现于文化意识形态领域，特别是高校育人的道德文化中，而趋利避害的水利观则仍然发展于兴修水利的诸种水务中。这是当代水伦理研究和水生态文明建设必须正视的重大难题之一。

第四节　人水“和谐”的道德原则

一、水进入伦理与道德观的转变

水伦理作为一种全新的文明——生态文明的有机组成部分，它不只是要努力提炼一种全新的时代精神的哲学而且是要为水生态文明铸造灵魂的哲学，因而不是简单地在传统伦理和生态伦理之间做选择。

在西方，生态学被看成是一门颠覆性的学科，环境伦理学依据生态学理论建立道德原则，在很大程度上要求限制和牺牲人类的利益，要求牺牲局部利益换取整体利益，牺牲眼前的利益换取长远的利益。然而，在全球、国家、民族、群体以及个人等不同层面究竟应该牺牲谁的利益？牺牲哪里的利益？其中，还包含着哪些利益是根本的、必须捍卫的，哪些是应当限制的？作为选择的义与利的依据是什么等问题。

利益的维护取决于需要的合理性。这种合理性通常可以分为三类：生存需要、基本需要、欲望需要。伦理的优先原则决定了生存需要第一，生存需要、基本需要优先于欲望需要。伦理近亲原则决定了人的生存需要和基本需要优先于自然过程。欲望需要则是对生活高标准和生活高质量的追求，当这种需要与生存需要和基本需要发生冲突时，按照伦理原则，后者应该优先，而且自然过程的基本需要也要高于人的欲望需要。而富国与穷国、富人与穷人其面临的需要问题不同，如何公平地分配两种不同性质的利益，满足不同层次的需要应该是水伦理学的基本问题之一。

水伦理寻找道德基础的努力是在道德多样性论争呈现含混而复杂的思想地平上进行的。虽然水伦理的传统、立场、原则和观点不同，但都显现出不同程度的哲学改变，其中一大转变是道德观的某种转变。

众所周知，近现代道德观坚持“是”与“应该”的分离。例如，康德的批判哲学的基本架构便是将“世界”区分为“自然的”与“道德的”，使“自然”与“道德”离析为“在我之上的星空”和“居我心中的道德法则”。这不可避免地使道德观遭遇主观性的困境。尽管西方启蒙思想家、康德、黑格尔、功利主义思想家和情感主义者都极力想克服这种主观性，并努力在道德领域获得类似于在认识领域获得的合法性与客观性。然而，正如著名哲学家麦金太尔（A.Macintyre）所指证的那样，这种努力无一例外地招致了自身的失败，现代思想并没有走出道德思想的主观性疆域，人们只是从各自不同的立场出发，或者从对人性的某种描述出发寻找道德论证的起点，这导致了现代性道德领域众说纷纭、莫衷一是的危局。[①]

与此同时，现代伦理学学科分化和对知识范式的过度关注，使道德的普遍性探求遭到削弱，各种相互匹敌、互竞互争乃至不可公度的道德主张交互影响着道德哲学的发展和人们对完美生活理想的追求。诸种道德的竞争一方面增强了道德的多样性，另一方面又使作为整体连贯的具有同一性旨趣的道德世界观碎裂。在这样一种总体时代精神氛围或独特的现代性社会文化背景下，应对道德主观性的思想方式，必然是正视道德多样性与道德世界的多元化，正视道德世界不可克服的主观性，承认任何一个社会都包含着多种多样的道德观念和多种多样的道德世界的合理性。换言之，问题的关键是要通过一种观念设置和文化设定解决道德世界的主观性难题，并寻求或论证道德的客观性与合理性。这要求我们尝试两种类型的努力：一是审视一切宣称具有客观性和普遍性的道德主张的主观前提或主观根源，努力厘清水伦理的道德哲学的理论思维前提。二是面对各种各样的关于道德的理由，甚至每一个人都可以基于自身的原因而相应地给出道德的理由，努力探索走出道德主观性并真实地重新诠释道德合理性和客观性的关键所在，提出并构造道德与自然相“和谐”并使之具有超越各种各样的道德世界观的理性权威。正如康德所洞见的那样，如果没有道德与自然的统一，一种具有普遍规约的范导力量的伦理几无可能。

因此，如果道德世界观执着于某种超验形态的观念预设和文化设定，那么它不可能完成从传统道德到生态道德的转变，而这种转变的实现又有赖于两个前提：一方面传统道德的确实性丧失，使道德领域的论争变得异

① 参见［美］麦金太尔：《追寻美德》，宋继杰译，南京：译林出版社，2003 年，第 65—78 页。

乎寻常的尖锐；另一方面，通过“伦理的突破”超越“道德”与“自然”二分的二元论，使道德观的转变呈现出一个基本趋势。即：使道德世界观向生活世界回归，使“道德的善”成为“生活的善”。这意味着道德观转变的条件都扎根于我们所遭遇的尖锐的现实生活的伦理难题和道德悖论。

水进入伦理正是今天日益加剧的水危机等使我们不得不再次面对“自然”与“道德”的紧张关系而寻求道德观的转变，以建构“自然”与“道德”和谐统一的关系，它将拓展出自然与道德联结在一起的水伦理之论域，指证与自然无涉的道德观念的偏狭，借鉴基于不同民族、不同文化传统、不同精神资源和信仰体系中关于水进入伦理的道德哲学成果，以自己的方式思考一种建基在生态世界观基础上的道德观，努力使“设定的和谐”成为可能，并在新的道德观的基础去深思并论证我们所面临的前所未有关于水危机、气候变化、物种歧视、代际公平等道德论争。

简言之，水进入伦理与道德观的转变具有合时代和合目的性，它需要展现的是权衡各种不同的乃至相互异质的道德主张后将生态自觉与道德自觉相统一的生态道德世界观。

如果说没有道德与人性的统一，道德自律几无可能，没有道德与社会的统一，一种具有普遍规约和范导力量的社会伦理几无可能的话，那么，没有道德与自然的统一，一种具有普遍规约的范导力量的水（环境）伦理几无可能。果真如此，道德便只能是一种软弱无力的劝告。

水进入伦理的研究方法，生态整体论坚持事实与价值相联系的研究方法，认为“所是”与“应是”是可以推移和过渡的；辩证唯物论则让我们认识到，“是”与“应该”虽然相互联系，甚至可以推移、过渡，但不能等同。因此，基于辩证唯物的生态整体论的研究方法是基于“是”与“应该”辩证统一的前提下，借鉴事实与价值相联系的研究方法，以提出并论证符合人水关系本质的道德主张。

水伦理道德原则是基于一定的价值取向和道德目标而确立的人与水相

交往应遵循的根本原则。当代水伦理的道德原则依据其核心价值观的不同，可以区分为人类中心主义的水伦理道德原则和非人类中心主义或生态中心主义的水伦理道德原则。然而，基于生态学的基本理论和当代人水关系的道德诉求，人水"和谐"已成为一种信念和追求，"是"与"应该"的思考已从代内、种内拓展至代际和种际，确立人类与非人类尖锐对立的道德原则既不符合道德哲学发展的内在规律和趋势，也无法满足从根本上解决当代水问题的伦理需要。因此，我们以人水和谐为基本价值取向，在借鉴和整合中西方水伦理精神资源的基础上，尝试提出四大基本原则即维护人水和谐和永续发展的生命原则、利益原则、正义原则和发展原则。

二、敬畏生命，维护水体生命健康

敬畏生命，维护水体生命健康。这是生命原则，是基于存在第一而提出的首要原则。俗话说，"皮之不存，毛将焉附"。人水"和谐"首先要确保有可供万物生生不息的水体生命，维护"水"作为生命之源、生产之要、生态之基的生命存在。

这种生命原则也是基于20世纪以来新的自然观和生命观而提出的。敬畏生命不只强调敬畏人的生命，还注重生物生命和自然生态系统的生命，是基于对生命的革命性认识。因此，敬畏生命，维护水体生命建康，是一种新的生命观的探索和创见。

20世纪20年代国际生态伦理的先驱阿尔贝特·施韦泽（1875—1965年）在非洲丛林"观河马"时提出了"敬畏生命"这一道德哲学命题。他"采用了生命意志的自我体验方法"，反对笛卡尔的自我意识反思，进而不再从"我思故我在"出发，而是"从意识的最直接和最广泛的事实出发"，探寻"存在的一切事实的世界观和生命观"。其精神要义是"我是要求生存的生命，我在要求生存的生命之中"。施韦泽认为有思想的人体验到必须像敬畏自己的生命意志一样敬畏所有的生命意志。

这种“敬畏生命”的生命观兼具“崇敬”和“畏惧”双重意义，它表达的不仅是对生命的一种虔敬的态度，也是一种作为心理特征和行为方式的道德要求。[①] 其内涵包括：要敬畏自然现实；自然、世界、宇宙不仅是过程，而且也是生命；只有人才能够敬畏生命，认为人所有德性的根据在于：“只有人能够认识到敬畏生命，能够认识到休戚与共，能够摆脱其余生物苦陷其中的无知”；[②]“敬畏生命”不仅适用于精神的生命，而且也适用于自然的生命，它认为一切生命都是神圣的；强调要“把爱的原则扩展到一切动物”，以实现伦理学的革命。即“敬畏生命的伦理否认高级的和低级的、富有价值的和缺少价值的生命之间的区分”。因为“作为这种区分的结果是这样的看法，似乎有毫无价值的生命，伤害和毁灭它没有什么关系。而对什么是毫无价值的生命的理解，在不同情况下可以是各种昆虫和原始部族”。[③]“敬畏生命”的伦理理念强调：“过去的伦理学则是不完整的，因为它认为伦理只涉及人对人的行为。实际上……只有当人认为所有生命，包括人的生命和一切生物的生命都是神圣的时候，他才是伦理的。”[④]

因此，施韦泽的“敬畏生命”不仅一反欧洲近代以来笛卡尔、边沁、康德等认为同情动物的行为是与理性伦理无关的多愁善感的伦理传统，为

① ［法］陈泽环：《敬畏生命——阿尔贝特·施韦泽的哲学和伦理思想研究》，上海：上海人民出版社，2013 年，第 6 页。

② ［法］阿尔贝特·施韦泽：《敬畏生命——五十年来的基本论述》，上海：上海社会科学院出版社，2003 年，第 20 页。

③ ［法］阿尔贝特·施韦泽：《敬畏生命——五十年来的基本论述》，上海：上海社会科学院出版社，2003 年，第 133 页。

④ ［法］阿尔贝特·施韦泽：《敬畏生命——五十年来的基本论述》，上海：上海社会科学院出版社，2003 年，第 9 页。

西方环境保护的社会思潮和社会运动提供了一种开创性的伦理学说，而且为提出和探索敬畏一切生命包括“大地共同体”的生命、“河流生命”和“江河湖海生命共同体”的生命等开了先河。

新的生命观引领人们把“生命”的观念延展到了传统的非生命领域，“盖娅”假说、“活物质”论、“大地伦理”、“自组织理论”、“协同进化”理论等都为超越传统生命观提供了一定的理论支撑。我国学术界和政界也因此提出了“河流生命”、“山水林田湖是一个生命共同体”等观念。这不仅印证着生命观正在发生的革命性变化，也为确立敬畏生命、维护水体生命健康的原则奠定了思想基础。

基于敬畏生命和新的生命观的探索成就，我们提出敬畏生命、维护水体生命健康的原则，其主要内涵有四点。

一是尊重生命多样性、维护水体复合生命共同体的健康。以一定的水量形成的自然水体不仅是复合生态系统，更是复合生命共同体。它包含了自然水体自身的生命、自然水体承载的水生生物的生命以及自然水体所支撑的水域社会的人及万物的生命。因此，水作为生命之源、生态之基首先是属自然的、属万物的，其次才是属人的。敬畏生命包含着敬畏人的生命、水体的生命和水域社会万物的生命。

二是敬畏生命不只是一种生命哲学，而且是一种道德诉求，需要人们从心理到行为的积极回应。因为就整个地球生物圈而言，水体生命具有先在性，并且这种先在性恰恰是人类得以产生的前提，是始终影响人类生存和发展的约束性因素。人和自然万物如果离开了水那便意味着生命的终结。因此，人类想要实现可持续的发展，就应该自觉地维护水体生命健康，确保水体生生不息的生态生产力。

三是遵循生命进化的规律。人类生命是水、土、阳光等多种自然要素长期耦合、互作而逐渐进化出来。这种生物进化的规律到目前为止还未被证明是可逆的。因此，人类作为大自然的产物想要在自然中安身立命，也应该敬畏自然生命系统的进化规律，遵循生物、水体、大地、气候、太阳等的运行规律。因为整个自然界“就它本身不是人的身体而言，是人的无机的身体，人靠自然界生活。这就是说，自然界是人为了不致死亡而必须与之不断交往的”。[①] 我们决不能“像征服者统治异族人那样，决不是像站在自然界之外的人似的，——相反地，我们连同我们的肉、血和头脑都是属于自然界和存在于自然之中的……”[②]

四是地球是水球，陆海相通，协同共生。敬畏生命不只限于陆生生命还包括海洋生命系统，维护水体生命健康也应该陆海统筹，在陆地进行“五水共治”的同时，不能把海洋作为污染转移的新目标。地上地下、陆地海洋看似分离的水体实际都因流动循环而互动、互通。即使滴水也能穿石而回归水体。因此，像水一样思考，以联系的、动态的、整体的思维方式认识和处理人水关系，才能科学把握敬畏生命的原则，才能正确理解当代水伦理维护水体生命健康的意义在于“立命”，只有为水体“立命”，才能为地球生物圈“立命”，进而实现“为生民立命”、为人类社会“立命”，最终为人类文明“立命”。因为生命必须与水协同共生。

所以，有德性地对待水体生命也就是有德性地对待人类自己，维护实现水体等生态系统的完整、稳定、美丽就是要维护实现人及其社会可持续发展的完整、稳定、美丽。

三、趋利避害，善利万物

利益作为道德的基础，既是一定的道德思维或伦理思想生成的基础，又是其确立自身的价值导向的基础。从这一意义上说，任何一种伦理学都

① 《马克思恩格斯全集》第42卷，北京：人民出版社，1979年，第95页。

② 《马克思恩格斯选集》第4卷，北京：人民出版社，1995年，第2页。

有一定的利益原则。几千年来，人们都知道水能带来利益，即俗称“水利”。但这种水利究竟是专门利人的，还是“善利万物”的，又或者是利人、利物又利自然生态系统的。对这一问题的不同回答，在一定意义上是区分人类中心主义水伦理和非人类中心主义水伦理的重要依据。

基于辩证唯物的生态自然观，我们以为，水不但“利”人，且“善利万物”和自然生态系统。马克思主义的自然观告诉我们，“动物只是按照它所属的那个种的尺度和需要来建造，而人却懂得按照任何一个种的尺度来进行生产，并且懂得怎样处处都把内在的尺度运用到对象上去；因此，人也按照美的规律来建造。”[①] 这意味着，人类之美在于能超越种的范畴而进行水利的生产，并且这才是人与一般动物的根本区别之一。所以，人类趋利避害的水利实践只有是人水统筹、人与自然万物之利兼顾的才是真正体现了人的本质力量和人性和谐之美，因而也是永垂不朽的。如都江堰、大运河等入选世界文化遗产的水利工程。

就历史逻辑而言，趋利避害、善利万物既是传统的又是现代的，它是几千年来中华大河文明治水的基本方针和经验总结，是“上善若水”的道德哲学的有机组成部分。与此同时，善利万物这也是后现代生态哲学所追求的，生态水利观既强调利人又主张利物、利自然，倡导利益在代内、代际、种际及国际间的分享与共享。就现实水问题而言，自然灾害和水资源、水环境、水生态等问题的统筹解决既需要传承趋利避害的原则，更需要发扬善利万物的精神，在成己成物中解决水问题、实现可持续发展。

因此，趋利避害、善利万物的利益原则主要包括以下内容。

第一，根本利益原则。这是基于人类生存和发展的基本需要而应该首先伸张的利益原则。人作为自然界唯一具有物质和精神二象性的高级动物，其物质需要和物质利益的满足是首要的也是根本的。邓小平指出：

---

① 《马克思恩格斯全集》第 42 卷，北京：人民出版社，1979 年，第 96—97 页。

“如果只讲牺牲精神，不讲物质利益，那就是唯心论。”[①] 一定的物质利益是人的生存的基本前提，其他的利益都是在物质利益的基础上延伸出来的。利益的根本性也决定了人与自然（水）、人与人以及人与社会之间的关系从根本上说也是一种利益关系。人类创造社会并依靠社会的力量与自然和他人进行“物质变换”或社会交往，说到底是为了获取利益、维护利益或者争取利益，从而使得社会利益关系一次又一次地得以调整和重组，并进而推动着改造自然、改造人和改造社会的历史变革和精神创造。因此，根本利益是人的本质属性的反映。水作为维系人物质生命和精神生命的生命之源，是人和自然生命不可或缺的物质前提。人体重的65%左右是水，地球表面约71%的区域被水覆盖。正是从这一角度，人可以称作“水人”，地球也可称谓“水球”。因此，水利是维系自然、人和社会生命延续的根本利益。依据自然—人—社会“三维化”的思维，这种根本利益既指人人应具有的基本饮用权的满足，也包括维系社会发展的“确有需要”[②] 的生产生活用水的满足，以及维护非人类生物或生命系统存在的生态用水需要的满足。这种根本利益观是消解引发水问题、水危机的人类中心水利观的一种替代性选择。

第二，整体利益原则。即把弘扬人类的整体利益作为出发点和归宿，以生态整体思维谋求人类整体利益的实现。整体利益原则确立主要是基于两个维度：一是经济社会发展的全球化、一体化维度，“地球村”促使人们日益关注全球利益；一是全球性生态环境问题和水危机的出现，迫使人们提出：“我们只有一个地球”，人及其社会的可持续发展和作为类的整体利益的实现成为关注热点。为此，水伦理对整体利益的释义是：由于人类

① 《邓小平文选》第二卷，北京：人民出版社，1994年，第136页。

② 李建华：《坚持科学治水全力保障水安全——深入学习贯彻习近平总书记关于治水的重要论述》，http ：//politics.people.com.cn/n/2014/0624/c1001—25189533.html。

只不过是自然生态系统经过漫长的进化才产生的一个物种，所以保持与促进人类这个物种在自然系统中的存在和发展就是人类的整体利益，亦可称为是人类的共同利益或人类利益。因而凡是有利于保持与促进人类这个物种在自然生态系统中存续的一切行为，都符合人类的整体利益，也就是善的；反之，则不符合人类整体利益，是恶的。所以，水伦理所倡导的人类整体利益的基本原则首先是基于人对于水生态系统和自然生态环境的普遍依赖性，即类存在的利益。全球发展和全球性生态危机包括水危机对人类构成的挑战和机遇，使人们开始意识到必须立足于人作为生态系统中的一个类的视角来思考其利益需要和满足利益的手段与方式的正当性。

第三，种内福利与种际福利兼顾原则。罗尔斯顿指出："旧伦理学仅强调一个物种的福利；新伦理学必须关注构成地球进化着的生命的几百万物种的福利。"[①] 水伦理作为生态伦理的一个分支，不仅要人类的整体利益，还必须将非人类生物的利益和生态价值纳入道德关怀。这是基于"益于人类生存并促进生态平衡"的生态有机整体伦理，是关于生态系统中一切生物相互依存的伦理。

第四，代际利益原则。这既是基于人类的物质再生和人的再生产的内在生态需要，又是20世纪80年代以来，可持续发展利益观的探索成就，是一种时代性要求或时代精神的体现。它关涉的核心问题是人类整体利益是否可持续、人类利益的代内和代际公正。

人们对于代际利益的认识在根本上还是得益实践的发展。20世纪以来全球性生态环境问题的发生、高科技对人类命运的负面影响等，使人们意识到人类利益的不可持续性威慑。多层次的环境与发展会议和各种环保活动则促进了整体利益、种际利益和代际利益的生态整体思维。人们强烈

① Holems Rolston Ⅲ：*On Behalf of Bioexuberance*，Garden，11. No.4，July/August，1987.

而现实地感知到，纵然有“宇宙飞船”、和“救生艇”，那也在相当长时期内解决不了人类整体利益和代际利益的可持续问题。因此，人类必须在谋求当前利益的同时兼顾长远利益。

代际利益原则是人类长远利益的体现。不过，这并不意味着只为人类的长远利益而施行代际利益。如有学者认为：“所谓环境问题，并不是人类与自然的矛盾与冲突的问题，而是今天生活在自然中的人与未来生活在自然中的人的关系问题……在这个问题上，我们不需要什么新的生态伦理，我们已有的道德理论——人类中心主义的伦理学，就足以为人类保护自然环境的行为提供理据和作出论证。整个大自然并不能像一个国家公园那样得到保护，不能为保护本身而保护。问题的关键在于不同的需要——消费需要与保护需要之间的平衡，即当代人利益与未来人利益之间的平衡，这就是解脱生态危机的唯一出路。”① 也就是说，人类中心主义者和非人类中心主义者都主张代际利益，代内利益不能代替代际利益。然而，当代生态伦理和水伦理的利益观是人、自然和社会“三位一体”的。代内、代际和种际等方面的利益都包含了自然生态维度，而且自然万物的可持续是人类代际可持续的基础。孔子说“和而不同，同则不继”。人类不可能因为其类本质的特殊性而孤独地永续于自然界。

四、公平正义，均衡节用

公平正义，均衡节用，这是水伦理的正义原则，是基于传统正义观和后现代生态正义观而提出的。它的公平正义主要内容包括三个方面：拥有正义、分配正义和共享正义。这是处理涉水领域公有与私有、共享与分

① 甘绍平：《我们需要何种生态伦理?》，见曹孟勤、卢风主编：《中国环境哲学20年》第2辑，南京：南京师范大学出版社，2012年，第61页。

享、强势与弱势等关系问题的基本原则。

20世纪以来，关于公平正义的观念发生了诸多变化。一方面，传统正义观取得了新进展，形成了以罗尔斯的“分配正义”和诺齐克的“拥有正义”为代表的权利正义论。另一方面，从20世纪80年代初发生于美国的所谓“不要在我家后院”的抗议运动中孕育出了一种合理分担环境责任的“环境正义”观。目前，这种正义观已超越了“己所不欲，勿施于人”的范畴而扩展为人类代际间、人类与其他物种之间应该公平对待的生态正义观。这种生态正义观的要义在于承认非人类存在也具有像人一样的独立存在价值和尊严。正义观的演变为水利伦理公平正义的确立奠定了一定的理论基础，但这些观点只有嵌入中国的水文化中才能获得预期的生命活力。

拥有正义在我国多种所有制共同发展的混合体制下，具有四层含义：一是个人拥有的公平正义。这种正义以个体和私有为基础，与诺齐克所谓以个人权利保障为核心的拥有正义相对契合。这种拥有正义旨在维护“个人权利的神圣性和绝对性”。诺齐克在1974年发表的《无政府、国家与乌托邦》一书中否定了罗尔斯《正义论》中“分配正义”的观点。强调个人拥有权利的正义有三个方面：(1)“获取正义原则”：即拥有的初始获得，包括对无主物的占用，如果是合法获取的，便是正义的；(2)“转让正义原则”，即拥有的转让。如果个人之间的转让是通过合法的自愿交换、馈赠等方式完成的，那么，这种转让就是正义的；(3)除非应用前面这两步(以及多次重复)，否则没有权利拥有。[①] 这种拥有正义倾向于个人享有权利、合法的私人财产神圣不可侵犯为最高的道德、最高的善，人们依它而行能够摆脱一定的道德纷争。二是全民和集体拥有的正义，这是我国以公

① [美]罗伯特·诺齐克:《无政府、国家与乌托邦》，何怀宏等译，北京：中国社会科学出版社，1991年，第149—159页。

有制为主体的所有制所决定的。三是公私共同拥有的正义，这是由我国混合所有制的体制建构使然；四是国际拥有的正义。其依据是自然资源永久主权论。1962年联合国大会通过《关于自然资源之永久主权宣言》，宣布各民族国家有权行使其对自然财富与资源之永久主权。一系列公认的国际水资源权利分配和利用原则由此产生，例如："不造成重大危害、一般合作义务等，所有这些原则遵循一个共同前提，即1956年国际法协会提出的流域国最高效益原则。"① 现有国际水资源分配原则同样假设已有物品早已各有其主，流域国拥有的水资源是应得和天赋的，拥有路径是有合法性的，因而，各国对其水资源的利用无须考虑他国，除非关涉他国利害，他国无权过问流域国的水资源利用问题，否则就是非正义。②

分配正义主要是指人与水关系领域利益和义务的合理分配。它包括对待人类成员和非人类存在物和生态系统。要求在治水、管水、用水的一切涉水实践中，合理分配权利和义务，既要公正地对待人类用水利益，也要公正的对待水环境、水生态，确保人水和谐。主要指水权、水利在上下游、左右岸或区域间的公平正义，以及代际、种际分配的公平合理。

水共享原则，就是指水作为公共资源，应该是人人共享，平等用水。也就是说无论社会的高层还是普通百姓，无论是人类还是万物，都有满足自己生存与发展的合理公正的用水需要的权利。由于地球上水资源分布不均，人口耕地面积比例失调，共享水资源时就要求统筹兼顾，协调好各方用水利益关系，维护生态共同体中的每一个成员的水环境权利，是履行水公正的必然要求。

（一）公民共同享有良好的水环境。水是每个人的生存必不可少的条

① ［美］罗伯特·诺齐克：《无政府、国家与乌托邦》，何怀宏等译，北京：中国社会科学出版社，1991年，第16页。

② 李彩虹：《国际水资源分配的伦理考量》，《河海大学学报》2008年第9期。

件，良好的水环境，应当理解为能够保护人的生命、保护动植物健康持续生存的环境。公民的水权利，要求水环境以不受伤害为基本标准。因此，尊重生态规律，控制人类一切不利于水环境平衡的行为，保持和创造良好的水环境，成为人们坚持水共享原则的基本前提。

（二）共享水环境要求让公民有平等的环境知情权。1992 年全球环境与发展大会上通过的《里约环境与发展宣言》明确指出："环境问题最好是在全体有关公民的参与下，在有关级别上加以处理在国家以及、每一个人都应能适当地获得公共当局所持有的有关环境资料。"① 水环境知情权，可以保证每个人及时作出趋利避害的选择，减少水环境污染对人和其他存在物的伤害。

（三）合理开发水资源。通常的做法就是在流域的上游，建立大坝蓄水，然后按比例分配水，以达到水共享的目的，蓄多少水，留多少水，都将影响水共享原则。另外，如果上游污染了水，处在下游的人民却要承受水污染导致的严重后果。显然违背水共享原则。

（四）国际水权、水利的共享。国际水域分两种情况：一是有主，一是无主，有主又分私主和共主。私主和共主虽不合自然之法但合人类之法。无主却面临着被私主化或共主化，最终趋向于从无主到有主。如公海。共主和无主面临的难题之一是"公水悲剧"。如国际河流。据 1978 年联合国经济和社会事务部《国际河流登记》统计，全世界共有 214 条国际河流。1990 年以来，由于苏联等国家的解体，国际河流数量增加。这种状况下的持有只能算作偶然，而非"应得"。②

均衡节用是基于我国水文化传统与现代内在一致的正义原则。明广济渠引水闸室侧门顶上不仅明确写着"利则均衡"4 字，而且在实际的制度

① 万以成：《新文明的路标》，长春：吉林人民出版社，2000 年，第 39 页。

② 李彩虹：《国际水资源分配的伦理考量》，《河海大学学报》2008 年第 9 期。

变革和执行中高度重视一个“均”字。唐朝的《水部式》、《唐六典》都强调分水、用水“务使均普，不得偏并”。[①] 明清时期的水册制度更是以“均”为最高准则。“各坝各使水花户册一样二本，钤印一本，存县一本。管水乡老收执，稍有不均，据簿查对。”[②] 在管水的过程中，“如有管水乡老，派夫不均，致有偏枯受累之家，禀县拿究。”[③] 利则均衡是通行于各县之间、各渠坝之间、各子渠之间、各使水利户之间的原则，例外是极个别的。在长期的分水实践中形成的分水三原则即按修渠出人出夫多寡分水、计粮均水、计亩均水都贯穿着均平的思想。乾隆《五凉全志·古浪县志》载：古浪“今更勒宪示碑文，按地载粮，按粮均水，依成规以立铁案”[④]。道光《镇番县志》表明到道光年间，镇番县仍计粮均水。“四坝（渠）俱照粮均分。”[⑤] 在山丹、扶彝、高台等县则实行计亩分水[⑥]。同时，为了维护水的可持续利用，节用、节约是权责对等的公平正义观的内在要求。在中国古代，即使是皇家用水也“需节用之”[⑦]。《唐六典》规定：“凡京畿诸水，禁人因灌溉而有费者，及引水不利而穿凿者，其应入内诸水。有余则任诸

① 《唐开元水部式残卷》，http ://www.docin.com/p-15805806.html。

② 张之浚、张昭美纂：《五凉全志·古浪县志》卷四，台北：成文出版有限公司，1976 年，第 473 页。

③ 张之浚、张昭美纂：《五凉全志·古浪县志》卷四，台北：成文出版有限公司，1976 年，第 475 页。

④ 张之浚、张昭美纂：《五凉全志·古浪县志》卷四，台北：成文出版有限公司，1976 年，第 479 页。

⑤ 谢集成、许协：《镇番县志》卷四，http ://ctext.org/wiki.pl?if=gb&chapter=787187&remap=gb。

⑥ 升允、安维峻：《甘肃新通志》卷十，http ://ctext.org/wiki.pl?if=en&chapter=399314&remap=gb。

⑦ 李林甫等：《唐六典》卷二十三，陈仲夫点校，北京：中华书局，1992 年，第 99 页。

公、公主、百官家，节而用之。”《水部式》则明令：“百姓灌溉处令造斗门节用，勿令废运。”为了保障节约用水制度的执行，《水部式》对管水、分水、用水中的人员配备、放水时间、作物的种植、渠道的维护等都作了规定，“水遍则令闭塞”；“深处设置斗门节水”；“若灌溉周遍，令依旧流，不得因年弃水”；“若渠堰破坏，即用附近人修理”。此外，为了提高用水效率，还允许各县各渠坝，因水因地而异进行分水、用水。清朝时，武威县有6渠：金渠、大渠、永渠、杂渠、怀渠、黄渠。6渠分水的法则是：“凡浇灌，昼夜多寡不同，或地土肥瘠，或粮草轻重，道里远近定制。”①

如今，人口的大幅增加和水问题的出现使节水优先、空间均衡成为水资源利用和调配的基本原则。我国人均水资源占有量2100立方米，仅为世界平均水平的28%，正常年份缺水500多亿立方米。目前，我国用水方式还比较粗放，万元工业增加值用水量为世界先进水平的2—3倍；农田灌溉水有效利用系数0.52，远低于0.7—0.8的世界先进水平。节水的极端重要性日益显现。空间均衡则是要坚持量水而行、因水制宜，以水定城、以水定产，从生态文明建设的高度审视人口、经济与资源环境的关系，强化水资源环境的刚性约束。

五、安全合理，和谐永续

安全合理，和谐永续，这是水伦理的发展原则。水安全、水治理、水体生命健康、人水和谐永续都是在人水相交道的过程中实现的。

中华水文明的永续存在讲的是一个“理”字，遵的一个“道”字，贵的一个“德”字，守护的是“山高水长”的生态之基，追求的是“国泰民

① 张之浚、张昭美纂：《五凉全志·古浪县志》卷四，台北：成文出版有限公司，1976年，第32页。

安”、“与天地相始终”的终极存在。因此，当代水伦理承认发展，支持发展，但强调发展要合自然之理、社会之理和人文之理。这是水安全的前提，是水问题“系统治理”的内在保障。正如习近平总书记所强调的，山水林田湖是一个生命共同体，治水要统筹自然生态的各个要素，要用系统论的思想方法看问题，统筹治水和治山、治水和治林、治水和治田等。长期以来，许多地方重开发建设、轻生态保护，开山造田、毁林开荒、侵占河道、围垦湖面，造成生态系统严重损害，导致生态链条恶性循环。我们要坚持从山水林田湖是一个生命共同体出发，运用系统思维，统筹谋划治水兴水节水管水各项工作。

坚持确有需要、生态安全、和谐可持续的原则取决于矛盾的普在性和发展的目性。在国家现代化建设的进程中，人水关系的矛盾性、复杂性、多样性使水伦理的原则不可能是单一的。人水关系是自然的、社会的也是人文的。重大水利工程的建设就是要遵循确有需要、生态安全、可以持续的原则，不能为了建工程而建工程，要兼顾各种关系。无论是缺水地区，还是降水比较多、洪涝比较频繁的地区，都要把水利工程建设作为保障水安全的重要举措。要抓好民生水利工程建设，一方面加快中小河流和大江大河重要支流治理、中小水库除险加固、山洪灾害防治工程建设，加强城市防洪排涝工程建设，提高应对突发水安全事件能力，保障人民群众生命财产安全；另一方面保障城乡居民饮水安全，特别是解决好移民安置区和农村饮水安全问题，让老百姓喝上干净、安全、放心的水。抓好农田水利建设，持续改善农业水利基础条件，显著提高农业综合生产能力，因地制宜建设小水窖、小水池、小塘坝、小泵站、小水渠“五小水利”工程，解决好农田灌溉“最后一公里”问题。抓好水资源配置工程建设，尊重自然规律，尊重水的自然属性，坚持科学论证，着眼长远发展，促进水资源合理流动和战略调配，建设一批跨流域、跨区域的调水工程，让水利工程更好地服务发展、造福百姓。

我们要深刻认识到，水资源、水生态、水环境承载能力是有限性，在追求人类自身安全、健康、和谐、可持续的同时，不能忘记水是生命之源、生产之素、生态之基。只有承认水体有保持自身持续甚至永续发展的权利，人类才可能永续。因为如果没有人类的干扰，水体自身完全有能力保持可持续发展，水体生态系统具有自身修复能力，这种自我修复能力使得水体生态系统保持着动态的稳定性。一方面，良好的水生态系统对外界干扰有较强的适应能力；另一方面，水体在受到外界干扰后能通过自我调控恢复到原来的平衡状态。随着人类干预的扩大，水体的自我调整、自我控制能力明显下降，已经无法适应人类影响的变化，水体持续发展的可能性越来越小，许多水体在当前的形势都不容乐观，更不要说持续性发展了。

此外，水体保持持续性发展的能力和状态也是水体为人类生存和发展提供动力的基本条件，其最终的受益者必将是人类自身。没有水体的可持续发展，人类社会的可持续发展也就难以实现。很难想象在水生态被严重破坏的背景下，在一个缺水的环境里，人类能够有能力实现全面、协调、可持续的发展。应该肯定地讲，那只是人类自身一厢情愿的幻想而已，可持续发展真的被破坏到不可弥补和挽回的程度，受损失和威胁最大的只能是人类自身。到那个时候，人类只能自食其果。因此，保持水体的可持续发展，维持水体的可持续发展权利，是保护水体健康生命的关键环节和重点部位，一刻也不容放松，也不容缓。

总之，弘扬传统"水德"，遵循新的水伦理原则，维护人水生命共同体的存在，既是实现人水和谐应有的道德自觉，也是水生态文明建设的应有之义。如同施韦泽所认为的"人与自然保持和谐一致"是中华传统的生态智慧，"人们必须努力保持自己各个方面都要和自然现象相一致。这里包含一个双重性：一方面，人们在自身的行为中要遵守自然现象的要求；另一方面人们也要努力发展伦理的意识和行为。人类让天地的力量以正确的方式起作用是其能够以正确方式在自然现象中起作用的前提。"

第五章　水伦理的价值观

水伦理价值观是水伦理学得以建构的理论内核。传统的水伦理价值论以人的主体需要为价值的缘起，认为主体性和属人性是价值范畴的本质属性。后现代水伦理价值观则以承认自然（水体）的“内在价值”为基础，主张水等自然实体的价值主体性。传统的水伦理价值观与后现代的价值观双方相互驳诘、各执一端，彼此之间的交锋和对立多于交融与认同。与此同时又都遭遇了价值观日趋多元化的严峻挑战。这一方面使人们对水伦理学的身份感到困惑，并对水伦理学的合法性提出了质疑；另一方面又无法在实践层面回应中国水问题的现实需求。对此，我们以为，消解水伦理学的合法性质疑并使水伦理学摆脱价值论困境的路径是：在借鉴和吸收新的价值观的同时，建构并培育“以人为本”、人水和谐的价值观。这种价值观以人的全面发展为最高目标，包含三个理论基点：唯物辩证的本体论、“以人为本”人水和谐的价值论以及“像水一样思考”的方法论。它通过提出并坚持本体论与价值论、整体论与层创进化论、永续发展与有限发展、以人为本与人水和谐的辩证统一，追求人为本即以自然为本、自然为本即是人为本的合规律合目的境界，进而消解了人类中心论与非人类中心论的价值对立，并成为当代水伦理学的合法性基础。

第一节　自然价值论对水伦理的支持

一、自然价值论

自然价值论是非人类中心义的理论基石，是生态中心论三大理论形态即大地伦理学、深层生态学和自然价值论中最具影响性的理论。其代表作《环境伦理学：大自然的价值以及人对大自然的义务》于1988年发表后，当年就再版五次，并被美国八所大学选为教材。代表人物霍尔姆斯·罗尔斯顿因其成果，成为"国际环境伦理学协会"（ISEE，1990年成立）创始人和第一任会长(1990—1994)、国际环境伦理界最具权威的《环境伦理学》杂志的创始人和副主编。霍尔姆斯·罗尔斯顿的影响和演讲足迹遍及五大洲，并于1991年、1998年两次来进行学术访问，其环境伦理学特别是自然价值论对中国生态哲学和环境伦理学研究具有重要影响。

第一，自然价值论把价值当做事物的某种属性来理解，认为大自然是一个客观的价值承载者，承载着"生命支撑价值"、经济价值、消遣价值、科学价值、审美价值、使基因多样化的价值、历史价值、文化象征的价值、塑造性格的价值、多样性与统一性的价值（"心灵不可能产生于令人窒息的同质性"[①]）、稳定性和自发性的价值、辩证的价值、生命价值、宗教价值等多种价值。自然价值是客观、先在并独立于人的意识而存在。罗尔斯顿认为："大自然是一个进化的生态系统，人类只是一个后来的加入者；地球生态系统的主要价值（good）在人类出现以前早已各就其位。大自然是一个客观的价值承载者，人只不过是利用和花费了自然所给予的价

① ［美］霍尔姆斯·罗尔斯顿：《环境伦理学》，杨通进译，北京：中国社会科学出版社，2000年，第24页。

值而已。”[①]“每一个有机体都是价值的一个增殖器(aggrandizing unit)”，“是具有选择能力的系统”，是“价值的拥有者”，它们从内在的角度来评价周围的资源。因此，大自然中不只人具有内在价值。[②]

第二，自然价值论提出，自然生态系统不仅具有内在价值、工具价值还具有系统价值。“工具价值指某些被用来当代实现某一目的的手段的事物；内在价值指那些能在自身中发现价值而无须借助其他参照物的事物。”[③] 工具价值和内在价值都是客观地存在于生态系统中的。

生态系统虽不像有机体那样具有“自为”性，但却具有独特的“系统价值”。一方面，生态系统是一个网状组织，在其中，内在价值之结与工具价值之网是相互交织在一起的。“生态系统自身拥有内在价值；毕竟，它是生命的发源地，然而，这个‘松散’的生态系统虽然拥有自在（in itself）的价值，但却似乎并不像有机体那样拥有任何自为（for itself）的价值。尽管它是价值的生产者(producer)，但它不是价值的所有者(owner)，它也不是价值的观赏者（beholder）；只有在它生产、保存和完善了价值的拥有者（有机体）的意义上，它才是价值的拥有者（holder）。”[④] 另一方面，与有机体不同的是，“物种只增加其同类，但生态系统却增加物种种类，并使新物种和老物种和睦相处”；“生态系统也是有选择能力的系统”，它能“选择那些持续时间较长的性状，选择个性，选择分化，选择充足的

① ［美］霍尔姆斯·罗尔斯顿：《环境伦理学》，杨通进译，北京：中国社会科学出版社，2000 年，第 4—5 页。

② ［美］霍尔姆斯·罗尔斯顿：《环境伦理学》，杨通进译，北京：中国社会科学出版社，2000 年，第 253—254 页。

③ ［美］霍尔姆斯·罗尔斯顿：《环境伦理学》，杨通进译，北京：中国社会科学出版社，2000 年，第 253 页。

④ ［美］霍尔姆斯·罗尔斯顿：《环境伦理学》，杨通进译，北京：中国社会科学出版社，2000 年，第 254—255 页。

遏制，选择生命的数量及质量，并借助于冲突、分散、概然性、演替、秩序的自发生和历史性，在共同体层面恰如其分地做到了这一点”。[①] 对此，自然价值论提出了“系统价值”（systemic value）这个概念并用这个概念来阐述生态系统价值。认为“系统价值”“并不仅仅是部分价值（partvalues）的总和”，“系统价值是某种充满创造性的过程，这个过程的产物就是那被编织进了工具利用关系网中的内在价值”，“是创生万物的”的大自然的价值。[②]

第三，人类具有最高价值，但最高也不可能高过所处生态系统的整体价值。“生态系统所成就的最高级的价值，是那些有着其主体性——这种主体性存在于脊椎动物、哺乳动物、灵长目动物、特别是人类之中——的处于生命金字塔上层的个体。这种个体是进化之箭所指向的最重要的目标。但是，进化的这些成果并不是价值的唯一聚集地，尽管价值‘高密度地’聚集在它们身上。即使是最有价值的构成部分，它的价值也不可能高过整体的价值。客体性的生态系统过程是某种压倒一切的价值，这不是因为它与个体无关，而是因为这个过程既先于个体性又是个体性的沃土。”[③] 因此，罗尔斯顿在建构的“内在价值、工具价值与系统价值模型”中，虽然把人类及其创造的文化系统放置于价值金字塔的顶层，认为“愈处于顶层的，价值就愈丰富；有些价值确实要依赖于主体性”，但又指出“所有的价值都是在地球系统和生态系统的金字塔中产生的。从系统的观点看，主观性的价值从上到下逐渐减弱，而存在于这个塔底的则完全是客体性的

---

① ［美］霍尔姆斯·罗尔斯顿：《环境伦理学》，杨通进译，北京：中国社会科学出版社，2000 年，第 255 页。

② ［美］霍尔姆斯·罗尔斯顿：《环境伦理学》，杨通进译，北京：中国社会科学出版社，2000 年，第 259 页。

③ ［美］霍尔姆斯·罗尔斯顿：《环境伦理学》，杨通进译，北京：中国社会科学出版社，2000 年，第 259—260 页。

价值；但价值却是扇形逐步扩大的：从个体到个体的功能再到个体的生存环境”。“自在自为”的个体的价值“要适应并被安置于自然系统中……内在价值只是整体价值的一部分，不能把它割裂出来孤立地加以评价”。[①] 这意味着人类作为自然系统拥有最高价值的“自在自为”个体，并非是唯一的价值主体，其最高价值依赖于自然系统的整体价值。同样，人类创造的文化系统虽处于创生万物的自然价值层面的顶层，但离开了人类自然系统、动物自然系统、有机自然系统、地球自然系统、地壳自然系统和宇宙自然系统，就不可能延绵不绝。

第四，自然生态系统和自然万物的价值源是自然进化的创造性。因此，自然价值论认为，“自然系统的创造性是价值之母；大自然的所有创造物，就它们是自然创造性的实现而言，都是有价值的”；“凡存在自发创造的地方，都存在着价值。”[②] 同时，“价值是进化的产物。”[③] 自然价值是层创进化(emergent）现象。“价值——依据生态学——并不只存在于黑草莓、纤维素、光合作用中；它还存在于硝酸盐、水、能量和无机物中，存在于泥土、地表和地球生态系统中”；“有价值的东西并非只是生命，更不只是感觉或意识，而是整个自然过程”。[④] 不过，“自然价值是一种介入现象”，它依赖于主体或说是主体的感知和意识。“在被人的体验定型下来以前，所有的事物都只具有潜在价值。人的意识点燃了以前只是某种类似可燃物

① ［美］霍尔姆斯·罗尔斯顿：《环境伦理学》，杨通进译，北京：中国社会科学出版社，2000 年，第 295—296 页。

② ［美］霍尔姆斯·罗尔斯顿：《环境伦理学》，杨通进译，北京：中国社会科学出版社，2000 年，第 271 页。

③ ［美］霍尔姆斯·罗尔斯顿：《环境伦理学》，杨通进译，北京：中国社会科学出版社，2000 年，第 282 页。

④ ［美］霍尔姆斯·罗尔斯顿：《环境伦理学》，杨通进译，北京：中国社会科学出版社，2000 年，第 288—289 页。

质那样的潜在价值，于是价值便呈现出来了。”不被感觉到的价值是毫无意义的，“凡不存在体验中枢的地方，就不存在价值评价活动，价值亦将消失。”[①] 总之，“价值深深地植根于大自然中那些建设性的进化趋势之中。生态中心说是最完美的价值产生理论，它既承认意识的层创进化是一种新的价值，又认为意识所进入的是一个客观的自然价值领域。”[②]“即使不避免地承认了主体对价值的所有权，价值的客观性也仍然不容否认。我们需要朝着这另外一个更道德的方向前进。”[③]“主体是重要的，但是，它们也不是重要到可以使生态系统退化或停止运行。”[④]

第五，自然价值论的理论基础和方法论以整体论和系统论为主，同时又是综合创新的。

自然价值论以生态系统生态学为基础，并将其与适者生存的进化论相融合，进而确立了人类中心论与非人类中心论辩证统一的价值理论的。因此，这种价值论不仅将生态系统价值置于“某种压倒一切的价值”地位，而且坚持一种“根源”论、层创进化论和生态整体论的思维范式。因为：一方面“当人们把人与自然的所有关系都理解为一种资源关系时，他们就把资源概念转换成了一个绝对的思想范式——离开它，我们就不能理解我们所遇到的任何事物”。[⑤] 以自然价值论为基础的深层伦理“是关于我们

---

① ［美］霍尔姆斯·罗尔斯顿：《环境伦理学》，杨通进译，北京：中国社会科学出版社，2000 年，第 287—288 页。

② ［美］霍尔姆斯·罗尔斯顿：《环境伦理学》，杨通进译，北京：中国社会科学出版社，2000 年，第 289 页。

③ ［美］霍尔姆斯·罗尔斯顿：《环境伦理学》，杨通进译，北京：中国社会科学出版社，2000 年，第 42—43 页。

④ ［美］霍尔姆斯·罗尔斯顿：《环境伦理学》，杨通进译，北京：中国社会科学出版社，2000 年，第 260 页。

⑤ ［美］霍尔姆斯·罗尔斯顿：《环境伦理学》，杨通进译，北京：中国社会科学出版社，2000 年，第 41 页。

的根源（而非资源）的伦理，它也是一种关于我们的邻居和其他生命形式的伦理”。[①] 另一方面，人和世间万物都是大自然层创进化的产物，即使是处于生命金字塔顶端的最高级的价值主体也是由生态系统所成就的，它的价值“不可能高过整体的价值”。[②]

罗尔斯顿的自然价值论是主体论的，但主张主体有人类主体和自然主体，并批判和反对传统的主体主义，认为主体主义的观点“犯了以偏概全的错误，它有一种主体癖（subjective bias），它只赞赏生态系统的后期成果：有心理能力的生命，而把此外的所有事物都降低为这种生命的奴仆。它是误把果实当成了果树，误把生命故事的最后一章当成了生命故事的全部”。[③]

在关于人与自然、事实与价值的关系论证上又是客观辩证的，并尝试以此消解“是”与“应该”、“事实”与“价值”的对立。罗尔斯顿说：“大自然是心灵的最基本的陪衬物和基础，这一事实消融了人类与自然、事实与价值之间的界限。文化是为应付自然而发展出来的，但它也是从自然中发展出来的；这一事实不能简单地只从价值的角度来理解。”[④] 他认为，“从长远的观点看，我们并不能总是把环境的顺从说成是好的，而把环境的抵抗说成是不好的；生命之流的河床由顺境和逆境组成。一个完全充满敌意的环境会扼杀我们，在这样的环境中不可能出现生命；一个完全

① ［美］霍尔姆斯·罗尔斯顿：《环境伦理学》，杨通进译，北京：中国社会科学出版社，2000年，第41页。

② ［美］霍尔姆斯·罗尔斯顿：《环境伦理学》，杨通进译，北京：中国社会科学出版社，2000年，第259—260页。

③ ［美］霍尔姆斯·罗尔斯顿：《环境伦理学》，杨通进译，北京：中国社会科学出版社，2000年，第258—259页。

④ ［美］霍尔姆斯·罗尔斯顿：《环境伦理学》，杨通进译，北京：中国社会科学出版社，2000年，第29页。

和顺的环境则会使我们迟钝退化，在这样的环境中同样不可能出现人类的生命。所有的文化（古代人生存于其中）和所有的科学（现代人生存于其中）都是在与大自然的对抗中产生的。”① 因此，他相信：“人类不仅能够尊重大自然中那种存在于自发性的他者（otherness）身上的异己力量，而且能够尊重大自然中那些表现为刺激、挑战与对立的异己力量。伦理学中最困难的一课就是学会去爱自己的敌人。”②“价值体现在真实的事物并且常常是自然事物之中”，它恰恰是通过人与自然辩证互作的过程而被认知和标识出来的。因此，“主体与客体的结合导致了价值的诞生。价值是与人的意识共存的”。例如，人对大自然的评价可能导致某些新价值的产生，“从逻辑上讲，这些新价值是某种体验性的价值，但是，这些新价值是附丽在自发的自然价值之上的，而后者是某种非体验的价值。”③

也就是说，罗尔斯顿的自然价值论是属自然的、先在的、客观的、不以人的意志为转移的，同时，又离不开人的主体性，离不开人的精神和实践活动，人与自然、事实与价值以及自然系统和文化系统都是辩证统一的，而且这种辩证统一性是存在于创生万物的自然系统之中而非至上的。

总之，自然价值论的目的是为环境伦理学构建一种新的价值论，因此，它从传统的价值论伦理学出发，提出并系统论证了自然生态系统拥有内在价值，并认为维护和促进具有内在价值的生态系统的完整和稳定是人所负有的一种客观义务。其基本逻辑是自然生态系统具有客观的内在价

① ［美］霍尔姆斯·罗尔斯顿：《环境伦理学》，杨通进译，北京：中国社会科学出版社，2000 年，第 29 页。

② ［美］霍尔姆斯·罗尔斯顿：《环境伦理学》，杨通进译，北京：中国社会科学出版社，2000 年，第 30 页。

③ ［美］霍尔姆斯·罗尔斯顿：《环境伦理学》，杨通进译，北京：中国社会科学出版社，2000 年，第 37 页。

值，“人们应当保护价值——生命、创造性、生物共同体——不管它们出现在什么地方”，[①]“我们正是从价值中推导出义务来的。”[②] 其理论追求是：“把下一个千年当作营造文化与自然协调发展的一千年。”[③] 希望生存于社会中的每一个人都应学会诗意地栖息于地球，期待“诗意地栖居”能“把人类带向希望之乡”，而非自然终结。

在理论层面，自然价值论不仅为环境伦理提供了依据，而且发展了大地伦理和深层生态学，为非人类中心主义回应流行于现代西方以文德班尔、佩里、厄本、詹姆斯为代表的主观主义工具价值论，以及以克里考特为代表的非人类中心的主观价值论提供了新的理论体系。

以自然价值论为基础构建的环境伦理学“不是伦理学的边缘学科，而是伦理学的前沿学科。它不是派生型的伦理学，而是基础性的伦理学”，[④] 它为人们追求更高质量的生存、更丰富多彩的生活确立了一种新的伦理信念。这种伦理信念强调伦理既是自然的又是人文的，人应该栖息于自然和文化之中。

在实践层面，自然价值论以环境保护运动的伦理需求为出发点，针对我们目前碰到的最严重的四个问题：和平、环境、发展与人口爆炸提出了新的策略思考，为我们正确地反思人与自然的关系，寻求更加科学的实践路径提供了有益启示。

---

① ［美］霍尔姆斯·罗尔斯顿：《环境伦理学》，杨通进译，北京：中国社会科学出版社，2000 年，第 313 页。

② ［美］霍尔姆斯·罗尔斯顿：《环境伦理学》，杨通进译，北京：中国社会科学出版社，2000 年，第 2 页。

③ ［美］霍尔姆斯·罗尔斯顿：《环境伦理学》，杨通进译，北京：中国社会科学出版社，2000 年，“中文版前言”第 7 页。

④ ［美］霍尔姆斯·罗尔斯顿：《环境伦理学》，杨通进译，北京：中国社会科学出版社，2000 年，第 455 页。

二、基于自然价值论的水伦理价值观

自然价值论在中国的传播不仅为学术界水伦理价值观研究范式的转型奠定了思想基础，也为构建本土化的水伦理价值观提供了一定的理论支撑。

1. 水体多元价值论

罗尔斯顿提出并阐述的14种自然价值引发了国内学者对传统自然价值观的反思，并开始了对水及水体价值多样性、多元性的论证。徐少锦教授在《论当代中国水伦理》一文中，探讨了水的多方面价值，并把水体生命的价值和环境的价值放到了首位，改变了以往把水的经济价值置于首位的价值观，成为在国内水伦理价值观研究中较早论证水及水体多元价值的学者。

水体多元价值论不再局限于水的经济价值，当然也不排斥经济价值，但不再以经济价值为中心。水体多元价值论包括了生命价值、环境价值、经济价值、政治价值、军事价值、精神价值等。与此同时，徐少锦教授还从人的角度出发，认为“水对人既有积极的正价值，又有消极的负价值，兼具善、恶双重功能”。①

在河流伦理研究中，乔清举教授认为河流具有存在价值。即河流的存在本身就是一种价值。这种价值由两部分构成，“一是它维持自身存在的内在目的性价值；一是它作为自然界的一部分，作为整体生命的一部分，维持整体的存在，完成自然界水循环以及其他我们目前还有不知道的自然功能所具有的价值。河流的存在价值是它的客观价值，也是它的内在价值。”②

---

① 徐少锦：《论当代中国水伦理》，樊浩、成中英主编：《伦理研究（道德哲学卷·2006）》，南京：东南大学出版社，2007年，第408页。

② 乔清举：《河流的文化生命》，郑州：黄河水利出版社，2007年，第34—35页。

他提出："关于河流的内在价值，我们可以吸收罗尔斯顿三关于价值的说明"①，主张将罗尔斯顿的自然价值论运用到河流上②。基于罗尔斯顿的自然价值论，乔清举教授将河流的价值划分生态价值、工具价值、审美的、文化的、精神的价值，指出河流的价值在当今具有递增的趋势。雷毅教授则把河流价值分为两个方面，即"河流的外在价值和内在价值"。③"河流的外在价值所表现的是河流对人类的有用性"，河流的内在价值"则是以河流自身为评价尺度，它所表征的是河流存在和健康对自身的价值"。④认为理解河流的价值需要从两个层面进行分析："一是在人和社会的层面，二是在生命和自然界的层面。只有从这两个层面认识来理解才能真实地把握河流的价值。"⑤

就价值论视域而言，不同的价值划分都深受罗尔斯顿自然价值论的影响。一方面，水危机和生态危机的发生客观地促进了人们对传统价值观的反思，为新的价值观的提出奠定了现实基础。联合国环境规划署于1997年发表了《关于环境伦理的汉城宣言》，明确指出了人类反思和改变传统价值观的紧迫性："我们必须认识到，现在的全球环境危机，是由于我们的贪婪、过度利己主义以及认为科学技术可以解决一切的盲目自满造成的，换一句话，是我们的价值体系导致了这一场危机。如果我们再不对我们的价值观和信仰进行反思，其结果将是环境质量的进一步恶化，甚至最终导致全球生命支持系统的崩溃。"⑥另一方面，价值论研究的领域得到了

---

① 乔清举：《河流的文化生命》，郑州：黄河水利出版社，2007年，第35页。

② 乔清举：《河流的文化生命》，郑州：黄河水利出版社，2007年，第36页。

③ 雷毅：《河流的价值与伦理》，郑州：黄河水利出版社，2007年，第62页。

④ 雷毅：《河流的价值与伦理》，郑州：黄河水利出版社，2007年，第62页。

⑤ 雷毅：《河流的价值与伦理》，郑州：黄河水利出版社，2007年，第62—63页。

⑥ 王南林：《可持续发展与环境伦理学产生过程的共同性研究》，《中国人口·资源与环境》2002年第5期。

拓展。生态中心主义的自然价值观伴随着奥尔多·利奥波德的“大地伦理学”和罗尔斯顿的自然价值论而逐渐形成，自然物和自然生态系统的工具价值得到了重新界定，自然的内在价值和系统价值成为区分人类中心主义和非人类中心主义的主要依据。与此同时，新的价值分歧也不断显现，有的主张弱人类中心义的价值观，有的主张生物中心主义或生态中心主义，有的主张超越人类中心主义和非人类中心主义。因此，自然价值论在为当代水伦理价值观奠定理论基础的同时，也对水伦理价值观的建构提出了挑战。应对挑战的重要途径是整合和重构。

2. 人水和谐的价值追求

各种水问题、水危机和人水冲突的日益加剧，人类生存和发展面临严重威胁。面对这些危机，现代人类社会开始反思自己的发展历程和行为，迫使人类重新看待水资源的价值和内容，重新认识人水关系，强调水资源的可持续利用，强调人水和谐相处。1999 年 11 月 16 日，时任水利部部长的汪恕诚先生在中国水利报社通讯报道工作会议上谈到人们对水的九个方面认识的转变时，第一次提出人与自然的和谐共处。2004 年我国将“中国水周”活动的宣传主题确定为“人水和谐”。在此以后，学术界开始积极讨论这一论题。仅从“中国学术期刊全文数据库”中搜索，2004 年到 2017 年 8 月，就有 4000 多篇文章涉及“人水和谐”一词。在最近几年的探讨和实践中，人水和谐思想也逐渐成为我国治水兴水的主导思想。

第二节　当代中国水伦理价值观的分歧与整合

当代中国水伦理价值观经历了从人类中心主义到非人类中心主义、从价值一元到多元的转变。在价值观转变的进程中，由于采取的价值原则和立场不同，致使彼此的交锋和对立多于交融与认同。这种对立不仅不利于当代水伦理学的构建，而且也不利于增进水生态文明建设的价值认同。

一、人类中心主义水伦理价值观的诘难

从历史的视角考察，人类中心主义水伦理价值观经历了从“弱人类中心主义”到“强式人类中心主义”的转变。这种“弱人类中心主义”并非现代意义上的以诺顿为代表的“弱式人类中心主义”，而是指中国几千年来以儒家“天人合一”、道家“人合于天”的人与自然相统一的整体主义为特征的人类中心主义水伦理价值观。这种价值观以“天人合一”、“道法自然”的生态思想为基础，以遵循自然、顺应自然为原则，以因势利导、趋利避害为行动方针，在实践层面上坚持以儒守成，以道达变，使“有为”与“无为”优势互补，为素有“三岁一饥，六岁一衰，十二岁一荒”的中华民族治水兴邦、裕国安民，实现长治久安和永续发展奠定了思想基础。

然而，近现代工业文明的兴起和西学东渐，不仅打断了中国经济社会发展的正常进程，也打断了儒道互为表里的“弱人类中心主义”水伦理价值观的发展进程。“主客二分”的西方“强式人类中心主义”在中国逐渐传播和确立，导致“借助实践哲学使自己成为自然的主人和统治者”① 的思想观念既主宰了西方也主导了中国，使人们在处理人与自然的关系时陷入了“战天斗地”和“让高山低头，叫河流让路”的主客“二元”对立。移山填海、围湖造田、拦河筑坝、乱排污水、乱采水资源、践踏水环境行为一度以“群众运动”的方式在全国演绎。“以人为尺度”的“强式人类中心主义”成为人们对待和处理人水关系的主导价值观。

① ［法］笛卡尔:《探求真理的指导原则》，管震湖译，北京：商务印书馆，1991年，第36页。

"强式人类中心主义"水伦理价值观不仅导致了全球性水危机，也引发了当代中国的水问题和水危机。在"强式人类中心主义"水伦理价值观引领下，一方面，人的能动性和主体性得到了充分彰显，曾经被称为"中华之痛"的黄河水患得到了根治。另一方面，水的多元价值被工具价值遮蔽，使江、河、湖、海等水体日益耗竭和受污染，导致人水冲突愈演愈烈。奔腾咆哮的黄河安静得断了流，海河则趋于"有河皆干、有水皆污"的状态。资源性缺水迫使政府不得不投巨资以便规划和建设南水北调工程。如果东、中、西三线贯通，那么到2050年调水总规模将达448亿立方米，总投资规模则需5000亿元。[①]

实践层面的水问题、水危机、水冲突等使基于人类中心主义的水伦理价值观遭遇理论诘难。因为这种水伦理价值观：(1) 信奉牛顿—笛卡尔"主客二分"的"原子式"哲学观，在人与水的价值关系中，人是唯一的价值主体，水体、水环境等是只有工具价值的客体。(2) 信仰"人是自然界的主人，人能主宰一切"的主体主义哲学理念。在人水关系中水是被征服和主宰的对象。(3) 水价值取决于人这一主体的需要程度，人是万物的尺度，也是水环境、水资源的唯一尺度。(4) 人与水的关系是目的与手段的关系。只有人具有内在价值，人是水环境的目的，而水只是人实现自身需要和利益的工具与手段。治水、管水、爱水、护水不是为了水环境和水体健康生命，而只是为了人类利益和幸福的最大化。正如余谋昌先生所指出的："主客二分"思维方式强调人的主体地位，凸显人的主体性，发展了人类中心主义价值观。[②] 因此，反思水危机的深层次根源，非人类中心主义者认为，这种以工具理性为特征的人类中心主义水伦理价值，无疑是

① 参见水利部南水北调规划设计管理局：《南水北调工程总体规划内容简介》，http：//nsbd.mwr.gov.cn/nsbdgcjs/ztbj/201211/t20121129_333896.html。

② 余谋昌：《走出人类中心主义》，《自然辩证法研究》1994年第7期。

导致全球水环境危机的深刻根源。正是这种工具主义价值观使人类对山川由“敬畏”、“赞颂”转向了征服、控制与统治。人们心中的水神破灭了，水成为人类可以任意处置、糟蹋、浪费和藏污纳垢的对象。

然而，国内外现代人类中心主义者坚持人类中心主义的价值选择。布来恩·诺顿认为：“环境伦理学家中的道德论者……试图从生物中找到一种独立于人类评价活动的价值。他们这样做，是忘了对任何事物的评价中最基本的一点，即评价活动总是由一个有意识的评价者进行的……只有人类能作为评价活动的主体。”① 中国学者孙道进则以马克思主义认识论与实践论为基点，坚持“自然的主体性是靠人来认识、来说明、来保护、来执行的”②。

所以，人类中心主义水伦理价值观的诘难并不意味着它的终结。其意义在于深化和拓展了人们对全球性水危机、生态危机的反思，促进了关于人水关系问题的价值追问，从而影响和促进水伦理价值观的整合。

二、非人类中心主义水伦理价值观的困境

如果说人类中心主义水伦理价值观的诘难主要来自于非人类中心主义的话，那么，非人类中心主义的水伦理价值观的困境则主要源自人类中心主义的驳诘和多元价值观的挑战。

非人类中心主义水伦理价值观以承认自然价值主体性和自然价值多元性为“内核”。在主体论上，承认人与水都是价值主体，水体生态

① Donald MacKenzie，Judy Wajcman.*The Social Shapingof Technology*，New York：Open University Press，1999：15.

② 孙道进：《环境伦理学和价值论困境及其症结》，《科学技术与辩证法》2007年第1期。

系统具有生命健康权利和道德权利，人与水不是主客对立的关系，而是相互依赖、休戚与共的协同进化和共生关系。在目的论上，认为江河湖海等水生态系统是由人和其他生物构成的有机生命“共同体”，有自身生存的“善”和“目的”。在价值论上，不仅承认自然水体的“内在价值”，而且认为水生态系统的价值具有先在性和客观性，其整体性价值高于人类这一部分的价值。就水危机的根源而言，认为工具主义水伦理价值观是导致全球水危机的深层根源。因此，这种以自然内在价值为“内核”的水伦理价值观在本质上是“生态中心主义”的、后现代的。

非人类中心主义水伦理价值观的确立，不仅使人们认识到了以圈水束水、偷排超采为表征的“公水悲剧”与“以人为尺度”价值观紧密相关，而且进一步警醒人类要承认自然创造价值的主体性、充分认识生物和生命共同体包括水体也有为自身生存而协同进化的“善”和“好”，指出人们在与自然交往中，只有放弃占有、征服和统治的人类中心主义价值观，消解在人类道德共同体价值体系中自然价值主体性地位缺失的问题，才能从根本上摆脱水冲突和水危机。因此，在《面对“水难”的水伦理思考》一文中，王正平教授根据我国和世界面对的“水难”，提出“水伦理是指人类以生态伦理的智慧重新认识与确立水的道德价值与地位，改变人们长期以来对待水的不合理态度和行为，以尊重水、善待水、合理利用水的道德态度和方式与水和谐相处，保持和维护良好的水生态系统，以促进经济、社会、自然的可持续发展”。[①]

然而，后现代生态中心主义的水伦理价值观遭遇了当代人类中心主义者的强烈质疑。有学者驳诘非人类中心主义的自然主体论和价值论是将“人与物同质化了、齐一化了。这样，真正的人便被非人类‘主体性’的

① 王正平：《面对“水难”的水伦理思考》，《探索与争鸣》2010 年第 8 期。

子弹枪毙了，成了两足‘爬行’的动物，而动物却成为四足‘行走’的人”。[1]更多的中国学者虽然承认河流、海洋等生命共同体的价值主体性，但仍然认为“自然价值评价，是人类的评价，是由作为认识和实践主体的人进行的”。[2]

尽管人类中心主义和非人类中心主义的水伦理价值取向对实践都具有积极的指导意义，但各执一端的弊病使两者都成为“原子式”的缺乏辩证思维的价值论。超越这种极端的价值思维、将两种对立的水伦理价值观统一起来的重要路径是整合或重构。

然而，究竟应该以什么样的价值理论来化解人类中心主义与非人类中心主义之间的价值分歧，使价值对立转向价值包容或价值统一呢？对此问题的不同回答，又形成了三种兼容中西方理论的整合价值论，即“像河流那样思考”的进化价值论、人河互为尺度的水伦理价值观以及“以人为本”的水伦理价值观。

三、水伦理价值观的整合

当代中国水伦理价值观的整合正是基于人类中心主义和非人类中心主义各执一词，相互驳诘，并将人道主义和自然主义彼此对立而展开的，旨在为河流伦理体系或水伦理学的构建以及水危机的化解奠定价值论基础。

第一，在河流伦理的研究中，除了余谋昌、雷毅等学者基于西方后现代自然价值理论提出“固有价值”、“内在价值”与“外在价值”外，叶平教授在著作《河流生命》和《环境伦理学研究的一个方法问题——以“河

① 孙道进：《环境伦理学和价值论困境及其症结》，《科学技术与辩证法》2007年第1期。

② 余谋昌、王耀先：《环境伦理学》，北京：高等教育出版社，2004年，第155页。

流生命”为例》一文中，明确提出了基于达尔文进化论的“进化的价值论”。

“进化的价值论”以“益于人类”、“促进生态”为确立人与河流生命伦理的基本原则，主张将“进化的价值论”作为论证、评价和捍卫人与河流相互作用的依据。这种进化的价值论的含义“是指关于人与河流相互作用所依据的共同进化的价值理论。”[①] 它包括四层含义：(1) 坚持人是共同进化的主体，人与河流相处和发生作用时对河流生命负有伦理责任。(2) 人与自然共同进化是自然方向性和人类生活活动目的性的统一，蕴含着人与自然共同创造的意义。(3) 坚持共同创造，反对因保护河流而不顾人的生存和社会发展历史的和现实的需要，即所谓“荒野保护遮蔽下的人”的问题，也拒斥为了人而任意对待河流生命。(4) 倡导由美国环境史学者唐纳德·沃斯特首创的“像河流那样思考”的生态整体论思维。[②] 这种价值论以达尔文的进化论为基础，同时又吸纳了卡尔宾斯卡娅关于“生物界和社会在最大范围内的相互渗透、相互交织和相互补充”的“共同进化”思想。[③] 其理论贡献和实践价值在于：一是论证了人与河流的价值主体性，二是揭示了人与河流价值关系的协同进化性，三是以整体论思维取代了机械论思维，并在实践层面上指出了不能以荒野保护遮蔽人的价值的问题。其局限是回避了人与河流同为价值主体的内在差异性，进而在实践层面上使水（河流）的价值与人的价值互不僭越成为难题。

第二，人河互为尺度的水伦理价值观。这种价值观是李映红、黄明理等学者率先提出的。其主要观点：(1) 反对基于西方自然内在价值论的、

① 叶平：《环境伦理学研究的一个方法论问题——以“河流生命”为例》，《哲学研究》2009 年第 3 期。

② See Donald Worster, *The Wealth of Nature*, New York : Oxford university Press, 1993 : 124.

③ ［苏］P.C. 卡尔宾斯卡娅：《人与自然的共同进化问题》，《国外社会科学》1989 年第 4 期。

"以河流为尺度"的"河流中心主义"。他们认为这是对"以人为尺度"水伦理价值观的矫枉过正。[①]（2）基于目的与手段的统一性，提出并论证了"人河互为尺度"的价值观，"将河流看成生命的存在意味着河流不仅拥有外在功用价值，而且拥有内在价值，是工具性价值与目的性价值的辩证统一"[②]。(3）河流还具有本源性的文化价值。随着人河关系的恶化必然引起人类反思对待河流的传统观念和行为选择，进而提出"退耕还湖"、"维持河流生命的基本流量"、"人水和谐"等诸多观念和举措。

这种价值观虽然承认了河流的价值主体性、河流具有内在价值，应该纳入道德关怀之中，但又确认了人类是"唯一的理性主体"，是人河关系的主导者。这意味着河流是非理性的，河流的主体性不能体现为主导性，那么，新的价值观和价值关系的确立只能依赖于人，仍然只能从人的知、情、意、行入手。这似乎又回到了传统水伦理价值观的原点。同时，河流的主体性是什么样的？是自在的或是生存性的？对此，简单地基于目的与手段的统一性提出并论证河流的内在价值、河流与人互为尺度似乎存在逻辑瑕疵。譬如，谁能以河流健康生命为尺度呢？答案肯定是人。过去我们说河流无生命，今天有人持河流有生命并有内在价值论。从价值主体的角度考察，过去和现在的价值主体都是人。

第三，"以人为本"的水伦理价值观。这是王建明等学者基于交往实践论而提出的一种观念，旨在整合和超越人类中心主义与非人类中心主义的价值对立。"所谓'以人为本'的水伦理价值观，就是在处理人与水的关系中，一切以提升人的幸福度为根本旨归，一切以人的全面发展需要的

① 参见李映红、黄明理：《论河流的主体性及其内在价值——兼论互主体的河流伦理理念》，《道德与文明》2012年第1期。

② 李映红、黄明理：《论河流的主体性及其内在价值——兼论互主体的河流伦理理念》，《道德与文明》2012年第1期。

满足为基础动力，一切以全面发展的人为价值尺度，一切的人与水的交往行为以最广大人民群众的根本利益为出发点，充分保障广大人民群众生存和发展的用水权和赏水权，善待水环境，保护水系统，优化水生态，促进人与水的和谐共生与协调共进，实现人与水的可持续发展。”①

这种价值观虽然吸纳了“以人为本”、可持续发展、人类整体利益、人水和谐等原则和理念，反映了当代中国水伦理发展的最新理论成果。但是，就目的论而言，坚持一切以人的幸福为旨归，保护水环境是为了人的“善”和“好”，其目的在根本上是属人的。这在一定程度上排斥了动物、生物和自然万物的福利以及“上善若水”、“善利万物”的水的“善”和“利”。此外，主张把交往实践的思维逻辑应用于人水关系，并具体化为“人（主体）—水（客体）—人（主体）”的关系模式。所谓交往实践是指“诸主体间通过改造相互联系的中介客体而结成的社会关系的物质活动”。② 其中“诸主体”是人，客体是自然及其他。显然，其中水只能是相对于人的客体，人与水的关系仍然是“主—客”关系。这便使“重新确立水环境的价值主体”缺乏应有的本体论支撑。总之，这种“以人为本”的水伦理价值观本质是以人为中心的，不以承认自然价值的主体性和自然内在价值为前提，因而实质上并未真的超越传统伦理的人伦属性。同时，由于强调人的“诸主体”和“多极主体性”而使自身在“人”这个主体上也陷入了混乱，因而难以确立人与人、人与水在价值关系上相互统一的价值尺度。

虽然以上三种价值论都试图整合人类中心主义和非人类中心主义的水伦理价值观，但是，由于各自依据的理论、原则和方法论不同，因而在整合中形成了新的价值论分歧。这使水伦理学的合法性依然面临严峻的挑

---

① 王建明、杨志考：《当代水伦理价值观反思》，《常熟理工学院学报（哲学社会科学）》2012 年第 1 期。

② 任平：《走向交往实践的唯物主义》，北京：人民出版社，2003 年，第 55 页。

战。接受这种挑战，并使水伦理学摆脱价值论困境，就必须超越人类中心论和自然中心论，在整合水伦理价值观的基础上重构价值论。

第三节　以人为本、人水和谐的价值观

化解水伦理的价值分歧，接受水伦理学合法性面临的严峻挑战，其现实路径在于放弃孤立的“原子式”思维范式，重构水伦理价值观，并且这种重构必须以兼容并包为原则，发现并挖掘各种理论的硬核和文化积淀的合理因素为我所用。这种开放的态度既可以如叶平所说“是基于一种‘境遇待定系数的理论’”，也可以是中国化马克思主义强调的实事求是的理论态度。“首先，注意吸收或不拒斥各种适宜的理论和文化；其次，不脱离特定的国情及其地理区位，不离开民族风俗、行为习惯。”[①] 因为，我们提出价值观问题的终极目的是要消除人道主义和自然主义的对立，最终实现人水和谐以及人类文明的永续发展。因此，水伦理价值观的重构必须基于人与自然的本质统一，以辩证、联系、发展和转化等观点，增进价值认同，提出并论证“以人为本”、人水和谐的价值观。

一、以人为本、人水和谐价值观的内涵

所谓“以人为本”人水和谐的价值观，它以人的本质为依据，以本体论、价值论和方法论的辩证统一为核心，重构基于人与自然的本质统一的水伦理，目的是要增强人水和谐的意识，追求人与自然的“双和”、“双

① 叶平：《环境伦理学研究的一个方法论问题——以“河流生命”为例》，《哲学研究》2009 年第 3 期。

解”，即人的解放和自然的解放、“人类同自然的和解以及人类本身的和解”[1]。这种价值观包含三个理论基点：唯物辩证的本体论、“以人为本”人水和谐的价值论、“像水一样思考”的方法论。

第一，必须坚持唯物辩证的本体论，这是确立水伦理价值观的哲学基础。这种本体论认为世界的本质是物质的，强调物质第一精神第二，物质与精神对立统一，强调世界是有机的整体，世界上任何事物都是矛盾运动的、联系发展的，并在一定条件下可以相互转化。人是自然层创进化的产物。层创进化（emergent）强调进化过程的阶段性和质变的层次性，认为“层创进化现象在自然界中的出现是很明显的，例如，当（首先是）生命和（其次是）学习能力在没有生命的生态系统中出现时”。[2] 层创进化使人与自然之间形成了人与整体自然、人与自然物的二重关系。这种人与自然关系的二重性表现为两个层次。

一是人与整体自然的关系层面，一方面，宇宙自然作为创生万物（包括人的）的主体不仅具有主体性、创造性而且主导层创进化的全过程，特别是这种层创进化的矛盾运动是无限的，不以人的意志为转移的，非人力可以取代。正是在这一意义上，有学者认为：“大自然永远具有高于人类的主导性”，“人本身是大自然创造出来的，大自然又创造出无数人类根本无法创造的事物，那么谁更有创造力呢？当然是大自然！”[3] 另一方面，人不仅是大自然的产物，而且始终生存和发展于自然中。即便说人能巧夺天工，但人不能再造个太阳、地球和宇宙。因此，敬畏自然、尊重自然、感恩自然是人应有的道德良知，因为人连同人的创造性都是大自然赋予的。

---

① 《马克思恩格斯全集》第1卷，北京：人民出版社，1956年，第603页。

② ［美］霍尔姆斯·罗尔斯顿：《环境伦理学》，杨通进译，北京：中国社会科学出版社，2000年，第286页。

③ 卢风：《论自然的主体性与自然的价值》，《武汉科技大学学报（社会科学版）》2001年第4期。

人只能而且应该生活在宇宙自然的阈值中！

二是在人与自然物的关系层面，人与自然万物虽然经历了从“前生物阶段”、“生物阶段”到人类阶段的层创进化，但人和所有自然物都是自然造化的产物，具有“物质第一性”、层创进化性、普遍联系性、协同共生性等特征。因此，坚持众生平等、人与自然万物相互联系、本质统一等是唯物辩证的本体论蕴含的基本伦理诉求，以“自然主义＝人道主义”或者说“是人的实现了的自然主义和自然界的实现了的人道主义”为价值目标是层创进化内含的价值取向，坚持人与自然万物的本质统一就是“通过人并且是为了人而对人本质的真正占有；因此，它是人向自身、向社会的即合乎人性的人的复归”①，通过这种人性复归，人与自然万物（包括水）的矛盾才能得以真正解决，自然界才得以真正复活。

基于人与自然关系的二重性的分析可知，（1）人与自然的主体性是相对的。在整体意义上讨论人与自然的关系时，人是客体和部分；在部分意义上考察人与自然万物的关系时，人具有主体性、主导性，是自然层创进化的最高级产物。（2）本体论与价值论相互联系，但这并不意味着可以将本体论等同于价值论。因为人是层创进化最高级的、唯一具有物质精神二象性的动物，坚持“物质第一”的本体论和“人的价值第一位”的价值论才符合人与自然的本质属性以及自然进化的规律性。

那么，究竟是人的价值决定物的价值还是物的价值决定人的价值？是物具有最高价值还是人具有最高价值？对此，如果用本体论取代价值论所得出的答案显然是错误的。人是自然进化的最高级产物，具有最高价值，人的价值与物的价值不能等量齐观。价值是人的精神作用的产物，没有人也无所谓价值。马克思主义的价值哲学认为：“价值是事物（物质的和精

① ［德］马克思：《1844年经济学哲学手稿》，北京：人民出版社，2000年，第81、83页。

神的现象）对人的需要而言的某种有用性，对个人、群体乃至整个社会的生活和活动所具有的积极意义。”[①] 当然，这并不意味着排斥自然具有价值主体性、自然有内在价值。不过，强调自然价值呈现、自然价值评价等离不开人的意识，离不开人的事实认知和价值判断水平的提高。

人与水的价值关系问题在本质上属于人与物的关系问题，自然万物虽然“无中心”但进化有层级。在价值论上坚持“以人为本”、人水和谐论是基于本体论与价值论既相互联系又相互区别的必然选择。以往自然价值观缺乏对人与自然关系的“二重性”的辩证认识，要么用整体遮蔽了部分，要么把部分放大并凌驾于整体之上，这是价值观分歧的本体论根源。

第二，确立“以人为本”、人水和谐的价值论，其中的“本”不是本原，更不是“中心”，而是指根本或最重要的意思。其主要内涵包括：

（1）承认人是自然界进化的最高产物，从“前生物阶段”、“生物阶段”到“人类阶段”，进化层级是客观存在，不同的层级代表不同的层创进化水平。在价值论上，如果把人与物等量齐观则背离层创进化规律和趋势。

（2）人与物各有其价值，承认自然内在价值，但强调人的生命具有最高价值。如果说“自然价值是层创进化现象”，那么，人在自然万物中具有最高价值也是创进化的结果。当然，从层创进化的角度而言，有价值的还有整体自然和自然过程，正如罗尔斯顿所指出的：“有价值的东西并非只是生命，更不只是感觉或意识，而是整个自然过程。”[②]

（3）“以人为本”强调以人的全面发展为最高价值追求，并以此作为人水和谐的前提和基础。因为人的全面发展意味着人的自然性和社会性的

① 李秀林、王于、李淮春等：《辩证唯物主义和历史唯物主义原理（第四版）》，北京：中国人民大学出版社，1995年，第360页。

② ［美］霍尔姆斯·罗尔斯顿：《环境伦理学》，杨通进译，北京：中国社会科学出版社，2000年，第289页。

本质统一。人类的全面发展是人类的最高利益。当然，人类的全面发展是个不断全面协调人与自然（水）、人与人、人与社会关系的漫长过程，是人不断超越自我，实现理性与德性、真善美爱等逐渐统一的过程。

（4）强调评价标准和评价尺度的二重性。虽然人类最高目标的实现程度是人类评价自己言行的最高标准，但是，由于人与物的矛盾将始终贯穿于人类史与自然史相互约束的进程中，人类活动的成效包括人和物两个方面，因而人与水相交道的价值尺度是人和水两个评价标准、两个尺度。所谓水的标准是指人类活动能获得的水利益，主要考虑自己投入与水利回报的比例；人的标准则指考察人的活动是否符合人的道德、信念和理想，是否有利于人性的完善和人全面发展。这两个标准应该是统一的，因为人的本质要求物质性与精神性相统一，并且这两个标准不能相互僭越。

（5）强调人的能动作用。人不仅能利用自然（水），还能改造、控制和保护自然（水），不仅能创造物质，还能组织社会、反思自我、协调和超越自身的局限，创造精神文化。人的价值归根到底在于人是宇宙自然中唯一具有创造性的主体，而创造是价值之源。当然，这也不排斥宇宙自然（包括水）作为整体所具有创生万物的价值。人可以根据趋利避害的原则，对自然作用进行一定程度上的选择。罗尔斯顿也强调自然价值、自然价值的呈现等都离不开人的意识和人的价值体验，并认为“像认知过程一样，价值评价过程也是在有意识的心灵中发生的。和知识一样，价值评价过程的产物——价值——也只存在于人的意识之中”。如果离开的人的意识，自然价值充其量只能称为“潜在的价值”。①

因此，“以人为本”、人水和谐的价值论强调人是目的、人是关键，人水和谐是为了人，也要依靠人。但是，层创进化是无限的，依据层创进化

① ［美］霍尔姆斯·罗尔斯顿：《环境伦理学》，杨通进译，北京：中国社会科学出版社，2000 年，第 286 页。

梯度提升的规律和趋势，可以推定人不是宇宙自然层创进化的终极产物，人的全面发展、永续发展也是有限的，即只能全面发展于自然阈值内！盲目自大，无限发展，只能使人类丧失应有的“生态位”。

第三，倡导“像水一样思考”的生态整体思维。这种思维方式首先是基于中国传统“法自然”的水德论思维，同时，又借鉴了美国环境史学者唐纳德·沃斯特首创的“像河流那样思考”的方法论。

“法自然”的水德论思维源于道家以道论德、以道喻德的道德思维。这种思维强调部分与部分、部分与整体的辩证统一，强调人应该像水一样“处下”、“不争”，一点一滴地集聚着物质、能量和信息，使涓涓溪流汇成江河湖河；像水一样在自然中生成又在自然中实现有容乃大，始终反哺自然万物，在“善利万物”中实现生生不息。因此，几年来，华夏子孙一直把“上善若水”作为道德追求的最高准则。“像河流一样思考”[①] 这种思维方式是唐纳德·沃斯特受美国当代环境伦理学之父利奥波德在1949年出版的《沙乡年鉴》中提出的关于“像山那样思考”的启发，通过对农场内外流水与可持续农业关系的考察以及地球水循环系统的观察与思考，提出要把“像河流那样思考”这种思维方式作为确立“新的水意识”的重要步骤。这种思维强调循环、强调“自然是一个环绕的河”的整体主义思维、强调自然与社会的可持续发展。因此，这种思维方式与中国传统“水德”论思维具有异曲同工之处，只是因“河流”过于具象化，并缺乏对现实中治理江河湖海理念转变的学理观照，以及对中国水德文化的传承，而不利于其在当代水伦理研究中的拓展和应用。

“像水一样思考”强调辩证、循环的整体思维，强调人与水、人与自然万物休戚与共、生生不息的协同进化关系。人要像水一样，对宇宙自然

① See Donald Worster, *The Wealth of Nature,* New York：Oxford university Press, 1993：124.

谦卑，对自然万物包容，对同类仁爱。以人性的本质统一为出发点和回归点，将人与自然（包括水）的和谐内化为“以人为本”的价值原则和价值目标。所以，倡导“像水一样思考”的目的在于试图让人们改变二元对立的思维方式，确立人与水、人与万物相互依存、不可分割的思维方式，使人与河流、人与水环境的价值关系由对立转向和谐共生。

二、“以人为本、人水和谐”价值观的合规律性和合目的

首先，“以人为本、人水和谐”的价值观历史合理性和内在逻辑性符合人、自然以及人类文明演进的规律和趋势。

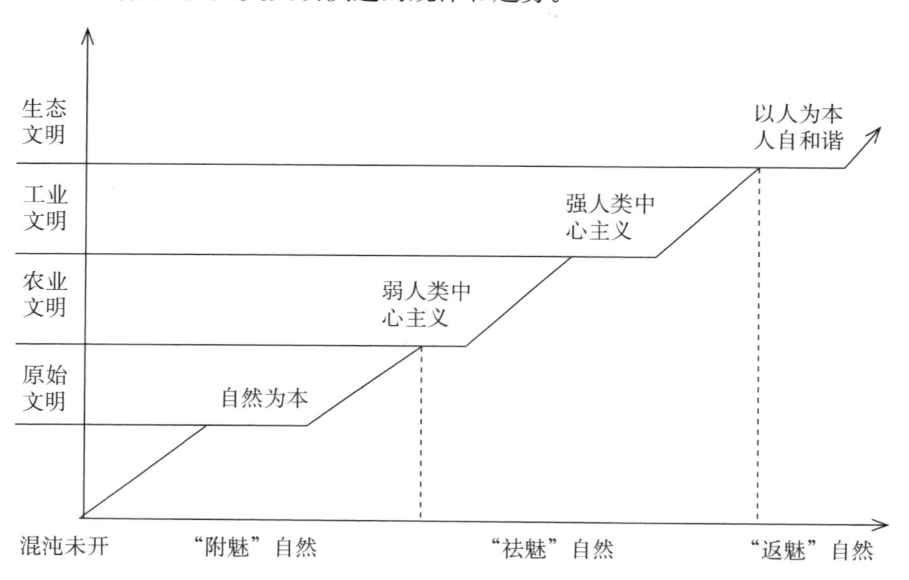

图 5—1　从“正题”、“反题”到“合题”的价值论

人、自然和社会从混沌未开到相互影响、层创进化，形成了人、自然和社会交互影响、彼此促进或制约的历史规律和趋势，人与自然（水）的

价值关系也呈现肯定、否定、否定之否定的规律性，“以人为本、人水和谐”的价值选择符合三大规律交互作用的规律和趋势。

一是人类文明随着生产力的发展而提升，实现了从原始文明到农业文明、工业文明和生态文明的阶段性飞跃和台阶式发展。从人类文明与自然生态的关系考察，经历了从农耕时代的“黄色文明”到工业文明时代的“黑色文明”，再到生态文明时代的“绿色文明”的否定之否定过程，使可持续发展、人与自然和谐共进的生态文明成为文明进步的必然选择和趋势。二是人与自然相交道的演进过程也呈现出从“附魅”到“祛魅”再到“返魅”的肯定、否定到否定之否定的规律和趋势。从人与自然本质统一的角度而言，“返魅”自然也就是“返魅”人类，是人作为物质和精神一体化的最高级动物的本质力量的体现。三是人的价值观源于人但指导和作用于人、自然和社会三个维度，并随着人、自然和社会关系的变化而转变，呈现从“自然为本”、人类中心主义到“以人为本”、人自和谐的层创进化规律。从肯定自然价值到以人为唯一尺度，再到肯定人物各有价值但人是价值主体具有最高价值，符合黑格尔“正题—反题—合题”的辩证逻辑。因此，“以人为本”、人水和谐的价值主张在总体上符合人、自然和社会从“正题”、“反题”到“合题”的发展规律和趋势。

其次，“以人为本、人水和谐”的价值观符合本体论和价值论互动演进的历史逻辑，在人与水相交往的关系领域，必须科学把握人与水的对立统一性，在小尺度上直面竞争和冲突，在大尺度上谋求水生态系统的整体稳定、美丽与和谐。

从原始文明到农业文明、工业文明和生态文明的台阶式发展都依托于自然，并在一定的自然观和价值观指导下实现。

在生产力和认知水平都很低的原始文明时代，人们神化自然、崇尚自然，对自然顶礼膜拜，把自然法则作为道德的始基，在人水关系领域形成了以“自然为本”的“水德论”，其基本特征是将事实等于价值、“是与应该”同一。如中国古代伦理思想家基于“太一生水”，“水善利万物而不争，处众人之所恶，故几于道”，[1]等思想观点，主张“上善若水”；认为水不仅是世界的本原，而且水与天地一样既生养万物又“利万物”、“不争”、“处下”，这就是善；人的义务就是“继善成性”，弘扬天、地、水的善性，锤炼像水一样勇往直前、奔流到海不复返的精气神，倡行像水一样“处下”、“不争”、“虚怀若谷”、功成身退的道德品格，以求厚德载物、“有容乃大”。

随着科学技术的进步和人类利用、改造、控制自然的能力的提高，人类文明实现了从原始文明到农业文明和工业文明的飞跃，人与自然的关系也由“附魅”于自然转向了让自然“祛魅”。特别是基于二元对立、主客两分的机械论自然观，把自然变成了可以任人拆分、宰割的机器，使人类的价值观从“弱人类中心主义”转向了现代“强式人类中心主义”，“征服”、“改造”和“统治”自然成为主要的价值目标。其价值哲学在张扬人的主体精神的同时提出了“一切以人为尺度”的价值取向。在人与自然、人与水的关系领域，倡行利用、控制、改造和征服，导致自然价值在被奴化和对象化的进程中被僭越，造成了生态危机和水危机的全球化。

为了谋求人类文明的可持续发展，人们在反思中觉醒，重新认识到了人与自然之间有机的整体联系，形成了以后现代科学技术知识谱系为支撑的生态自然观，把可持续发展、环境保护、生态文明、人与自然协同进化等主张纳入了价值体系。但是，以非人类中心主义为代表的价值观把生态系统的稳定、美丽、平衡、和谐作为终极追求，在建构自然价值论和权利论的同时，过分强调人与自然万物的同一性，在一定程度上造成了人的主体精神和社会本性被“荒野”遮蔽。因此，无论是“人类中心”论或者是“生态中心”论，都与“无中心”的现代生态科学、生命科学等知识谱系相背

① 饶尚宽译注：《中华经典藏书——老子》，第八章，北京：中华书局，2006年，第20页。

离，都有悖于人的本质和自然的层创进化规律，都是以人与自然（水）的相互对立为实质的。

最后，“以人为本、人水和谐”价值观以当代中国科学发展的最新理论成果和综合治理水问题、水危机的实践经验为基础，成为生态文明时代治理水危机、建设水生态文明和完善自然人性的现实选择。这种价值观在世界观和方法论上把唯物辩证法与后现代道德哲学的生态整体论相结合；在关于人与水的价值哲学中，坚持人与水的关系归根到底是人与物的关系，人和物各有其不同价值，彼此不能相互遮蔽和僭越。一方面强调人与物是异质对立的，唯有人具有物质精神二象性，人既是价值主体又是价值之源，承认人是自然进化的最高产物，人具有最高价值，离开了人无所谓自然价值。另一方面，认识到人在本质上是物质实体和精神主体的统一，“没有自然，人类不可能存在；没有人类，自然仍会存在。”[①] 在以人的精神起源问题为核心的本体上要坚持物质第一和存在第一，在以人的精神作用为核心的价值论问题上则主张人的价值是第一位的。这是处理本体论与价值论、人与物（水）的矛盾的辩证法。

三、“以人为本、人水和谐”价值观的主要内容和基本特征

“以人为本、人水和谐”价值观以人、自然和社会互动演进的规律和趋势为基础，体现了本体论与价值论、整体论与层创论、永续发展与有限发展、以人为本与人水和谐的辩证统一。其主要内容和基本特征有如下三个方面。

一是以人性的统一为出发点和回归点，意味着水伦理的价值论源于人性的需要。人就是水伦理的价值主体，“以人为本”也就是以人的本质需

① 林德宏：《“以人为本”刍议》，《南京师大学报（社会科学版）》2003 年第 5 期。

要为本，满足人的本质需要就既要满足人的精神文化需要，还要满足人的物质的、自然的、生态的需要，进而承认满足人的生态需要就要保护自然、保护生态，维护自然的生态利益就是维护人的利益。

二是由于这种人性是人与自然的本质统一，因此评价人的行为活动的标准就包括人和物两个标准、两个尺度，并且这两个标准是内在统一的。这实现了对人类中心论和自然中心论的超越。

三是以人的全面发展为最高价值目标，强调价值目的的属人性与自然性，强调人物各有价值。认为承认自然内在价值和自然价值多元是彰显而不是消解人认识自然的主体性和本质力量，因为这种价值论不仅强调人的价值主体性，而且强调人的价值观的延展性和变化性，为水伦理学的建构确立了统一的价值论基础。水伦理既反映人自身的欲望和需求，又要满足自然的存在需求，满足自然的需要就是满足人的需要。

综上所述，人类中心主义和非人类主义的价值论在历史上都具有一定程度的积极意义，但各执一端的弊病使它们不可能引领人们找到解决生态危机和水危机的正确道路。协同进化的价值论、“人河互为尺度”的价值论以及基于交往实践论的“以人为本”价值观都试图整合人类中心主义和生态中心主义的分歧，并为摆脱西方环境伦理的价值立场进行了开拓性研究，因而在价值论上具有一定的创新性。然而，如何真正在理论上会通中西，建构中国水伦理学的价值观并实现逻辑自洽，这是当代中国水伦理价值观整合研究中并未真正解决的问题。

对此，“以人为本、人水和谐”的价值观，在价值关系演进的逻辑上，符合从“自然为本”到“人类中心主义”、“非人类中心主义”的进化趋势，高度契合“正题、反题与合题”的历史辩证法；在价值目标的确立上，以人的全面发展的本质需要为最高目标，使关爱自然就是关爱自己，使坚持人的标准和物的标准的二重性成为人性完善的本质需要。这有利于将和谐地改造世界转化为自我完善的行为准则，有利于将人的全面发展、人与自然的本质统一转化为外在的伦理约束，有利于水伦理价值观的培育和践行。在价值立场的选择上，符合会通中西的伦理文化发展的内在规律和趋势。

“以人为本、人水和谐”价值观的理论意义在于既承认西方环境伦理学、水伦理学的研究成果，同时又确认中国水伦理研究的独特性和不可替代性。这既有助于我们超越传统的天人等同的天理人伦，又有利于突破后现代生态中心主义和人类中心主义相互对立的思维逻辑。以本体论、价值论和方法论的统一重构水伦理价值观，对促进基于本土、面向世界、关切未来的水伦理学，增强水伦理研究的实践性具有重要价值。

第六章　水伦理与中国的水利实践

自古以来，人的本质力量的对象化就具有实践和理论两个向度。水伦理作为人的本质力量的反映也内在地具有实践性，直接指向人与水相交往的生产和生活。水是生命之源、生产之要、生态之基。良好的水利条件是人民群众生产和生活的重要保障，是经济社会持续健康发展的必要基础，是现在和未来全面建成小康社会和建设美丽中国的根本要求，是确保世界和谐的重要前提。水伦理的实践性不仅使水伦理的道德原则和伦理精神彰显于大河文明几千年的水利实践中，也使之成为优秀传统文化的有机组成部分和建构服务于民族复兴、生态文明建设的水伦理的重要精神资源。

如今，典型的季风气候和高山大川一如既往地塑造着中华民族水利实践与伦理精神协同发展的独特文化品质，自然和人为的复合生态环境问题则勾连着水伦理创新发展的现实基础。

第一节　先秦时期的水利实践及伦理精神

中国是个在典型大陆季风气候区孕育壮大起来的文明国度。水利实践与水伦理精神的协同发展在国家经济、政治、社会、文化中的战略地位和极端重要性与此紧密相关。如果说远古女娲补天、后羿射日等故事从某种意义上昭示着中华文明在开天辟地之初就遭遇了水生火热的生存危机，那么，大禹治水则佐证了这样的生存危机及其对文明发展的生态伦理要求。因此，早在先秦时期，中华民族就开启了治国先治水、善治国者必先治水的文明历程，初步显现了水利实践与伦理精神协同发展的独特文化特征。其标志性事件有大禹治水、孙叔敖治淮、西门豹治邺、李冰父子修筑都江堰等。

一、大禹治水，“三过家门而不入”

世界上许多古老民族都曾遭受过大洪水袭击，但唯有中华民族是先治水而后才立国的民族国家。据《尚书·尧典》记载，我国在尧、舜、禹时期，“汤汤洪水方割，荡荡怀山襄陵，浩浩滔天，下民其咨”。滔天洪水淹没高山丘陵，不仅使百姓无处安身，而且也造成百姓无以为生、不得不面对“五谷不登，禽兽逼人”的生存困境。治水成败成为关乎官员生死升迁、百姓安身立命、朝代更替、天下兴亡的重大事情。鲧禹父子接力治水，堵疏之间一败一成、一死一生，命运迥异，印证了水伦理实践性对于中华文明的极端重要性。

禹的父亲鲧奉命治水，他以堵塞为主要方法，治水九年，终因“功用不成”而被诛杀。大禹临危受命，奉舜帝委派，继承父亲的未竟之业，采用堵、疏相济以疏为主的方法，经过 13 年奋战，才制伏了洪水。此后，大禹不仅成为三皇五帝的传承者、夏民族兴起及第一个统一王朝的奠基者，而且成为千古传颂的治水鼻祖。

大禹治水之所以千古传颂，根本原因在于其实践经验和精神品质在大河文明的历史进程中具有独特性和不可或缺性。

第一，大禹在治水实践中积累了前所未有的成功经验，开创了共治兼利的治水模式。大禹治水注重联合共治、选贤与能、统筹协调，通过治水实现了凝心聚力、利义统一，为夏民族的兴起奠定了必要的政治伦理基础。

据《史记·夏本纪》记载，大禹“命诸侯百姓以徒以傅土”，即命令各部族酋长等率领下属民众参加平治水土的役事。同时，访求和任用贤能的人协同治水。《吕氏春秋·求人》载，大禹走遍四方物色人才，先后“得陶、化益、真窥、横革、之交”五人辅佐。在这五人中，陶（即皋陶）属当时东夷部族首领之一；化益（即益）则是善治山泽、擅长畜牧、原名称谓大费的秦国先祖，大禹任用益治水一事在《史记·秦本纪》中记为“大费为辅”；后三位都是当时德高望重的人。此外，《史记·殷本纪》还记载了殷的始祖契“佐禹治水有功”；能“播时百谷”、教民稼穑的周族先祖后稷也曾与禹一起治水；共工族的后人不仅没有因先人治水失败而受牵连，相反却得到了大禹的重用，即所谓“共工之从孙四岳佐之”（《国语·周语下》）等。因此，大禹并不是孤身治水，而是重不拘一格用人才，进行协同共治。

为了联合四方共治水患，禹以联姻的方式娶涂山氏的女儿为妻，使东夷部族中聚居在淮河流域的淮夷部族成为大禹治水的坚强支持者，并由此极大地促进了华夏部族与东夷部族的联合。后来，大禹正是以此为前提，通过文治武功在涂山成功召集了部族酋长会议，为夏王朝的建立奠定了统一的基础。这就是《史记·外戚世家》所谓的“夏之兴也以涂山”。

在整个治水过程中，大禹号令诸侯百姓、聚天下贤士能人靠的是义利兼顾。有的部落食物缺乏，禹便“与益予众庶稻、鲜食”，“与稷予众庶难得之食”；有的部族“食少，调有余补不足，徒居”，通过迁移居积的财物、鼓励在地区之间开展互通有无的贸易往来等，解决食物短缺问题。于是，“众民乃定，万国为治”（《史记·夏本纪》）。正如刘向《说苑·君道》引用河间献王所说：“‘禹称：民无食，则我不能使也；功成不利于人，则我不能劝也。’……民亦劳矣，然而不怨苦者，利归于民也。”以民为本，义利兼顾，使大禹治水与后世的王道政治、仁政德治一脉相连，初步启发了华夏民族得民心者得天下的独特“政治金律”。

第二，在技术和方法方面，注重调研，因势利导，因地制宜，勇于创新，初步展示了实事求是的科学精神，使以疏为主、疏堵结合成为治水治国的“经典”之法。

大禹每到一地，便“陆行乘车，水行乘船，泥行乘橇，山行乘”（《史记·夏本纪》），用规矩、准绳等仪器观测地形的平、直、高、低；或者“行山刊木”，亲自沿山脚山坡勘察并砍削树木作为标记，以指示山、河的走向；又或者筑台登高了解水患，如《禹城县志》记载，今山东禹城有一处称为“具丘”的高丘，便是“禹治水所筑，以望水势”而用的。

禹重视向历史和民众学习。在总结经验教训的基础上，认识到包括自己父亲在内的前人治水方法的“非度”，于是改制出新，效法天地万物的形象、比照各种规则，摒弃“堕高堙庳”即崩毁高坡、填平低谷的技术，采用从低处取土石增高山坡的新方法，使高处更高，低处更低，从而疏浚了水道，形成了疏为主导、疏堵结合的技术和方法。同时，在沼泽地筑堤贮水，聚成湖泊繁殖百物，统筹解决了民众的生存问题。如《国语·周语下》记载：“伯禹念前之非度，厘改制量，象物天地，比类百则”；“高高下下，疏川导滞”；“封崇九山，决汩九川，陂障九泽，丰殖九薮”。大禹还深入民众，向老少百姓调研水文地宜，“入于泽而问牧童，入于水而问渔师。奚故也，其知之审也”（《吕氏春秋·疑似》），在审慎把握地势、水文的基础上，划出平治水土的区域，使平治水土有了原初的空间思维和空间方略。

正是大禹重视调研，谦虚好学，勇于创新的科学品格，才得以开创水土兼治、治建结合治水新局面，使《禹贡》、《周礼·职方氏》所载：划分全国为九州（九区），并列出各州的山川湖泽、通航河道、土壤种类、农田等级、地方特产等成为可能。

第三，大禹治水“三过家门而不入”，成就了大河文明独特的伦理精神。

大禹是向死而生、勇于担当的抗洪英雄。面对父亲因治水不力而遭遇诛杀的死亡之局，没有畏惧，临危受命，勇于承担救民于水火的历史使命，继父之治志，改父之治法，全身心投入到平治水土的工作中。

大禹是公而忘私、舍小家为大家的道德典范。他与涂山部族之女结婚四天便奔赴工地，如《吕氏春秋》佚文记载："禹娶涂山氏女，不以私害公，自辛至甲，四日，复往治水。"（出自《水经・淮水注》）在持续治水 13 年的过程中，舍小家为大家，"三过家门而不入"，始终奋战在解民危困的第一线。《史记・夏本纪》说："（禹）劳身焦思，居外十三年，过家门不敢入。"在这期间，妻子生了儿子，也未能回去看一眼。禹说："启呱呱而泣，予弗子，惟荒度土功。"（《尚书・益稷》）

大禹长期以身作则、克己奉公，实现了德行天下。在治水中，"手不爪，胫不毛，生偏枯之疾，步不相过，人曰禹步"（《尸子・君治》）。所谓"禹步"指的是长期治水导致了大禹身体疾患、走路跛颠、留下了与众不同的脚步。《庄子・天下》还记载了"禹亲自操橐耜"，顶风冒雨，不避寒暑，"腓无，胫无毛，沐甚雨，栉疾风，蜀万国。禹大圣也，而形劳天下也如此"的事迹。在生活中，面对美酒女色，不仅严以自律，而且从国家兴亡的高度加以杜绝。据《战国策・魏策》所记："昔者，帝女令仪狄作酒而美，进之禹，禹饮而甘之，遂疏仪狄，绝旨酒，曰：'后世必有以酒亡其国者。'"

大禹治水的水利实践及其"三过家门而不入"的道德精神，彰显了中华文明从起步之初便带上了不同于现代西方伦理的道德基因，即既不是以人类为中心的，也不是主观为自己客观为他人的，而是尊重自然、舍己为人、公而忘私的，无我无己无私成为上善若水的至善道德标准；一方有难、八方支持，以民为本、兼利天下，功在当代、利在千秋成为治水治国的仁政王道。正所谓"一天下，财万物，长养人民，兼利天下……舜、禹是也”，“今夫仁人也，将何务哉？上则法舜、禹之制，下则法仲尼、子弓之义……如是则天下之害除，仁人之事毕，圣王之迹著矣”（《荀子·非十二子》）。

当然，客观上水土灾患牵涉之广泛、治理之艰难，从根本上造就了水利实践与道德伦理的内在关联，造就了水利精神的与众不同。大河大患决定了只有造福四方、兼利天下的水利才能号令天下，才能有助于实现得民心者得天下的宏图大业。后世称颂大禹治水不是因为他利己、狭隘、敢于征服自然，而是因为利他、有容、尊重自然。《墨子·兼爱》指出，禹治水土：“（西）利燕代胡貉与西河之民”；“（东）以利冀州之民”；“（南）以利荆楚、干、越与南夷之民”。《吕氏春秋·爱类》则认为大禹“疏河决江”，“所活者千八百国，此禹之功也”。即大禹治水使一千八百多个部落或部族的生命、财产、耕地、山林免遭洪水席卷。所以，孔子称颂说：“巍巍乎，舜、禹之有天下也而不与焉！”（《论语·泰伯》）

二、孙叔敖、西门豹除害兴利

大禹之后，炎黄子孙逐渐在黄淮流域繁衍、生息。然而，春秋战国时期，长达500多年的征战、割据和军事水攻等，使因水而起的天灾人祸相互交织。防洪、灌溉、兴修水利成为定国安邦的国家大事，直接关系着各国称王争霸的命运。为官治水、为民除害面临空前复杂而艰难的局面。孙叔敖、西门豹正是在这样特殊的时期涌现出来的为国为民趋利避害、兴修水利的典范。

孙叔敖（约公元前630—前593年）春秋时期楚国江陵人，死后归葬于江陵白土里。相传他在年少时便为百姓斩杀了两头蛇，事迹得到了族人的赞赏。后因父亲获罪，全家迁居到期思县（今淮滨期思镇）。

据文献记载，孙叔敖在楚庄王时曾出任令尹。为官期间，他不仅在政治、军事上协助楚庄王推行改革，屡建功勋，而且先后主持修筑了历史上著名的水利工程，福泽千秋。

一是在期思雩娄（今河南省固始县史河湾试验区境内）主持并建成了中国最早见于记载的灌溉工程——期思雩娄灌区（期思陂），相当于现代新建的梅山水库中干渠灌区。《淮南子·人间训》：孙叔敖“决期思之水（今河南固始县境的史河），而灌雩雩之野”。即利用大别山上来水，在泉河、石槽河上游修建水陂塘，形成水藤结瓜式的期思陂，既防下游水涝，又供上游灌溉。这项水利工程在《太平御览·地部》明确记载为：“楚相作期思陂，灌云雩之野”等。三国时，曹魏的刘馥重加整治，明代维修扩充，嘉靖时固始县境内陂塘、湖港、沟堰等达932处。其遗址今又成为梅山、鲇鱼山灌区的组成部分。期思陂的建成及投入使用，比魏国西门豹治邺早200多年，比秦国的都江堰和郑国渠早300多年。

二是主持修建了芍陂（què bēi，今安徽寿县安丰塘），这是中国最古老而又著名的水利工程，距今已有2600多年历史，曾被誉为“水利之冠”。

当时，淮水流域常闹水灾，影响了农业的发展。孙叔敖为使百姓富足、国家强盛，便亲自调查研究，制定了因地制宜、因势利导的兴修水利方案。利用低洼地，发动农民数十万人，修筑堤堰，连接山岭，开凿水渠引来河水，造出了一个人工大湖，这就是芍陂。芍陂有水闸可以调节水量，既防水患又可以灌溉浇田，为振兴楚国经济创造了良好的生态环境。清朝嘉庆六年（1801年）夏尚志对安丰塘的历史作了详细调查，他在《芍陂纪事》中追记此事说：“溯其初制，引六安百余里之水，自贤姑墩入塘，极北至安丰县折而东至老庙集，折而南至皂口，又南合于墩，周围凡一百余里，此孙公当日之全塘也。”《水经注》称芍陂：“陂有五门，吐纳川流。”东汉、三国、唐肃宗、元朝忽必烈均在此广为屯田，大获其利。新中国成立后，又沟通淠河总干渠，引来佛子岭、磨子潭、响洪甸三大水库之水，成为淠史杭灌区一座中型反调节水库，效益得到更大发挥。

除上述工程外，孙叔敖还兴建安徽霍邱县的水门塘，治理湖北的沮水和云梦泽，促进了楚国不同地区经济社会的发展。后人为纪念他，在安丰塘北堤建有孙公祠，在湖北沙市公园建有衣冠冢，在期思集立碑并建有楚相孙公庙。1957年毛泽东路过信阳，称赞孙叔敖是水利专家。

需要指出的是，期思陂、芍陂以及上文所提其他水利工程的关系至今还是学术界有争议的问题，是否确实都是孙叔敖所为也存在分歧。不过，有两点可以肯定：一是孙叔敖确实曾对楚国政治、经济、社会的发展作出过卓越的贡献。他能遵循自然规律劝导百姓农闲季节上山采伐，多水季节注重渔牧，通过灌溉、河运搞活农商，促进了富民强国，为楚国进入"家富人喜，优赡乐业，式序在朝，行无螟蜮，丰年蕃庶"的全盛时期贡献了智慧。其因势利导发展经济的观点比司马迁早了500多年。二是后人的追记不见得准确，但却反映了对官吏治国理政要追求人天合一、上下和合的道德理想。司马迁《史记·循吏列传》把孙叔敖列为第一人，称颂的是他"三为楚相，施教导民，上下和合，世俗盛美，政缓禁止，吏无奸邪，盗贼不起"，褒扬的是他"秋冬则劝民山采，春夏以水，各得其所便，民皆乐其生"。

西门豹是战国时期魏国人，魏文侯（公元前446—前396年在位）时任邺（今河北省临漳县西，河南安阳市北）令。他在治邺时，面对人烟稀少、田地荒芜、百业萧条、冷冷清清的邺郡，通过微服私访，找到了制约经济社会发展的重要因素，即巫祝与官、霸等互相勾结、坑害百姓，致使邺郡屡遭水患而百姓却困于"河伯娶妇"，不能共治水患，振兴百业。《史记·滑稽列传》记载，西门豹上任后，"会长老，问之民所疾苦。长老曰：'苦为河伯娶妇，以故渐贫。'豹问其故，对曰：'邺三老、廷掾常岁赋敛百姓，收取其钱得数百万，用其二三十万为河伯娶妇，与祝巫共分其余钱持归。当其时，巫行视小家女好者，云是当为河伯妇。即娉取。洗沐之，为治新缯绮縠衣，闲居斋戒；为治斋宫河上，张缇绛帷，女居其中，为具牛酒饭食，行十余日。共粉饰之，如嫁女床席，令女居其上，浮之河中。始浮，行数十里乃没”。很多家中育有美貌女子的，因担心女儿被巫祝弄取祭祀河伯或被巫官勾结敲诈而纷纷远逃他乡。对此，西门豹以其之道而还治其人之身，请来村民、巫祝、官属、长老等按“河伯娶妇”之道，把巫祝一个个送给了所谓河伯，使乡里百姓从此摆脱了巫祝、官、霸的威逼和敲诈，进而转向兴修水利、引水灌田。针对少数人只想坐享其成而不愿为子孙后代修渠引水的厌烦情绪，西门豹总结说：“民可以乐成，不可与虑始。今父老子弟虽患苦我，然百岁后期令父老子孙思我言。”直到汉朝，西门豹带领百姓所开凿的十二条河渠仍然造福百姓，而地方官吏试图修改渠道、桥梁的计划也都因百姓崇尚和捍卫西门豹治邺的功绩而被迫放弃。

孙叔敖治淮、西门豹治邺传颂至今不仅因为他们传承了大禹治水以民为本、公而无私的精神，更在于他们面对复杂的人情、水情和世情，能以科学而又务实的态度谋求人水和谐的共生之道，而不是为了人把水征服甚至治死。这是我们今天建设水生态文明、建构具有中国特色的水伦理所应该秉承的精神资源。

三、都江堰人天合一，彰显天富伦理

都江堰水利工程是全世界迄今为止年代最久、唯一留存、以无坝引水为特征的宏大水利工程，历经 2200 多年仍然在发挥着作用。这样的水利工程又能体现怎样的水伦理实践性呢?

众所周知，都江堰是战国末期秦国著名的治水专家李冰（约公元前302—前 235 年）父子所为。2200 多年前，发源于成都平原北部岷山的岷江经常泛滥成灾。岷江经灌县附近流入平原，水多时夹沙带水、汹涌澎湃，使成都平原变成“泽国”，水少则使四川盆地成为“赤盆”。川中百姓世世代代同水旱作斗争，结果都是重复往日的故事。

秦吞并蜀国后，为了把蜀地建成自己一统天下的重要基地，力图彻底解决岷江水患。大约在秦昭王（公元前 325—前 251 年）统治的后期即公元前 277 年至公元前 251 年，李冰被任命为蜀守，治理蜀中。

李冰到任后，和儿子二郎实地考察了岷江的水情、灾情和两岸的自然环境，制定了综合治理岷江的规划方案，在原有引水工程的基础上废除不合理的部分，调整了渠首的位置。据史料记载并结合现存都江堰实际，李冰父子修建的都江堰主要由鱼嘴、飞沙堰和宝瓶口等部分组成。鱼嘴即渠首，是在岷江江心修筑的分水堤坝，因堤坝顶部形如鱼嘴而得名。鱼嘴是李冰“壅江作堋”而成。（《华阳国志》）它把岷江分为内江和外江，内江用于灌溉，外江用于排洪。特别是鱼嘴还能随季节变化而调节水量。在春耕季节，内外江水量六四分成；洪水季节，内江超过灌溉所需的水量则由飞沙堰自行溢出。飞沙堰或说泄洪堤，居于分水堤坝中段，它在洪水期发挥泄洪作用的同时，还能利用水漫过飞沙堰流入外江水流的漩涡作用，有效地减少泥沙在宝瓶口前后的淤积，巧妙解决了世界水利史上泥沙淤积的难题。宝瓶口是引水口或说是节制内江水量的进水口，形似瓶颈。经瓶口进水后，能迅速通过大大小小相互交织的沟渠、河道，实现控水和分水，确保了成都平原千里农田的灌溉。从此，成都平原“水旱从人”，成为天府粮仓。

都江堰与以往水利工程一脉相承之处在于：（1）治水模式是政府主导型，由地方官员主持，本地各阶层共同参与；（2）在方法论方面，秉承了重调查研究、实事求是、因势利导、以疏为主、疏堵结合等原则和方法；（3）基本价值取向主要是以人为本、人天合一。不同之处则突出表现为如下三个方面。

（1）指导思想超越了春秋战国时期百家争鸣、非此即彼的状况，转向了儒道融合和人天合一。在法自然、循自然的同时，充分发挥了人的主观能动性和实践创造性。都江堰充分利用当地西北高、东南低的地理条件，根据江河出山口的特殊地形、水脉、水势，乘势利导，无坝引水，自流灌溉，使堤防、分水、泄洪、排沙、控流等相互依存、共为体系，保证了防洪、灌溉、水运和社会用水综合效益的充分发挥。同时，李冰吸取以往蜀地民族的治水经验，充分发挥人的主体创造性，就地取材，采用“竹笼”、“杩槎”、“干砌卵石”、“羊圈”等独特的工程技术，为年年进行费省效宏的防洪、岁修，奠定了切实可行的技术支撑。

（2）水利工程的规划、设计、修建在依靠人力的同时更注重天力所为，积累了“乘势利道，因时制宜”、“遇弯截角，逢正抽心”、“急流缓受，不与水敌”等借助天力的宝贵经验，创造了利用自然生产力实现系统化引水、分水、泄洪、排沙的典范。例如，宝瓶口的开凿，一去一留，凸现了人天合一的生态智慧。宝瓶口因“崖峻阻险，不可穿凿，李冰乃积薪烧之”，劈开玉垒山，凿成宝瓶口。这就是《史记·河渠书》所谓“蜀守冰凿离堆，辟沫水之害”。不过，在被分开的玉垒山的末端，又留有状如大石堆的山体遗存，这就是后人所称的“离堆”。“离堆”以天然而成的岩石顶托江水，千百年来在岷江激流冲击下，不仅没有被冲毁，而且有效地控制了岷江水流。

（3）以问题为导向、面向未来而又简单易行的规制创新，使都江堰的生命活力植根于世代传承之中。为了方便世人控制水量、观测水位，李冰父子作石人立于江中。据《华阳国志·蜀志》载：李冰“作三石人，立三水中，与江神要。水竭不至足，盛不没肩”。这既是李冰父子已基本掌握岷江水位涨落幅度的反映，又是其为后人测控方便所作的水则。为了维护工程的长期使用，李冰父子在内江埋置石犀，作为岁修“深淘滩，低作堰”的标准，使历代对都江堰水利工程的维护和完善相沿不废。因此，都江堰水利工程亦可称得上是世界最早具有跨世代伦理精神的水利工程，世代维护，世代受益。只有这种跨世代工程才可能承载利在千秋的梦想。

都江堰不以破坏自然资源、违背生态规律为前提，通过规划、分流，不仅实现了防洪、灌溉、通航、漕运，而且保持了岷江水系的整体性、水中生物的自由回游和两岸动植物的生养所需，使兴修水利的利益观达至了人水互利而生生不息的永续发展境界。因势利导，自流灌溉，“分四流，平潦旱”，使都江水系长期保持着：“川流甚急，川中多鱼，船舶往来甚众，运载商货，往来上下游”的生态、经济、社会等和谐发展的状态。

因此，2000 年都江堰与青城山一起入选世界文化遗产，是当之无愧的。1872 年，德国地理学家李希霍芬（Richthofen，1833—1905 年）就称赞“都江堰灌溉方法之完善，世界各地无与伦比”。1986 年，国际灌排委员会秘书长弗朗杰姆和国际河流泥沙学术会的各国专家参观都江堰后，对都江堰科学的灌溉和排沙功能给予高度评价。1999 年 3 月，联合国人居中心官员参观都江堰后，建议都江堰水利工程参评 2000 年联合国“最佳水资源利用和处理奖”。

都江堰的成功也证明了实践出真知。在修筑分水堰的过程中，李冰父子是在采用江心抛石筑堰失败后，才另辟新路，让竹工编成长三丈、宽二尺的大竹笼，装满鹅卵石，然后一个一个地沉入江底，终于战胜了急流的江水，筑成了分水大堤。因此，一个流传千古的水利工程既不能把人工与天成对立，也不能把道法自然与人天合一对立，更不可以只讲构思、设计、技术、创新而忽略跨世代的伦理追求。

第二节　秦汉至明清时期水利实践及其道德原则

秦汉至明清的水利实践，前期延续了大禹治水以来以黄河流域为主的活动特点，后期特别是从南宋开始，治水重点因经济社会发展重心的转移而逐渐扩大到长江流域、珠江流域和东部沿海地区。其中，隋唐时期大运河的修建沟通了南北，并给后世江河湖海的统筹治理以重要启示。

这一时期，水利实践对象性的变化，牵引着治水目的性的改变，造就了主体道德品格和伦理精神的时代特征。反映这个时期实践与伦理内在互动逻辑的典型案例有王景治河、范仲淹捍海、王安石以法治水、郭守敬科学治水、潘季驯“束水攻沙”等。

一、王景治河，求真务实

自公元前221年秦王朝建立到公元220年东汉灭亡的400多年，是中国历史上结束以邻为壑的水利，掀起以黄河为主的统一治水的第一个高潮时期。从郑国渠助推秦国统一，到汉武帝时郑白渠合一，促进泾、洛、渭流域的大发展，再到东汉明帝时王景治河，水利兴修融入了国家统一大业，不仅关系着百姓的生产、生活，也反映着王朝的盛衰、维系着国运的昌隆，体现着时代精神的进化。

据《后汉书·王景传》记载，王景治河始于公元69年。当时，因西汉末年王朝统治式微、国力削弱，黄河、汴渠等决堤崩坏后放任自流，其中，黄河年久失修达60多年。汉武帝虽一度打算修复堤防，但因有人提出民力不及等异议，动工不久便停止了。公元57年，东汉光武帝的儿子刘庄继承王位，史称汉明帝。汉明帝一切遵奉光武帝的制度，提倡儒学，注重刑名文法。在东汉初年经济恢复、政治相对稳定的情况下，诏令臣子兴修水利，安民兴业。当时，今河南省的大部分地区、河北省的东南部、山东省西北部以及安徽省的北部一带，百姓因连年遭受黄河泛滥而流离失所，生命财产没有安全保障，怨声载道。《后汉书·明帝纪》记载，当时的黄河“水门故处，皆在河中，漭瀁广溢，莫测圻岸，荡荡极望，不知纲纪”，导致“今兖、豫之人，多被水患”。《后汉书·王景传》也记述说：“河决积久，日月侵毁，济渠所漂数十许县”。为了安抚百姓，平息民愤，发展生产，巩固政权，永平十二年（公元69年）汉明帝诏令大臣们商议修治汴渠等事。王景被人推举引荐并因“应对敏给”而得到任命，负责治理黄河。

王景在奉诏和王吴一起主持治理汴渠和黄河期间，一方面，秉承前人的经验，在学习明帝所赐予的《山海经》、《河渠书》、《禹贡图》等知识的同时，注重从实际出发，“商度地势，凿山阜，破砥绩，直截沟涧，防遏冲要，疏决壅积，十里立一水门，令更相洄注，无复溃漏之患”。[①]另一方面，率领数十万军民，创新性地规划并修建了从荥阳到千乘海口的千里堤渠，利用水门让水回流冲淤，防止沙石淤积；把西汉故道和低地有机结合，节约成本，自然行水，使人工与地利优势互补。经过治理，黄河决溢灾害明显减少，并出现了一个较长的相对安流时期，即黄河800年不曾改道。清代经学家、地理学家胡渭在其《禹贡锥指》中论证说：“汉明帝永平十三年，王景治河成功，历晋、唐、五代千年无恙。”所以，王景治河是黄河水利史上的奇迹。王景治河的成功：

一是得益于经济、政治和社会的发展。大禹治水是因为不治无以立国、不治无以为生民立命。西汉末年有灾不治是因为政权不稳，同时财力不济。王景治水虽然极其注意节约人力、财力和物力，但正如史书所记，其耗资“犹以百亿计”。[②]

二是王景作为一个水利人，年轻好学、知识广博，能把自己对水利的兴趣转化责任担当。他曾与王吴合作修治浚仪渠（在今安徽亳县），以当时比较先进的施工方法治理了水患。此后，在庐江（今安徽庐江西）太守任上，他又修缮芍陂（今安徽寿县南），提倡牛耕，推广养蚕织帛，积累了兴修水利与发展当地农业生产相统筹的经验。

三是水利制度的文明进步。皇帝巡视、堤官负责、西汉雨泽上报、渠坝岁修制度的继承等巩固了王景治河的成效。王景治河一结束，皇帝就

---

① 范晔撰：《后汉书·卷76·王景传》，北京：中华书局，1999年，第1666页。

② 范晔撰：《后汉书·卷76·王景传》，北京：中华书局，1999年，第1666页。

“亲自巡视，下诏书要靠黄河的郡国设立负责河堤的官员，一如西汉的制度。王景由此知名”。[①] 所以，没有制度的维护，纵然王景治河出了名，也难以想象治河成效能够持续 800 年。

王景治河既赢得了当时皇帝的封赏，更获得了后人崇高的评价。明代祁承曾盛赞王景，称其为“神禹之后一人”[②]。清末魏源在《魏源集 · 筹河篇上》中称“王景治河……行之千年，迨唐，五代犹无河患，是禹后一大治”。这些称赞虽有过誉之嫌，但也反映了王景治河在中国水利史上的重要地位。

千百年来，被人们忽视的是王景治河对唯物主义水利精神的确立所作的贡献。从西汉后期开始，董仲舒的“天人感应”说就不断地被神化并逐渐主导了人们思想。到东汉时，相信天命和预言的谶纬学说盛行，使神学唯心论走向了自己的反面。王景治河时，以王充为代表的唯物论思想在批判“天人感应”的神学唯心论中得到了初步发展。王景能成为“治水奇人”与不信天命信事实的时代精神密切相关。王景通过考察和走访，认为黄河水患主要起因在于人与水争地，导致河水下行不畅、河沙淤积，使“悬河”更悬，威胁着流域社会的生存和发展。于是，采取了有为与无为辩证统一的治水策略，在筑堤、理渠、清淤的同时，根据水向下流的性质和河流自然流淌的水道，顺势筑堤，“河汴分流，复其旧迹”[③]，使黄河经排水、排沙由千乘（今利津）流入渤海，黄河从“悬河”复归了自然常态。所以，王景治河也标志着求真务实的唯物主义精神在水利实践中的初步确立。这种唯物务实的精神是后世水利人适应思想文化多元化所不能缺失的。

① 范晔撰：《后汉书 · 卷 76 · 王景传》，北京：中华书局，1999 年，第 1666 页。

② 祁承：《牧津 · 卷 10》，http ://ctext.org/wiki.pl?if=gb&chapter=441500&remap=gb。

③ 范晔撰：《后汉书 · 卷 76 · 明帝纪》，北京：中华书局，1999 年，第 1666 页。

二、"范公"捍海，忧乐天下

自公元220年三国鼎立开始至公元581年隋王朝建立的351年间，由于国家分裂、政局动荡、民族交融，江河湖海的洪灾及修防记载比较"碎片化"，与此相反，江河如春秋战国一样再次成为战争工具，形成了大量人为灾害并留有记录。长江中游、黄河上游、汉水、淮水、泗水、济水以及一些山溪等都曾被用于水攻，大规模的不下二三十次。社会的分裂导致人与人、人与水的严重对立。所幸的是，在分分合合中，各国各朝为了发展经济、稳定政权还是进行了一定范围一些流域的水利兴修。例如，三国时，魏国为了对吴国用兵，在江淮之间大兴屯田水利，于淮、颍流域开渠数百里，蓄水灌溉。南朝宋梁时太湖流域为了解决开发中出现的排水问题，修建了排水工程。

特别值得一提的是南北大运河的开发，起初由于军事需要，春秋战国时吴国开凿了邗沟、魏国在中原地区开凿了鸿沟；三国时曹魏在华北平原开凿了白沟、平虏渠、利漕渠，吴国在江南开凿了破岗渎。虽然彼此并不贯通，但却为隋唐大运河的开凿提供了思路并奠定了一定的基础。因为在此之前少有南北向水系，中国自然水系多为东西流向。隋唐期间，国家的统一为大运河沟通南北创造了条件，同样大运河的开通又加强了国家对南北的控制，促进了南北经济、社会和文化的交流。隋唐大运河以洛阳为中心，南起杭州，北至北京，全长2700多公里，成为世界上最长的人工运河，也是世界上开凿最早、规模最大的集通航、漕运、灌溉于一体的运河。2014年6月22日，中国大运河获准列入世界遗产名录。因此，隋唐时期不仅出现了"贞观之治"的盛世，也把中国人工水利建设推向了繁荣时期。唐后期至五代十国及北宋，南方水利超过北方，农田水利的重心逐渐转移到了江南。范仲淹（989—1052年）捍海浚河正是南北水利重心转移的过渡时期形成的水利典型。

北宋天禧五年（1021 年），范仲淹被调任泰州海陵西溪镇（今江苏省东台县附近），负责监管淮盐贮运。西溪濒临黄海，因唐朝李承修筑的海堤年久失修、多处崩决，导致海水倒灌、卤水充斥，呼啸的风浪和长唳的野鹤凸显着大海之滨的荒凉和人民生活的悲苦。民间有海水倒灌三年寸草不生的说法。因此，心忧百姓之苦的范仲淹因担心水淹泰州，担心海潮会造成千万百姓流离失所，便采取被人以为是越职议事的异常方式上书江淮漕运副使张纶，陈述海堤利害，建议沿海筑堤，重修捍海堰。[①]1023 年范仲淹正式受命修筑海堤。

在以人力手工为主的时代，筑堤捍海并非易事。潮涨潮落和海浪冲刷等使海堤线的高低、走向变得无法确定。范仲淹深入渔民，从百姓生活中得到启示，采用稻糠撒海、着陆成堤的方法固定了海堤线。当遭遇隆冬雨雪连绵，反对者用民工被困而非议或反对修堰筑堤时，范仲范不怕丢官贬职，反复上书，以“如有事故，原独担其咎”的担当精神执着修堤，百死不悔；为固堤防风防潮，范仲淹动员百姓插柳植草；为统筹预警洪涝灾害和兵匪变乱，范仲淹在堤外设置烟墩（烽火墩）70 多座、设潮墩 103 座，远近相接，遇事点火报警，成为人们的“救命墩”。正因为范仲淹心系安危、一心为民，因此，人们为了颂扬和纪念范仲淹筑堤捍海的功绩，将江苏黄海沿岸阜宁至吕四的海堤尊称为“范堤”或“范公堤”。

“范公堤”修筑成功后，“来洪水不得伤害盐业，挡潮水不得伤害庄稼。”外出逃荒的百姓回归家乡，生产生活两受其利。由此，“民享其利。兴化之民，往往以范为姓。”[②]《辞海》“范公堤”词条注解说，“范公堤”修成后，“滨海泻卤皆成良田。束内水不致伤盐，隔外潮不致伤稼，农子盐课，皆受

① 参见李焘：《续资治通鉴长编・卷 104》，北京：中华书局，1985 年，第 3363 页。

② 司马光撰：《涑水记闻・卷 10》，北京：中华书局，1989 年，第 185 页。

其利。从此堤东煮海为盐，淮盐胜雪，堤西桑麻遍地，稻谷飘香”。

范仲淹捍海筑堤传递了一种新的伦理精神即水利人“先天下之忧而忧，后天下之乐而乐”、以天下为己任的责任担当精神。他作为盐仓监官，越职议事为的是“救万民之灾”；力排众议，即使是在母亲去世的服丧期也要反复上书，劝谏朝廷坚持修筑堤堰，满怀的是“有益天下之心”。他一生致力改革，为民谋利，以实际行动履行了在《岳阳楼记》中提出的“不以物喜，不以己悲”、“先天下之忧而忧，后天下之乐而乐”的精神追求。因此，南宋的“理学”家朱熹称他为“天地间气，第一流人物”。司马光称其“前不愧于古人，后可师于来哲”[①]，元好问评论说：“范文正公，在布衣为名士，在州县为能吏，在边境为名将。其才、其量、其忠，一身而备数器。在朝廷则又孔子所谓大臣者，求之千百年间，盖不一二见。”[②]

范公堤是跨世代修建、跨世代共享福利的“世代堤”。范仲淹之前有唐代李承主持建筑的捍海堰；同时代则有胡令仪、张纶、滕子京等参与修筑；后世则元、明、清、民国直到新中国的水利人世代维护。例如，在范仲淹调职后，张纶有“纶表三请，愿身自总役，乃命纶兼权知泰州，筑堰自小海寨东南至耿庄，凡一百八十里，而于运河置闸，纳潮水以通漕。”[③]据范仲淹《滕君墓志铭》记载滕子京则曾与范仲淹一起维护海堰：“遇大风至，即夕潮上，兵民惊逸，吏皆苍惶不能止。君独神色不变，缓谈其利害，众意乃定。”范仲淹因此把滕子京视为一生的知己。北宋之后，元朝曾进行过大修，使范公堤自南通的吕泗场绵延至盐城的庙湾场，约有三百里。明永乐年间，总兵官陈碹曾带民夫40万人修筑海门至盐城海堤；清朝嘉靖年间，县丞胡鳌也督修过境内的范公堤；等等。

---

① 参见《范仲淹全集》，成都：四川大学出版社，2007年，第1244页。

② 参见《元好问全集（下册）》，太原：山西人民出版社，1990年，第69页。

③ 毕沅编：《续资治通鉴·卷37》，北京：中华书局，1956年，第834页。

世代感恩和颂扬是推动水利文化和水生态文明建设的重要途径，也是实践与伦理互作共生不可忽视的前提。海堤修筑完成后，人们为张纶立了生祠、为范仲淹建了范文正公祠，把海堤命名为“范公堤”等。后人不同形式的纪念活动，不仅表达了对前人的感恩、敬仰和缅怀，更是对发扬光大前人善行和精神的一种期待与激励。这是物质文明和精神文明协同可持续发展的一种历史的、民族的、文化的选择，理应得到弘扬。清代乾隆时期的进士仲鹤庆以诗传神，称赞范仲淹：“茫茫潮汐中，矶矶沙堤起。智勇敌洪涛，胼胝生赤子。西塍发稻花，东火煎海水。海水有时枯，公恩何日已。”充分传颂了范仲淹智仁勇的赤子之心，表达了对范仲淹恩比大海深的感怀之情。民国时期，上冈小学（在今盐城市建湖县）的校歌传唱说：“范堤绵亘，串场河长，上冈小学居中央……”这个小学在清光绪年间（1903 年）得以建立，这在很大程度是受益于学校东边古老的锁海防潮大堤以及与海堤相依偎的串场河，两者相伴相依，护卫着堤内的学校和村庄，构成了盐城历史的脊梁。

有学者认为重修捍海堰是范仲淹“先天下之忧而忧”思想形成的重要基础。[①] 我们以为重修捍海堰和“先天下之忧而忧”的思想情怀是一体两面，共同哺育了不朽的“范公堤”，并使位卑禄薄的范仲淹得以名垂千世，还成就了后世众多水利传人。

三、王安石以法治水，法德兼修

王安石（1021 年—1086 年）和范仲淹同为北宋人，两者都主张变法维新，范仲淹主持过“庆历新政”，王安石进行过“熙宁变法”；都曾在兴修水利方面建功立业。但由于范仲淹的政治改革历时较短，仅一年半，而

① 李忠明、史华娜：《海潮灾害与范公堤的修筑》，《阅江学刊》2010 年第 3 期。

捍海浚河之功卓著，王安石变法则长达十七年半，且在以后朝代得到实施，所以，一个以捍海闻名，一个则以变法更负有盛名，同时，治水的法则和精神也有所不同。

王安石以“法”为名，以法治为实。先后颁布了均输法、青苗法、农田水利法、免役法、市易法、免行法、方田均税法、保甲法、保马法、军器监法、将兵法、科学新法、三舍法、三经新义等。作为力主变法维新的政府官员，王安石无论是在中央还是地方，都十分重视依法治水，德法兼修。

初任地方官，王安石治水就以“荆公堤”、“穿山碶”闻名于世，以“七堰九塘”福泽后世。公元1047年，26岁的王安石刚上任鄞县（即宁波）知县便遭遇大灾之年。他深入基层调查研究，向老农请教减灾除害的方法。在调研中了解到鄞县非旱即涝、灾害频仍的原因，并不是因为缺水，在于缺水利设施，尤其是缺乏既能蓄水、又能排涝的水利设施。于是，王安石在第二年就组织民工兴修水利，一年中在全县主持兴修水利设施21处，极大地提高了抗灾能力。为了消除百姓的海潮侵袭之苦，王安石主持修筑了一条从孔墅岭下河头、焦村，经石湫，折向霞浦到穿山的海塘。这条海塘全长15公里，有力地阻挡了大海涌来的狂潮，保护了沿海的农田。乡民因此感称其为“荆公堤”。为了进一步控制潮水，王安石还带领百姓开山劈石、修建碶闸。据《镇海民国县志》记载：“宋庆历年间，荆国王公宰鄞时凿山为之，筑堤扞浦为河，于堤西石岩凿三窍为碶，阔三丈六尺，高三丈。”[①] 这样，海潮来袭时可以通过石闸控制潮水，化解后顾之忧。百姓为感念王安石的恩德，“立荆公祠于碶左，岁祀之”。王安石在三年的任期内还对东钱湖（浙江省最大的天然湖泊）进行了治理。东钱湖是

① 镇海县志编纂委员会：《镇海民国县志》，北京：中国大百科全书出版社，1994年。

由长期的地质升降运动和局部性海洋侵蚀相互作用而成。宋代时因县府在三江口、湖处于东面而称东钱湖。王安石组织十余万民工，清除杂草，疏浚湖泥，建立湖界，“起堤堰、决陂塘、为水陆之利”①，七堰九塘环湖棋布，既限制湖水流出，又抵御海潮侵入。从此，东钱湖清波浩渺、若大镜悬空。湖区周围以及鄞县、镇海七乡农民终于摆脱了水旱之苦，座收湖区灌溉和鱼获之利。“七乡三邑（鄞、镇、奉）受沾濡”，“虽大暑甚旱，而卒不知有凶年之忧”，庄稼连年丰收，百姓安居乐业。“田要东乡，儿要亲生”成为当地流传俗念佳话。过去，东乡的田年年高产，靠的就是东钱湖水；今天，宁波市区大部分食用水仍依赖此湖供给。

作为北宋杰出的思想家、政治家，王安石治水与以往最大的不同在于以法治水、德法兼修。公元 1069 年 2 月（熙宁二年），宋神宗任命王安石为参知政事，开启了北宋轰轰烈烈的政治变法。基于地方治水的实践，王安石把治水纳入了变法之中，颁布“农田水利法”，又称《农田水利约束》，这是我国第一部比较完整的农田水利法。在王安石的倡导下，兴修水利在国家层面得到了依法推进，一时形成“四方争言农田水利，古堰陂塘，悉务兴复”的景象。② 许多地方在新法的鼓励下，自动组织起来，大兴农田水利，形成了一次水利建设高潮。

自 1069 年至 1076 年，王安石发布了一系列治水政令，并亲自主持了黄河、漳河、汴河的治理等。其中，尤以黄河的治理成就最为突出。《宋会要辑稿》记载：“荆公所开水利，不可悉数，其大者曰浚黄河，清汴河。”当时，黄河上游水土流失严重，河势淤塞不畅，下游决溢泛滥加剧。对此，王安石力排众议，坚持疏浚河流，导河东流，同时，为彻底治理黄河水，主张把下游的“地上河”转变为地下河。在他的主持和督导下，这一

① 脱脱、阿鲁图撰：《宋史 · 卷 327》，北京：中华书局，1977 年，第 10541 页。

② 脱脱、阿鲁图撰：《宋史 · 卷 327》，北京：中华书局，1977 年，第 10545 页。

疏浚方案取得了较好效果，缓减了水患。

王安石依法治水，不仅在一定程度上改变了北宋以来“积贫积弱”的政治经济状况，而且促进了新的社会风气的形成，为依法统筹全国治水提供了法制保障。正如《宋史·王安石列传》中所言：“上问：‘然则卿所施设以何为先？’安石曰：‘变风俗，立法度，最方今之所急也。’”① 王安石修德立法，以身作则，开中国水利实践之法治新风。

他为官地方，亲民爱民，为民请命，对兴修水利有比较深入的研究。例如，在鄞县，他花了一个多月时间，行程一千多里，风餐露宿，不辞辛劳，通过实地调查制定出了利民而不害民的水利建设规划，为兴修水利的成功奠定了基础。据《上杜学士言开河书》记载，经过治理，“鄞之地邑，跨负江海，水有所去，故人无水忧。而深山长谷之水，四面而出，沟渠浍川，十百相通”；“钱氏时置营田吏卒，岁浚治之，人无旱忧，恃以丰足。”②

作为中央官员，王安石改革创新，刚直不阿。据《宋史·王安石列传》记载：“至议变法，而在廷交执不可，安石傅经义，出己意，辩论辄数百言，众不能诎。甚者谓‘天变不足畏，祖宗不足法，人言不足恤’。”③ 这显然是对天不变、道也不变等传统政治思想的极大挑战。在改革实践中，他鼓励“使水由地中行”的治黄尝试。在他的支持下，李公义发明了“铁爪龙”和“浚川耙”等新治水工具；水利研究的著作也日渐丰富，程师孟的《水利图经》、河北沿边安抚司撰写的《制置沿边浚陂塘筑堤道条式图》等先后问世；兴修水利的局面更是因法治而面貌一新。据明人陈邦瞻在其《宋史纪事本末》中所记，熙宁二年“丙子，颁农田水利约束。自是进计者纷然。数年间，诸路凡得废田万七百九十三处，三十六万一千一百七十八顷

① 脱脱、阿鲁图撰：《宋史·卷327》，北京：中华书局，1977年，第10544页。
② 王安石：《临川先生文集》，北京：中华书局，1959年，第794—795页。
③ 脱脱、阿鲁图撰：《宋史·卷327》，北京：中华书局，1977年，第10550页。

有奇。”[①] 为了富民强国，王安石还创新性地提出“开源”的想法，主张“因天下之力，以生天下之财，取天下之财，以供天下之费”[②]（《宋史·王安石列传》），即依靠天下的人力、物力来创造天下的财富，征收天下的财富来供天下人消费，以流通消费适应宋朝经济的商品化趋势、“倒逼”农业等基础产业的发展，促进“农田水利法”的实施。这种“开源”主张无异于与当时大多数人主张“节流”的同道官员唱反调，对我国发展经济的传统也是一种挑战。因为至800多年后的近代，严复在其《论世变之亟》中还把“重节流”视为中西方传统差异，指出“中国重节流，而西人重开源”[③]。

王安石为官一生，始终都视治水为己任。即使在变法或治水遭受非难或罢官时，仍怀揣“明月何时照我还”的治国治水信念。因此，近代思想家、政治家梁启超在其所著的《王安石传》中，以中西方比较的视野，给予了王安石“完人”的崇高评价：“作为百年不遇的杰出人士，却生前被世人责难，死后数代都不能洗刷骂名，在西方有英国之克伦威尔，在中国则有宋代王安石。千百年来，王安石被骂做集一切乱臣贼子之大成的元凶。其实，他才真是数千年中华文明史上少见的完人。其德量汪然若千顷之陂，其气节岳然若万仞之壁，其学术集九流之粹，其文章起八代之衰，其所施之事功，适应于时代之要求而救其弊，其良法美意，往往传诸之日莫之能废。”[④]

四、郭守敬“因旧谋新”，科学治水

元朝是我国历史上拓展疆域最为广阔的一个朝代。为了确保军队的粮

---

① 陈邦瞻：《宋史纪事本末·卷37》，北京：中华书局，1977年，第336页。

② 脱脱、阿鲁图撰：《宋史·卷327》，北京：中华书局，1977年，第10542页。

③ 严复：《严复集·论世变之亟》，北京：中华书局，1986年，第3页。

④ 陈陆：《王安石：孤独的变法者》，《中国三峡》2010年第12期。

饷供应，加强首都与全国各地的经济政治联系，其统治者十分重视全国的水利建设和管理，先后在中央设都水监、地方置河渠司，以漕运为主，大举兴修水利。因此，王祯在《农书·灌溉》里说："官坡官塘，处处有之，民间所自为溪祸水荡，难以数计，大可灌田数百顷，小可灌田数十亩。"[①]明人薛尚质曾针对明代水利失修而抚今追昔，称赞"元人最善治水！"[②]元代水利以漕运为特色，以郭守敬科学治水最具典型性。

郭守敬（1231—1316年）是元朝著名的天文学家、数学家、水利专家。他所修订的《授时历》通行360多年，成为当时世界上最先进的一种历法。1981年，郭守敬诞辰750周年，国际天文学会以他的名字为月球上的一座环形山进行了命名，以示纪念。郭守敬的科学精神不仅体现在他开展天文、数学的研究活动中，而且体现在为国为民兴修水利的社会实践中。

郭守敬于1231年生于顺德府邢台县(今河北省邢台县)。他在21岁时，就因家乡发生水患而开始了治水，负责修复了邢台城北被泥沙淤塞的河道和失踪的石桥。1262年因左丞张文谦推荐，受到了元世祖忽必烈的召见，并以兴修华北水利的六条建议而得到提举诸路河渠的任命；1263年升为副河渠使。

郭守敬治水"因旧谋新"，遵循规律。1264年，为了解决军队粮饷，忽必烈力图修复因战乱失修的水利，以发展素有西北粮仓之称的西夏并解决西夏漕运。于是，派遣副河渠使郭守敬与唆脱颜一起到西夏治水。在中书左丞张文谦和西夏中兴路行省郎中董文用等官员的领导、支持下，郭守敬不仅提出"因旧谋新、更立问堰"的主张，根据西夏农作物"头轮水"、

---

① 王毓瑚注:《王祯农书·灌溉篇第九》，北京：农业出版社，1981年，第41页。

② 薛尚质:《常熟水论》，http ://ctext.org/library.pl?if=gb&file=97830&page=56&remap=gb#box(207,535,125,2)。

“二轮水”、“三轮水”的浇水规律，顺利完成了西夏治水工程，做到了“役不逾时”，而且完成了朝廷要求考察黄河能否通漕的任务。在不到一年的时间里，修复了长达400多里的唐徕渠和长达250余里的汉延渠以及长100公里的大渠10条、其他支渠68条，使西夏河渠皆通其利，数万顷农田得到了及时灌溉，西夏再次出现了“塞北江南”的景象。

1291年郭守敬任都水监一职，负责修浚大都（今北京）至通州的运河。1292年，大都治水工程正式开始。按照忽必烈的诏令，“通惠河道所都事”全权由“咸待公（即郭守敬）指授而后行事”。郭守敬领导并开辟了大都的白浮堰，开凿了由通州到大都积水潭（今北京什刹海）的最北段即通惠河的修建工程。他不仅根据大都地势西北高的特点，把昌平县北的白浮村神山泉的水导入昆明湖，再引进城里的什刹海，然后流入运河，而且根据地形地貌变化及水位落差，在长约80公里的通惠河上创设了11处共24座桥闸，使漕运船舶可逆流而上，实现了“节水行舟”，创造性地解决了水源、水量、水位和通航等问题。1293年，总长160多里的京杭运河竣工，南北大运河实现了杭州至大都的全线通航，漕运到大都的粮食由每年几万石猛增到一百几十万石。不仅解决了南粮北运等问题，还促进了大江南北经济文化的交流与沟通。2014年京杭大运河已公布被列为世界文化遗产。

郭守敬作为以天文、历算及水利工程一代宗师而闻名于世的历史人物，科学治水是其最突出的特色之一。

首先，他以“因旧谋新”的科学态度，正确处理了兴修水利中传统与现代、继承与创新的关系。“因旧”就是继承和利用原有的沟渠基础和治水技术与方法等；“谋新”则是根据已经变化的地形和水文条件，采用新措施“更立闸堰”，创新规划、设计和方法等。如对西夏原来的庞大的水利系统进行改造、创新；对大都“大都运粮河，不用一亩泉旧原，别引北山白浮泉水，西折而南，经甕山泊，自西水门入城，环汇于积水潭，复东折而南，出南水门，合入旧运粮河。每十里置一闸，比至通州，凡为闸七，距闸里许，上重置斗门，互为提阏，以过舟止水”。[①] 在修通从通州到大都的运河时，郭守敬在继承原有的金闸河和瓮山泊至大都城的引道，重新设立水闸，又创造性地修建了白浮堰，增引了含沙量小的昌平县白浮泉和西山诸泉水作为补给源。在测量中，他第一次运用了以海平面为基准点的测量方法，这比德国数学家高斯提出的平均海平面概念早560年。郭守敬在漕运灌溉建设时，既善于继承，又勇于创新。这对于元初恢复漕运的水利工程起了积极作用。

其次，注重科研探索与兴修水利、服务社会的有机结合。在治理西夏河道期间，他挽舟溯流探源，成为历史上第一个以科学考察为目的探寻黄河源头的人。[②] 经过考察和探索，郭守敬成为“习知水利，巧思绝人”的水利专家（宋濂《元史·郭守敬传》）。在不同地区的水利修建中，他能因地制宜，统筹协调水利条件和社会需求，科学实现治水目标。正如《元朝名臣史略》所记，郭守敬“复唐徕濒濒河之地而宁夏军储用足（灌溉）；引汶泗以接江淮之胍而燕吴漕运毕通（漕运）；建斗门以开白浮之源而公私陆运以省（漕运）”[③]。1291年，郭守敬在治理大运河期间，创造性截弯取直，贯通南北京杭大运河。这比经洛阳的大运河缩短九百多公里，使大运河的水流更加流畅，百姓获得行船、灌溉之利。

最后，正确对待失败与成功的关系，坚持实践，锲而不舍。郭守敬出生在一个“通五经，精于算数，水利”[④] 的家庭，科学文化的熏陶和积极进取的实践精神支持他从失败走向成功。例如，1262年，郭守敬首次面

① 宋濂撰：《元史·卷164》，北京：中华书局，1976年，第3852页。

② 王德昌、胡考尚、张家华：《元代杰出科学家——郭守敬》，《人民日报》1991年10月16日。

③ 苏天爵：《元朝名臣谋略·卷9》，北京：中华书局，1996年，第193页。

④ 宋濂撰：《元史·卷164》，北京：中华书局，1976年，第3845页。

见忽必烈所提出的“水利六事”的第一条便是引玉泉水以济漕运，使通过运河可抵通州的运粮船直驶中都，但由于种种原因建议未能变成现实。但郭守敬并没放弃尝试。1265年，他提议引卢沟水以济漕运。结果，虽然可以运输木材、石料，但仍未达到南来运粮船北上的目的。1291年，尝试引白浮泉水济漕以运粮，最终使引水济漕运粮计划取得成功。这种精神无论是过去还是现在都是治学、治研和治水不可或缺的。

郭守敬治水体现了“求真”与“求善”的高度统一。对客观世界及其规律的认识、把握和运用，是为国为民谋取福利的基础，也是自身人格升华的前提。郭守敬“以纯德实学为世师法，然其不可及者有三，一曰水利之学，二曰历数之学，三曰仪象制度之学”。[①] 因此，元代著名思想家、教育家许衡在谈到他时也情不自禁赞叹说：“天佑我元，似此人，世岂易得……可谓度越千古矣！”[②] 当然，元朝水利并非一人之功，与郭守敬一样致力于兴修水利、造福一方的官员还有“南人”任仁发、蒙古人哈剌哈孙、女真人乌古孙泽和其子良桢、回回人赛典赤、督治黄河的贾鲁等。

五、“束水攻沙”，著书立说

明朝时，天下财赋仰仗于江南，江南财赋则依赖于水利。水利对明王朝的特殊重要性和现实性，孕育了其水利实践与理论研究紧密结合的特点，形成了以“束水攻沙”为典型、著书立说为突出表现形式的水利现象。

“束水攻沙”是明朝治黄名臣潘季驯（1521—1595年）提出的重要治河策略。这种策略不同于传统的疏堵结合，而在于以治沙为重点，从沙和水流动、淤积的实际情况出发，辩证施治，化“两害”（即水害、沙害）

① 苏天爵：《元朝名臣谋略·卷9》，北京：中华书局，1996年，第193页。

② 苏天爵：《元朝名臣谋略·卷9》，北京：中华书局，1996年，第195页。

为“两利”。如同他在《河议辨惑》中所说：“黄流最浊，以斗计之，沙居其六，若至伏秋，则水居其二矣。以二升之水载八斗之沙，非极迅溜，必致停滞。”[①] 因此，“水分则势缓，势缓则沙停，沙停则河饱，尺寸之水皆有沙面，止见其高。水合则势猛，势猛则沙刷，沙刷则河深，寻丈之水皆有河底，止见其卑。筑堤束水，以水攻沙，水不奔溢于两旁，则必直刷乎河底。一定之理，必然之势，此合之所以愈于分也。”对此，他认为：“治河之法，别无奇谋秘计，全在束水槽。……束水之法，别无奇谋秘计，惟在坚筑堤防。”[②] 强调堤防如同边防，两者“理一分殊”。“防敌则曰边防，防河则曰堤防。边防者，防敌之内入也；堤防者，防水之外也。欲水之无出，而不戒于堤，是犹欲敌之无入，而忘备于边者矣。”[③] 于是，潘季驯创造性地把堤防划分为遥堤、缕堤、格堤和月堤四种，因地制宜地综合运用于大河两岸，并要求筑堤必须达到一定的质量标准。不过，“坚筑堤防”并不意味着采用单一的人为堵塞，既可以利用两岸淤积在滩地上的泥沙顺自然地加固河堤，即以“淤滩固堤”实现“束水攻沙”，也必须统筹黄、淮、海的综合治理，依据“通漕于河，则治河即以治漕，会河于淮，则治淮即以治河，会河、淮而同入于海，则治河、淮即以治海”的逻辑统筹水利。比如，根据客观条件采取“蓄清刷黄”的方法，利用洪泽湖蓄淮河清水、冲刷下游河道，在以黄河水攻沙的同时借淮河水协同攻沙，在遭遇洪水时则也可有计划地进行分洪。

“束水攻沙”在治黄史上标志着从分流到合流、由治水为主到重点治

① 潘季驯编著：《河防一览・卷 2・河议辨惑》，台北：台湾学生书局，1965 年，第 181 页。

② 潘季驯编著：《总理河漕奏疏・卷 1・申明修守事宜疏》，北京：全国图书馆文献缩微复制中心，2007 年。

③ 潘季驯编著：《河防一览・卷 12・恭报三省直堤防告成疏》，台北：台湾学生书局，1965 年，第 1201 页。

沙的转变，结束了黄河长期分流而治的局面。一方面，“束水攻沙”抓住了治理黄河主要矛盾的变化，针对黄河多泥沙的特点，开辟了以黄河自身动力治河的新途径，破除了人们对“分流杀势”的因循和迷信，打击了“束水”后黄河水量会增加、黄河水患会更加严重的论调。另一方面，潘季驯指出企图用不断改道来维护流路畅通的主张是愚蠢的，黄河的最好流路是其自然选择的流路，因为这是水的“趋低”性使然。他认为：“盖天地开辟之初，即有百川四渎，原自朝宗于海，高卑上下，脉络贯通。”① 强调应遵循自然选择的结果，尊重自然规律并以积极的态度、科学的措施辅以人工治理，不使淤塞，才是最理想的治河措施。他从自己的观察和实践出发，提出堵了分流的决口，正了河水的流向，冲走了沉淀的泥沙，便可保证黄河安澜。至于河道疏浚则依据“凡挑河，面宜阔，底宜深，如锅底样，庶中流常深。且岸不坍塌”② 即可。

潘季驯一生四次治河，“束水攻沙”成为后人治理黄河的典范之一。清人胡渭在《禹贡锥指》中评价说：“观其所言，若无赫赫之功。然百余年来治河之善，卒未有如潘公者。”③ 近代的水利专家李仪祉夸赞：“潘氏之治堤，不但以之防洪，兼以之束水攻沙，是深明乎治导原理者也。”④

值得关注的是，潘季驯还著有 14 卷、约 28 万字的《河防一览》，这使得他成为我国水利史上罕有的、集“立德”、“立功”、“立言”等“三不朽”于一身的水利专家。“立德”、“立功”、“立言”是春秋战国以来有志之士

① 潘季驯编著：《河防一览 · 卷 2 · 河议辨惑》，台北：台湾学生书局，1965 年，第 169 页。

② 潘季驯编著：《河防一览 · 卷 4 · 修守事宜》，台北：台湾学生书局，1965 年，第 322 页。

③ 胡渭编著：《禹贡锥指 · 卷 13 下 · 附论历代徙流》，上海：上海古籍出版社，2006 年，第 528 页。

④ 李仪祉：《黄河根本治法商榷》，《华北水利月刊》1923 年第 2 期。

为人处世追求的不朽之事。不过，在水利界，从大禹治水至宋元时期，虽然有《尚书·禹贡》、《史记·河渠书》等一系列史籍撰述过水利，也有像《水经》、《水经注》这样的水利著作出现，但围绕水利的著书立说并不活跃，成果也不丰富，集“立德”、“立功”、“立言”于一身的水利专家更是稀少。

难能可贵的是，围绕水利实践进行著书立说不只是仅限于潘季驯的个别行为，而是明代水利事业发展的一个突出现象。据黄虞稷的《千顷堂书目·史部·地理类》的收录，其中，关于黄河水利的著作有：刘隅的《治河通考》、潘季驯的《河防一览》、黄克缵的《疏治黄河全书》、吴山的《治河通考》、郑若曾的《黄河图议》等27部；有关漕河水利的著作有：王琼的《漕河图志》、朱国盛的《南河志》、车玺的《漕河总考》、王恕的《漕河通志》、杨淳的《漕河纪事》、何坚的《漕渠七议》等26部；关于三吴水利的有：归有光的《三吴水利录》、张内蕴、周大韶的《三吴水考》、张国维的《吴中水利全书》、王圻的《三吴水利考》、伍余福的《三吴水利论》、王同祖的《三吴水利便览》、仇俊卿的《海塘录》、耿橘的《常熟县水利全书》等39部。其他水利专著还有如袁黄的《皇都水利》、张文渊的《泉源志》、叶秉敬的《开沟法》等33部。《千顷堂书目》所收明代水利文献共约125种。稍后的《明史·艺文志》、《四库全书总目》等还收录有《千顷堂书目》遗漏的水利著作，如吴仲的《通惠河志》、薛尚质的《常熟水论》等10部左右。[①] 此外，明代许多综合性史籍著作中也有涉及水利的诸多撰述。

明代水利著书立说的活跃直接得益于朝廷对水利重要性和现实性的认识，得益于水利实践的广泛开展和印刷业等产业的发达。“夫水利下奠民生，上关国计。水利兴则民安而国计盈，水利不兴则民病而国计绌。斯

① 参见鞠明库、李秋芳：《略论明代水利撰述的特点》，《殷都学刊》2001年，第49页。

劳臣志士之所为，日夕经营而不已者也。”[①] 水利事业的发展使南粮北运达到了年四百万石，为巩固明王朝奠定了不可或缺的经济基础。黄、淮、漕的持续共治则既关乎经济又关乎帝皇文脉的延续。例如，江苏盱眙的明祖陵、安徽凤阳的明皇陵在统治者心目中关乎明朝的政治命运，不可不保。当然，最根本的还是首都迁移至北京后，政治中心在北、经济重心在南。这在仍然以水运为基本交通条件的农业社会，实施南北统筹、跨流域治水具有战略国策的地位。与之相应，在实践中总结和撰写经世之用的水利著作则往往成为指导实践的“经国之宏猷，垂世之彝宪也”[②]。遗憾的是明中叶以后，家天下的衰落和国力的下降、政治的腐败等多种因素，使中央政府对大江大河的整修工程日益减少甚至停止，地方自筹、民间集资与国家拨款相结合支撑的水利工程也逐渐荒疏。

纵观家天下统治下的水利实践，明朝对水利实践的高度重视以及水利活动的广泛展开给后世以诸多启示。“束水攻沙”、南北统筹、跨流域协同共治、国家—地方—民间集资共建等方法策略仍有古为今用的现实意义。远远超过前代的水利著述则更是水利史不可多得的宝贵财富，是水生态文明建设的优秀文化资源。

第三节 当代水利实践及水伦理关系的嬗变

自清末（1840 年）至 1949 年的 100 多年间，水利事业因为殖民战争

---

① 张内蕴、周大韶：《四库全书：三吴水考・卷 10・奏疏考》，上海：上海古籍出版社，1987 年，第 577 册。

② 张内蕴、周大韶：《四库全书：三吴水考・皇甫仿序》，上海：上海古籍出版社，1987 年，第 577 册。

而改变了进程。古灌区的萎缩、京杭运河的淤断以及交战区水利设施的普遍毁坏，使水利文明遭受严重创伤。不过，在战争和冲突中，一些西方的水利科技也随之而来，水利工程和水利事业开始了近现代转型。主要表现为：水利机械的引进，水电的开发等。1912 年中国第一座水电站——云南省昆明市郊螳螂川上的石龙坝电站建成，机电排灌于 20 世纪 20 年代也已在太湖流域开始发展；相关科学理论和原则如水力学、水文学及各项基础理论研究有所开展；水位站、雨量站、水文站、电话、电报、电灯、小铁路、水泥等新举措、新事物、新材料逐渐被应用于水利工程；一些新方法如水力模型试验、混凝土坝建造应运于水利兴修；现代水利教育及科研开始起步，1915 年南京设立河海工程专门学校开水利专业学校创办之先河，1931 年成立水利工程学会并创刊《水利》月刊，1934 年至 1935 年天津、南京、北京等先后创设水工试验所；在管理机制方面，1914 年设全国水利局，20 世纪 30 年代各大江河先后成立委员会或工程局等，1947 年设水利部并参考国外条文制定通行水利法规等。

与此同时，大禹治水以来的传统的水利实践经验、思想理论和伦理精神也得到了传承和弘扬。例如，近代收复新疆的左宗棠（1812—1885 年）在西征途中，不仅一路征战，一路修桥辅路遍植杨柳，形成了荫蔽后世的“左公柳”，而且高度重视农田水利事业，他认为“王道之始，必致力于农田，而岁功之成，尤资夫水利”，曾一度挪用南洋水师军费兴修朱家山水利工程，捍卫了淮扬地区亿万生灵，化灾区为腴壤。著名销烟名将林则徐则同样认为“水道多一分之疏通，即田畴多一分之利赖”。在京师为官七年中，广泛搜集元、明以来几十位专家关于兴修畿辅水利的奏疏、著述，写成了《北直水利书》。被誉为“中国近现代水利奠基人”和“亚洲近代水利科技先驱”的李仪祉（1882—1938 年）在 1932 年主持建成了我国第一个运用现代科学技术建成的大型水利灌溉工程——泾惠渠，开创了我国现代水利建设史的先河，此后，又陆续规划兴建了“关中八惠”和其他众多灌溉渠道，为水利现代化作出了杰出贡献。不过，他生平所愿主要是：求郑白之愿，效大禹之业。

新中国成立后，我国现代水利取得了“功在禹上”的辉煌业绩，同时，也引发了人水关系的大变革。

一、根治黄河的“公水悲剧”

被《汉书·沟洫志》尊为百川之首的黄河，由于长期以来人们对黄土高原植被的破坏，变成了“一碗水半碗泥”的、举世无双的泥沙河。纵然有大禹治水、王景治河等，黄河到新中国成立时，还是一条“三年两决口，百年一次大改道”的忧患之河。

新中国成立后，为了能在这张一穷二白的“白纸”上画出最新最美的图画，根治黄河成为摆上中央议事日程的国家大事。1952 年毛泽东主席亲临黄河，在两年前提出“一定要根治淮河”的情况下又作出了“要把黄河的事情办好”的指示。鉴于当时的国内外治水背景，大修水库成为治河的压倒性策略。1953 年，在水利部和黄河水利委员会的要求下，根治黄河被列入了国家“一五”计划苏联第一批援建项目。在苏联专家的指导下，确定了在三门峡修建集防洪、灌溉、发电于一体的综合水利枢纽工程的方案。1957 年 4 月至 1960 年 9 月，三门峡主体工程完成，经过全国人民勒紧裤腰带的大干快上，1960 年三门峡水库建成，坝高 96 米，容水量超过太湖。但由于泥沙问题没有得到很好处理，很快出现了“大鼓肚”和“翘尾巴”（泥沙淤积向上游推进）等问题，几经周折，才保住了三门峡。1973 年第一台机组开始发电。与此同时，大大小小的水利工程陆续在黄河上兴建，几十年间，黄河干支流上布满了 3300 多座大小不一的水库，加上到 2000 年前待建完成的水库，其总库容量将达到 660 多亿立方米。如果再加上 2000 年后计划修建于黄河干流的蓄水工程，黄河干、支流总库容将达到980多亿立方米。[①] 但黄河天然径流不到560亿立方米。黄河被驯服了，奔腾咆哮的黄河不再咆哮，以水多为患的“中华之痛”根除了。近70年以来，黄河在防汛、发电、灌溉、航运、养殖等诸多方面给人们带来了水利，两岸人民也不用再担心被大水漂没。这无疑是新中国建设现代水利、人民水利的巨大成就。

然而，1972年的一天，黄河下游利津水文站的工作人员吃惊地发现黄河裸露出了干裂的河床，从盘古开天地以来，黄河第一次无力奔腾到大海。这似乎预示着黄河的问题走向了反面。结果，黄河在20世纪70年代断流6次、80年代断流7次、90年代断流9次，其中最长一次发生在1997年，断流达226天。黄河断流不仅使黄河面临着成为内陆河的可能，而且也使广大的中下游地区面临着荒漠化的危险，成千上万的人民将不得不考虑生态移民。黄河流域人水关系出现了史无前例的大变局。究其原因主要表现为：战天斗地、人定胜天取代了天人合一和人天合一的哲学世界观；因势利导、趋利避害的实践原则被“让高山低头，让河水让路”的豪迈人情所取代；人民的黄河、无价的黄河导致了典型的“公水悲剧”，在为了国家利益、为了人民利益、为了地方经济社会发展的名义下，大家争先恐后地修渠引水、筑坝截水、修库圈水，最终使黄河之水在改造自然、征服自然的现代观念指导下被瓜分完毕。毛泽东主席曾经的忧思很快变成了现实，而且是需要反向认识的现实：1953年他第二次视察黄河时，曾追问当时黄河水利委员会主任王化云，三门峡水利枢纽能管多少年，300年、1000年、1050年后怎么办等问题，结果是不到20年，黄河水问题意外地出现了逆向演化，由水多为灾演化为缺水断流。当年设计库容为647亿立方米的三门峡，实际最大库容只达到过60.4亿立方米，而长期有效库容

① 参见崔树彬、连煜、高传德：《黄河下游断流情况及趋势分析》，《水资源保护》1997年第2期。

仅为18亿立方米。

黄河流域的生灵包括黄河自身遭遇了前所未有的水生态问题。黄河自身的生命存在、黄河每年创生二十多平方公里的大陆生命运动等面临中断；下游河南、山东两省人民的生产生活遭遇日益严重的水危机、水问题，超采地下水造成豫东、豫北平原地区地下水漏斗不断扩大，地下水位持续下降，地下水污染、地面塌陷、水资源短缺、干旱、泉源枯竭、三角洲地区水质的劣变等挑战着人们的生存智慧。1997年，空前严重的断流影响到130万人的吃水问题。[①]

对此，炎黄子孙保卫黄河、保护黄河生态系统的责任担当油然而生。黄河治理开启了拯救和保护的新征程。1992年，中国在里约联合国环发大会上缔结了生物多样性公约，承担起了保护生态的义务；黄河三角洲作为当今重要的国际性湿地，栖息其间的鸟类中有108种名列中日候鸟保护协议；黄河中上游退耕还林的生态补偿，促进了黄河水利的整体统筹；20世纪末21世纪初，旨在恢复黄河生命的调水工程和水权制度改革使黄河断流得以制止；维护河流健康生命的河流伦理的建构则标志着当代中国水伦理的诞生。

二、长江抗洪与“九八抗洪精神”

长江在历史地理和水文特征上与黄河存在着很大差别。它发源于青藏高原，汇纳百川，一泻千里，横穿南部中国，由今天的上海注入东海。干流穿行11个省区市、支流联系着另外8个省，泽润中国大地约1/5，人口和生产总值均超过全国的40%。今天的长江经济带已成为党和国家谋划中国经济新格局的、既利当前又惠长远的重大战略的组成部分，是建设绿

① 参见田利平：《黄河何以成为第一提案》，《中国环境报》1999年3月6日。

色生态廊道，打造具有全球影响力的内河经济带和生态文明建设先行示范带的重要区域。

古来黄河因决口、改道频繁而成为中华文明之痛，而长江则少有江患。然而，随着长江流域的开发和发展，有记录的江患也由唐代 18 年一次，演变为明清时期的 4 年一次，从 1921 年至 1949 年，长江几乎赶上了黄河，平均两年半一次大水。①

新中国成立后，虽然国家投入了巨大的人力物力抗洪救灾、兴修水利，但洪灾变得越来越频繁，洪水造成的生命财产损失日益巨大。进入 20 世纪 90 年代，长江流域水灾几乎年年不断。继 1997 年黄河迎来最长断流后，1998 年长江却迎来了继 1931 年、1954 年洪水之后又一次全流域性特大洪水。人们惊呼长江正在成为中国的第二条黄河。流域范围内森林乱砍滥伐造成的水土流失以及中下游围湖造田、乱占河道等成为长江洪水泛滥的直接原因。20 世纪 50 年代中期，长江上游森林覆盖率为 22%，到 90 年代上游一些县的森林覆盖面积只剩不到 3%。流域内每年因水土流失而丧失的地表土有 24 亿吨左右，其中有约 5 亿吨以上流入了东海；在东海海水的顶托下，长江口也出现了河床升高的“悬河”现象。在长江中下游地区，由于淤积和围垦等造成的湖泊蓄洪容积率的明显降低，削弱了调洪能力。同时，众多通江湖泊不再通江，中下游通江湖泊面积减少约 1 万平方公里，江湖隔离，原本行洪的滩地、通道不能行洪。洞庭湖、鄱阳湖因淤积围垦减少容积约 180 亿立方米以上，还有数百个中小湖泊在建设中永远从地图上消失了。加上河道设障严重等原因，致使河道过水断面缩窄，洪水出路变小，宣泄不畅，洪水行进缓慢。而且长江三口（松滋口、太平口、藕池口）向洞庭湖分流的比例已由 50 年代的 45% 衰减至的 25%

① 参见洪庆余主编:《中国江河防洪丛书——长江卷》，北京：中国水利水电出版社，1998 年，第 80 页。

左右，加大了干流的防洪压力，等等。

然而，这场洪水量极大、涉及范围广、持续时间长、洪涝灾害严重的洪灾所造成的损失却比 1931 年和 1954 年相对要小。如洪水淹没范围小，因灾死亡人数少，等等。究其原因，主要得益于以下三个方面。

一是新中国成立后长江流域的水利建设。在近 50 年的时间内，该流域修建了许多水利工程，并且干流主要控制站均按照 1954 年洪水位设防。在洪水期间，水库和水电站拦蓄洪水、削减洪峰的作用明显，出现了水涨堤高的奇迹。例如，在“九八大洪水”中，宜昌、螺山、汉口、大通等洪峰流量均略低于 1954 年，而汉口、大通实测 60 天洪水总量实际上略高于 1954 年。

二是在党和政府的正确领导、科学决策和广大军民的奋勇抗洪。抗洪初期，江泽民同志明确提出了“严防死守”、“三个确保”（即确保长江大堤安全、确保重要城市安全、确保人民生命安全的战略方针）；在长江抗洪抢险最危险的时刻，30 多万部队紧急驰援，仅长江流域就形成了新中国成立以来用兵最多、以优势兵力打歼灭战的战略布局，面对滔滔洪水，军民们肩并肩、手挽手，用血与肉抗争风浪；在抗洪决战决胜的关键时刻，江泽民同志亲自下达决战总动员令，要求广大军民坚定信心，坚持抗洪直至取得最后的胜利。这场抗洪抢险的成功是全国上下一心、干群一心、党群一心、军民一心、前方后方一心而取得的。即不再是古代靠某个水利专家兴修水利的水利工程；不再是古代依靠一地一域的臣民，不再是古代为巩固和维护家天下的政权，而是依靠人民，为了人民，统一指挥，科学决策，党政军民同心同德、同向发力所取得的。

三是万众一心、众志成城的抗洪精神。这场发生在 20 世纪末、人口最多的国家的特大洪水，能在短短的几个月内顺利克服并很快恢复重建，靠的是中国人的精神和意志，靠的是半个多世纪以来我国社会主义的精神文明建设成就的空前发挥。

在“九八抗洪”中，“万众一心、众志成城”的抗洪局面雄伟壮阔，撼天动地，世界罕见。仅8月下旬就有670万干部群众上堤拼死抗争，更有数十万解放军和武警官兵战斗在抗洪抢险的最前线。“不怕困难、顽强拼搏”的抗洪意志则彰显了为国家、为人民、为保卫改革开放成果而不怕困难、不畏艰险的内在精神力量，体现了舍生忘死、舍己救人等优秀水利精神在当代抗洪中的弘扬和升华；“坚韧不拔、敢于胜利”的抗洪品格和信念，表现了抗洪军民在化解人水冲突时与西方不同的德性和价值选择。人与水之间的关系不只是有和谐，也有竞争和冲突，一味求和是不可能实现人水和谐的。敢于应战，善于求和，这是“九八抗洪”的成功之道，也即江泽民同志在全国抗洪抢险总结表彰大会上提出的“万众一心、众志成城，不怕困难、顽强拼搏，坚韧不拔、敢于胜利的伟大抗洪精神”。[①] 这种抗洪精神不同以往，其精神实质是现代社会主义、爱国主义、集体主义、人道主义和中华民族的传统美德有机融合而成的新的时代精神。

“九八洪水”平息了，但“九八抗洪精神”却需世代发扬，因为引发洪水的根源并没有消除。从新中国成立到20世纪90年代中期，长江与黄河一样，全流域建成了大中小型水库4.8万座，总容量达1222亿立方米，长江流域内雨量丰沛，年均径流量为9600亿立方米。对于这么巨大的水体采用征服思维到今天仍不足以消除洪水。从20世纪50年代开始设想“高峡出平湖”到2009年全部完工，总投资达954.6亿人民币；到2012年7月4日完成发电装机容量达到2240万千瓦。防洪虽然居三峡工程防洪、发电、航运三大功能之首，但每到汛期，长江中下游防洪形势依然严峻。例如，2017年夏天，据国家防汛抗旱总指挥部发布的消息，受洞庭湖水系持续降雨影响，湘江、资水、沅江发生大洪水，多站发生超警、超保洪

① 江泽民：《在全国抗洪抢险总结表彰大会上的讲话》，《人民日报》1998年9月29日。

水。[1] 截至 7 月 1 日下午，湖南全省受灾人口就达 184.6 万人，因灾死亡 8 人。[2] 因此，筑坝修库等现代水利实践改变了长江全域的人水关系，但要彻底消除洪涝灾害并解决因现代水利实践引发的新问题还需要创新理论和方法。

三、南水北调与“公水共享”的荣耀

南水北调是中国现当代史上现实与浪漫碰撞出的伟大构想。受大陆季风气候的影响，我国降水量一直以夏多冬少、南多北少为基本特征，而且因季节性降水高度集中，常导致洪灾和旱灾交替发生。新中国成立后，全国兴修堤坝、建筑水库和水渠等同质化的实践，使北方特别是黄河流域在消除洪涝灾害的同时，面临缺水、断流等新的水问题。对此相关地区也采取过拦蓄地表水源、打取地下水等办法，但都无法从根本上解决北方干旱问题。针对南涝北旱的现实，1952 年时任政府主席的毛泽东在考察三峡工程时，向水利部原顾问、长江水利委员会原负责人林一山提出了一个在当时看来极其浪漫的问题，即“南方水多，北方水少，借一点来是否可行”。

时隔不久，毛泽东特殊的政治影响力和国家自然灾害的实际等，使中共中央在 1953 年 8 月 29 日下达的《关于水利工作的指示》中提出了南水北调，并要求制定相应规划。文件指出：“全国范围的较长远的水利规划，首先是以南水（主要是长江水）北调为主要目的，即将江、淮、河、汉、

① 参见《“长江 2017 年第 1 号洪水”正在长江中下游形成》，http：//www.mwr.gov.cn/ztpd/2017ztbd/2017fxkh/lyxd/201707/t20170703_953632.html。

② 《2017 年长江 1 号洪水形成湖南省灾情严重》，http：//gy.youth.cn/gywz/201707/t20170703_10214108.html。

海河各流域联为统一的水利系统规划……应加速制定。”这是南水北调第一次出现在中央文件中。1959年，中科院和水电部在西部地区南水北调考察研究工作会议上，确定了南水北调的指导方针：“蓄调兼施，综合利用，统筹兼顾，南北两利，以有济无，以多补少，使水尽其用，地尽其利。”1979年，五届全国人大一次会议通过的《政府工作报告》确定“兴建把长江水引到黄河以北的南水北调工程”。这标志着南水北调正式成为政府的重大战略决策。

南水北调工程是关系国计民生的重要基础性、战略性工程。自1979年12月水利部正式成立南水北调规划办公室、统筹领导协调全国的南水北调工作开始，经过20多年全面、细致、深入和科学的论证，才于2002年12月23日得到国务院正式批复《南水北调总体规划》。2002年12月27日，朱镕基同志在北京宣布了南水北调工程的正式开工。江苏段三潼宝工程和山东段济平干渠工程成为南水北调东线首批开工工程。

南水北调主要是指把长江流域的水资源从长江下游、中游、上游分东、中、西三路，向水资源短缺的淮海平原、华北、西北调水。三条主干线分别为东线、中线和西线，其中，东线从长江下游江苏扬州市江都水利枢纽抽引长江水，沿京杭大运河一路北上，到达黄河岸边的东平湖后分成两路，一路过黄河向北到天津，全长1156公里，一路向东给胶东半岛供水，干线全长701公里；中线从湖北丹江口水库自流引水，沿中线主干渠向沿线河南、河北、北京、天津4省市供水，干线全长1432公里；西线规划从长江上游调水入黄河，主要解决黄河上中游地区的缺水问题。三条干线如同三条巨大的“水脉”，把长江、淮河、黄河、海河相互联通，构成我国中部地区水资源“四横三纵、南北调配、东西互济”的总体调水格局。到目前为止，东线一期工程已于2013年建成通水，中线一期工程于2014年建成通水。东线一期工程自通水以来，累计调入山东省境内水量约19.9亿立方米。受益人口超过4000万人，大大缓解了山东省水资源短缺矛盾；中线一期工程累计调入干渠 80.06 亿立方米，累计分水量 75.93 亿立方米，惠及北京、天津、河北、河南四省市达 5300 万人。两线的一期工程已福泽北京、天津两个直辖市，以及河北、河南、山东、江苏 4 省的 33 个地市，极大地改变了受水区的供水格局。

南水北调作为人类历史上最大的水利工程是人类文明进步的跨世纪杰作，突出彰显了人类的生存和发展智慧。南水北调从自然造化的角度而言显然是"逆自然"的，但南水北调工程却是一个抛弃了人与自然相对抗的现代思维的生态工程，是谋求可持续发展和人水和谐的世界典范。

第一，在战略选择和顶层设计方面，以问题为导向，统筹部分与整体、当前和长远的各种利益，协调经济社会效益与生态效益，全面规划东西南北的水利大局，科学论证战略设计的可行性和可操作性，确保了世界上最宏大、最复杂、最具挑战性的工程得以成功进行。经过十年左右的努力，缓解北方地区水资源严重短缺的直接目标得以初步实现。南水北调东线、中线一期工程累计输水 100 亿立方米，相当于从南方向北方搬运了 700 个西湖的水量……泽润近亿人。[①]2014 年，山东省利用东线工程向潍坊应急供水 1566 万立方米；江苏境内刘山站、解台站、金湖站、淮安三站、淮安四站投入抗旱排涝，缓解了淮北地区旱情和宝应湖周边洪涝。2015 年，江苏省境内宝应站、金湖站抽水 1.8 亿立方米，缓解了里下河地区和宝应湖地区的涝情。2016 年，东线工程持续向山东省胶东半岛供水 1 亿立方米，有效缓解了胶东半岛连续多年的旱情。同年 7 月，中线工程紧急向河北石家庄、邯郸等市调水，保证了城市用水的紧急需求。[②]

① 参见《这三个领域，我们不仅创造了多项世界纪录，更体现了真正的"中国跨度"!》，http：//www.nsbd.gov.cn/zx/mtgz/201706/t20170620_485528.html。

② 参见《清水永续通南北——南水北调工程成效综述》，http：//www.nsbd.gov.cn/zx/mtgz/201706/t20170612_484930.html。

第二，在优化水资源配置方面，首次使几千年来分流大海的长江、黄河实现调配互通，黄河断流得到了有效制止。作为中华人民共和国首都的北京，改变了资源型缺水特大城市的命运，“南水”已占城区日供水量的七成以上。进京的水资源，按照“喝、存、补”的用水原则进行优化配置。截至2017年8月1日上午，南水北调中线一期工程江水进京水量突破25亿立方米。这25亿立方米的进京江水，有17.13亿立方米用于自来水厂供水、5.7亿立方米存入大中型水库、2.17亿立方米用于回补地下水和中心城区河湖环境。南水已成为北京城区供水的主力水源，中心城区供水安全系数由1.0提升至1.2，地下水下降趋势得到缓解。①

第三，作为民生工程、民心工程，沿线人民的生产、生活得以改善，灌溉、饮用、旱涝调解有了新的依靠，人民的生命健康和经济社会的可持续发展有了良好的水生态基础。一方面，沿线人民喝上了优质的长江水，缓解了“喝水难”，水质由苦咸变成清甜。如河北沧州、衡水、邢台、邯郸等市将彻底告别祖祖辈辈饮用苦咸水、高氟水的历史，预计到2020年将有3000多万人喝上优质的南水北调水。另一方面，好水知时节，沿线地区旱涝的季节性调节能力明显增强。如2014年，河南省遭遇63年来最严重夏旱，平顶山市百万市区人口面临断水危机。2014年8月17日，随着南水北调中线总干渠澎河退水闸的缓缓升起，清澈的丹江水从总干渠奔腾而出，在历时10天零10小时后流入平顶山，与澎河一起，缓解了“水荒”。人们欢呼“南水北调及时送来了救命水！”

第四，科学的方法、举措和制度创新为当代世界可持续水利建设积累了经验。作为现代水利工程，南水北调的综合性、复杂性、不确定性、风险性异乎寻常。从战略决策到方案规划的制定，再到政务、财

① 参见《南水北调中线一期工程进京水量突破25亿》，http：//www.nsbd.gov.cn/zx/mtgz/201708/t20170803_488736.html。

务、投资、建设、管理、环境保护、征地移民、监督、监管等等，其遭遇范围之广、人口之众多、经济社会情况之复杂史无前例。是50多年的科学论证成就了"一张蓝图干到底"的信念；是"月分析、季调度、年巡检"工作机制，确保了"一泓清水永续北送"；是协同监管、联合演练，保证了突发水污染事件的有效处置；是求真务实科学探索，解决了湖北丹江口水库可能在枯水年份"无水可送"的问题；是13级泵站提水、高坝蓄水、生态补偿、移民安置等一系列技术和制度创新，确保了大型水利工程成为移民而又利民的民生工程。中线一期仅丹江口库区移民就达34.5万人，但良好的安置补偿政策和制度保障了民众的利益，使人水和谐得以实现。

第五，协同共享发展的新理念和世代接力的水利精神引领了水利实践的生态化转型。2014年12月12日，南水北调中线一期工程正式通水时，习近平总书记强调南水北调要坚持先节水后调水、先治污后通水、先环保后用水的原则。李克强总理指出：扎实做好工程建设、管理、环保、节水、移民等各项工作，确保工程运行安全高效、水质稳定达标。[①] 从工程的论证、建设和维护来看，南水北调是个世代工程，彰显着世代接力的水利精神。这个工程是集调水、航运、生态、防洪等于一体的巨大系统工程，其综合性、复杂性、挑战性前所未有。不仅工程技术难度极高，工程方案也受移民征地、生态环境等严格约束，需要不断地调整和优化。例如，在引江济淮时，输水如何结合通航，江水如何入巢湖，入淮水质如何保障，江淮分水岭如何开挖，与高铁线如何统筹，等等。据资料显示，引江济淮工程可行性研究报告及近百个技术专题数易其稿，历经上百次讨论、审查和评估，"凝聚了千余名水利、航运、环保、生态、移民、经济、

① 参见《习近平：南水北调工程功在当代利在千秋》，http：//www.nsbd.gov.cn/zx/rdht/201412/t20141212_362760.html。

管理等方面专家的心血和智慧。”[①] 南水北调东、中、西三线工程的总情况、总问题则更加复杂和不确定。其成功无论是过去还是将来，靠一省一市是不可能实现的，需要领导干部、科技专家和广大建设者以协同共享、创新发展的新理论指导实践并发扬跨世纪和跨世代的攻坚克难和无私奉献精神，才能圆梦中华。

第六，南水北调无疑是“逆自然”的，但南水北调工程又可堪称当今世界上最大的跨流域生态调水工程。整个工程的水安全、水生态意识突出，经济、政治、社会、文化和生态等全面协调可持续发展的理念主导了全过程、各方面，经济社会效益与生态效益实现了统一。就目前而言，在北京，密云水库蓄水量自 2000 年以来首次突破 17 亿立方米。首都的水安全、水生态得到了可持续的战略保障。在河北，地下水位不同程度回升，地漏止降回升。截至 2017 年 2 月，全国最大漏斗区的河北省景县留智庙镇八里庄一带，深层地下水埋深从连年下降转为回升，从 2016 年 2 月的 99.2 米回升到 2017 年 2 月的 98.46 米。[②] 在山东，长江水润齐鲁大地，保泉补源彰显神功。自 2013 年南水北调东线山东段工程建成通水以来，济南市利用南水北调工程向玉清湖水库、卧虎山水库、兴隆水库、小清河、兴济河和玉符河、大涧沟等重点渗漏带补水 1.7 亿立方米。“广蓄水、储客水、保泉水”成为济南水资源配置规划和供水格局调整的指南，南水北调配套工程规划已融入其“六横连八纵，一环绕泉城”的大水网规划。[③] 在湖北，2017 年十堰市禁止养殖区关闭（搬迁）规模养殖场 134 个。这

---

① 参见《引江济淮背后的故事：三代水利人接力半世纪》，http：//www.ahwang.cn/anhui/20170106/1595866.shtml。

② 参见《全国最大漏斗区深层地下水埋深回升 0.74 米》，http：//www.nsbd.gov.cn/zx/mtgz/201708/t20170814_489310.html。

③ 参见《南水北调报：保泉补源显神功》，http：//www.nsbd.gov.cn/zx/mtgz/201708/t20170814_489334.html。

是十堰市作为我国南水北调中线核心水源地防治畜禽养殖污染、保一库清水永续北送所采取的实际举措。如今，丹江口水库水质 109 项监测指标均为正常，库区水环境质量总体良好，水质稳定达标。①

总之，南水北调是人文的也是生态的。在南水北调工程的建设中，习近平总书记关于创新、协调、开放、绿色、共享的五大发展理念，以及在长江流域“共抓大保护，不搞大开发”思想等得到了自觉而有效的贯彻落实。南水北调构想的实现是几十万建设大军艰苦奋斗、四十余万移民舍家为国而成就的我国改革开放和社会主义现代化建设的一件辉煌大事；是功在当代，利在千秋，惠及亿万群众的民心工程；是顺乎代内、代际和种际等共享福祉的生态民生工程。

综观大禹治水到南水北调的水利实践，水伦理的实践性伴随着江河湖海治理的开展而日益广泛和深入。如今，江河湖海统筹治理已取代江河分治，陆海统筹已纳入国家战略，水生态文明建设已取代传统的防洪、灌溉、漕运等成为时代任务。不过，治水与治国的内在统一性，治水的物质性与精神性、实践性与理论性、科学性与人文性、功利性与至善性等协同进化的逻辑性一脉相承。新实践呼唤新伦理。从大力推进生态文明建设的战略高度，以“创新、协调、开放、绿色、共享”五大发展理念引领可持续发展与“让江河湖泊休养生息”的义利兼顾，以“山水林田湖是一个生命共同体”的新生命观谋求“中国梦”的跨世代实现，这是水伦理普在的实践基础及创新发展的动力所在。

---

① 参见《湖北南水北调水源地禁养区内关闭 134 个规模养殖场》，http：//www.nsbd.gov.cn/zx/mtgz/201708/t20170808_489082.html。

结 语

当代生态环境问题与19世纪英国爆发的第一次经济危机相伴而来，只是因经济危机、政治斗争、社会矛盾等与人类的生产生活更加直接和贴近而遮掩了人与自然包括人与水的矛盾。生态伦理是学术界对20世纪生态环境问题进行哲学反思的最重要成果之一，它为我们确定水伦理的合法性提供了一定的理论支撑。

西方水伦理或河流伦理是基于水环境治理的现实需要和生态伦理学的发展而提出的。但由于在观念上总体倾向于通过水资源管理和控制可以解决水环境问题，因而其水伦理或河流伦理侧重于生态伦理的应用研究，强调的是水资源管理的水伦理。因此，在西方话语体系中，水伦理多指人们在与水或河流相交往的活动（例如游泳、钓鱼、划船）以及水资源管理活动（包括水资源分配、给排水管控）所应遵守的一些道德原则和规范，主要涉及水资源管理、水安全、水环境保护等内容。

我们所倡导的水伦理既包含了西方用水、配水和护水的一般规则，又从响应水危机的实际需要出发，在内容的广度和深度上远超越水资源管理的水伦理。认为，水伦理是一种基于新自然观、道德观、价值观、全面阐述人水和谐的理论，是以人与水相交往的过程中呈现出来的伦理问题为研究对象，泛指人与水之间以道德手段调节的种种关系，以及处理人与水之间相互关系应当遵循的道德原则、规范和价值追求，它分别作用于人与水、人与河流、人与海洋等相交往的知情意行之中。

一般而言，生态伦理学的基本原则可以应用于水伦理，生态伦理学的合法性也可以传递给水伦理。不过，若要建立有效规范人与水相交道的伦理关系原则，就必须既接受西方伦理学因充满理论争论而带来的合法性挑战问题，又必须在借鉴当代西方生态伦理学的合理因素的同时，整合并建构一种包容性、前瞻性更强的，能适应中国社会实际需要和关照民族文化传统的水伦理。同样，人水关系的特殊性也决定了我国水伦理建构具有自身的基本问题和理论逻辑，不可能像西方生态哲学那样走向荒野，而是更倾向于引领人们生态、文明地走向海洋。水伦理研究是对生态伦理学的一种深化和发展，它通过水伦理、河流伦理、海洋伦理等研究域的具体研究推动生态伦理学的创新发展。

水伦理的思维方式基于西方也源于中国，但这并不意味着水伦理的思维方式简单采用亦此亦彼即可，而是主张在融通中西的基础上，建构一种新的思维方式，即自然（水）—人—社会“三维化”的一体思维方式，以“像水一样思考的水球思维”去深刻认识和把握人类命运共同体与水的整体关系，正视地球是水球的事实，认清人类任性的后果只能是水漫地球！

水伦理的自然观、德性论、价值观遵循历史唯物主义的思维逻辑，认为基于辩证唯物主义的生态整体论自然观而不是生态中心主义的整体论自然观才能真正支撑人水和谐的水伦理，“以人为本、人水和谐”价值观不仅具有合规律性也具有合目的性。

水伦理的实践性既是历史的也是现实的。水利实践和伦理精神互为表里，水伦理精神是水利实践结出的精神之花。从先秦到当代的中国水利实践总结出了具有中国特色的“八大水伦理精神”。即公而忘私、“三过家门而不入”的“大禹精神”；除害兴利、人天合一的天富伦理精神；“先天下之忧而忧、后天下之乐而乐”的捍海浚河精神；依法治水、法德兼修的法治精神；求真务实、“因旧谋新”的科学治水精神；功在当代、利在千秋的

“三不朽”精神；万众一心、众志成城的“九八抗洪”精神；公水共享、生态优先的跨世代伦理精神。这些精神是中华大河文明永续发展的内在动力，是构建中国特色水伦理的独特精神资源，印证了水伦理与生态文明建设的不可分割性。

参考文献

一、中文部分

I

1.《马克思恩格斯选集》第1—4卷，人民出版社1995年版。

2.《马克思恩格斯文集》第1卷，人民出版社2009年版。

3.《马克思恩格斯全集》第1卷，人民出版社1956年版。

4.《马克思恩格斯全集》第3卷，人民出版社1960年版。

5.《马克思恩格斯全集》第20卷，人民出版社1971年版。

6.《马克思恩格斯全集》第23卷，人民出版社1972年版。

7.《马克思恩格斯全集》第42卷，人民出版社1979年版。

8.《马克思恩格斯全集》第46卷（上册），人民出版社1979年版。

9. 恩格斯：《自然辩证法》，人民出版社1971年版。

10［德］马克思：《1844年经济学哲学手稿》，人民出版社2000年版。

11.《习近平谈治国理政》，外文出版社2014年版。

12.《习近平谈治国理政》第二卷，外文出版社2017年版。

13.《毛泽东选集》第一至四卷，人民出版社1991年版。

14.《毛泽东著作选读》（上、下册），人民出版社1986年版。

15.《毛泽东文集》第6—8卷，人民出版社1999年版。

16.《邓小平文选（1975—1982）》，人民出版社1983年版。

17.《邓小平文选》第二卷，人民出版社1994年版。

18.《江泽民文选》第一卷，人民出版社2006年版。

19.《孙中山选集》，人民出版社1981年版。

20.《孙中山全集》第一卷，中华书局1981年版。

21.《孙中山全集》第二卷，中华书局1982年版。

22.《孙中山全集》第五卷，中华书局1985年版。

23. 薄一波：《若干重大决策与事件的回顾》（下），中共中央党校出版社1993年版。

24. 中共中央文献研究室：《陈云文集》第2卷，中央文献出版社2005年版。

25. 中共中央文献研究室：《新时期环境保护重要文献选编》，人民出版社2001年版。

26. 李秀林、王于、李淮春等：《辩证唯物主义和历史唯物主义原理》（第4版），中国人民大学出版社1995年版。

27. 李富阁：《江苏经济50年》，江苏人民出版社1999年版。

28. 杨通进：《生态二十讲》，天津人民出版社2008年版。

29. 叶平：《河流生命论》，黄河水利出版社2007年版。

30. 雷毅：《河流的价值与伦理》，黄河水利出版社2007年版。

31. 乔清举：《河流的文化生命》，黄河水利出版社2007年版。

32. 余谋昌、王耀先：《环境伦理学》，高等教育出版社2004年版。

33. 徐嵩龄：《环境伦理学进展：评论与阐释》，社会科学文献出版社1999年版。

34. 中国科学院可持续发展战略研究组：《2007中国可持续发展战略报告——水：治理与创新》，科学出版社2007年版。

35. 北京大学哲学系外国哲学史教研室：《古希腊罗马哲学》，生活·读书·新知三联书店1957年版。

36. 任平：《走向交往实践的唯物主义》，人民出版社2003年版。

37. 苗力田:《古希腊哲学》，中国人民大学出版社 1990 年版。

38. 叶秀山:《前苏格拉底哲学研究》，生活 · 读书 · 新知三联书店 1982 年版。

39. 黄寿祺、张善文:《周易译注》，上海古籍出版社 2004 年版。

40. 朱贻庭:《中国传统伦理思想史》，华东师范大学出版社 2003 年版。

41. 张岱年、邓九平:《哲学文选》上卷，中国广播电视出版社 1999 年版。

42. 朱伯崑:《易学哲学史》第 1 卷，华夏出版社 1995 年版。

43. 司马迁:《史记》上卷，天津古籍出版社 1995 年版。

44. 潘雨廷:《易学史丛论》，上海古籍出版社 2007 年版。

45. 董仲舒:《春秋繁露》，中华书局 1975 年版。

46. 班固:《汉书》，中华书局 1999 年版。

47. 范晔:《后汉书》，中华书局 1999 年版。

48. 管子:《管子》，中华书局 2009 年版。

49. 郭庆藩:《庄子集释》，中华书局 1961 年版。

50. 张燕婴译注:《论语》，中华书局 2006 年版。

51. 孟子:《孟子》，中华书局 2006 年版。

52. 李耳:《老子》，山西古籍出版社 2001 年版。

53. 荀子:《荀子》，中华书局 2007 年版。

54. 刘安:《淮南子》，重庆出版社 2007 年版。

55. 脱脱、阿鲁图:《宋史》，中华书局 1977 年版。

56. 顾炎武:《顾亭林诗文集》，中华书局 1983 年版。

57. 吴国盛:《自然本体化之误》，湖南科学技术出版社 1993 年版。

58. 邓晓芒:《康德哲学讲演录》，广西师范大学出版社 2005 年版。

59. 李文海等:《中国近代十大灾荒》，上海人民出版社 1994 年版。

60. 张神根:《中国农村建设 60 年》，辽宁人民出版社 2009 年版。

61. 周学文:《2008 年全国水利发展统计公报》，中国水利水电出版社 2009 年版。

62. 万以成:《新文明的路标》，吉林人民出版社 2000 年版。

63. 洪庆余主编:《中国江河防洪丛书——长江卷》，中国水利水电出版社1998年版。

64.《中共中央关于今冬明春在农村中普遍展开社会主义和共产主义教育运动等五项文件》，人民出版社1958年版。

65.[美] 菲利普·克莱顿、贾斯廷·赫泽凯尔:《有机马克思主义：资本主义和生态灾难的一种替代选择》，人民出版社2015年版。

66.[德] 海德格尔:《荷尔德林诗的阐释》，商务印书馆2002年版。

67.[英] 克莱夫·庞廷:《环境与伟大文明的衰落》，上海人民出版社2002年版。

68.[德] 汉斯·萨克塞:《生态哲学》，东方出版社1991年版。

69.[希腊] 亚里士多德:《形而上学》第5卷，商务印书馆1995年版。

70.[美] 威廉·坎宁安·P.:《美国环境百科全书》，湖南科学技术出版社2003年版。

71.[美] 麦茜特:《自然之死：妇女、生态和科学革命》，吉林人民出版社1999年版。

72.[美] 阿尔·戈尔:《濒临失衡的地球》，中央编译出版社1997年版。

73.[美] 唐纳德·沃斯德:《自然的经济体系》，商务印书馆1999年版。

74.[法] 勒内·笛卡尔:《第一哲学沉思集》，商务印书馆1986年版。

75.[德] 黑格尔:《哲学史讲演录》第4卷，商务印书馆1978年版。

76.[德] 康德:《康德著作全集》第4卷，人民大学出版社2005年版。

77.[德] 康德:《康德三大批判精粹》，人民出版社2001年版。

78.[德] 奥特弗里德·赫费:《康德生平著作与影响》，人民出版社2007年版。

79.[美] 布雷恩·里克特:《水危机——从短缺到可持续之路》，上海科学技术出版社2016年版。

80.[美] 尤金·哈格洛夫:《环境伦理学基础》，重庆出版社2007年版。

81.[澳]科林·查尔斯、[印]萨姆尤卡·瓦玛:《水危机：解读全球水资源、水博弈、水交易和水管理》，机械工业出版社2012年版。

82.[美] 罗德里克・纳什:《大自然的权利》，青岛出版社 1999 年版。

83.[美] 奥尔多・利奥波德:《沙乡年鉴》，吉林人民出版社 1997 年版。

84.[美] 霍尔姆斯・罗尔斯顿:《哲学走向荒野》，吉林人民出版社 2000 年版。

85.[美] 霍尔姆斯・罗尔斯顿:《环境伦理学：大自然的价值以及人对大自然的义务》，中国社会科学出版社 2000 年版。

86.[比] 伊・普里戈金、[法] 伊・斯唐热:《从混沌到有序：人与自然的新对话》，上海译文出版社 1987 年版。

87.[美] 大卫・雷・格里芬:《后现代科学》，中央编译出版社 1998 年版。

88.[德] 奥斯瓦尔德・斯宾格勒:《西方的没落》第 1 卷，上海三联书店 2006 年版。

89.[美] 诺伯特・维纳:《控制论》，科学出版社 1962 年版。

90.[美] 欧文 . 拉兹洛:《用系统论的观点看世界》，中国社会科学出版社 1985 年版。

91.[美] 巴里・康芒纳:《封闭的循环——自然、人和技术》，吉林人民出版社 1997 年版。

92.[英] 达尔文:《物种起源》(修订版)，商务印书馆 1995 年版。

93.[美] 科恩:《科学中的革命》，商务印书馆 1998 年版。

94.[美] 林恩・马古利斯、多里昂・萨根:《倾斜的真理》，江西教育出版社 1999 年版。

95.[美] 林恩・马古利斯:《生物共生的行星》，上海科学技术出版社 1999 年版。

96.[英] 休谟:《人性论》，商务印书馆 1980 年版。

97.[美] 希拉里・普特南:《事实与价值二分法的崩溃》，东方出版社 2006 年版。

98.[奥]路德维希・冯・贝塔朗菲:《生命问题——现代生物学思想评价》，商务印书馆 1999 年版。

99.[美] 克里斯蒂安・德蒂夫:《生机勃勃的尘埃——地球生命的气韵和

进化》，上海科技教育出版社 1999 年版。

100.[美] 罗伯特·诺齐克：《无政府、国家与乌托邦》，中国社会科学出版社 1991 年版。

Ⅱ

101. 卢风：《论自然的主体性与自然的价值》，《武汉科技大学学报（社会科学版）》2001 年第 4 期。

102. 叶平：《生态学的形而上学》，《环境与社会》1999 年第 3 期。

103. 叶平：《环境伦理学研究的一个方法论问题——以“河流生命”为例》，《哲学研究》2009 年第 3 期。

104. 林德宏：《“以人为本”刍议》，《南京师大学报（社会科学版）》2003 年第 5 期。

105. 许纪霖：《现代性的歧路：清末民初的社会达尔文主义思潮》，《史学月刊》2010 年第 2 期。

106. 王彬：《赫拉克利特的“生成”观与〈易传〉“生生”观之比较研究》，《孔子研究》2014 年第 5 期。

107. 孙道进：《环境伦理学和价值论困境及其症结》，《科学技术与辩证法》2007 年第 1 期。

108. 毛新志、刘星、向云霞：《论康德的自然目的论思想——兼评现代生物学哲学中的目的性思想》，《理论月刊》2009 年第 3 期。

109. 李承宗：《马克思与罗尔斯顿生态价值观之比较》，《北京大学学报(哲学社会科学版)》2008 年第 3 期。

110. 王国聘：《哲学从文化走向生态世界的历史转向：罗尔斯顿对自然观的一种后现代诠释》，《科学技术哲学研究》2000 年第 5 期。

111. 田海平：《“水”伦理的道德形态学论纲》，《江海学刊》2012 年第 4 期。

112. 王建明、王爱桂：《论水伦理构建的哲学基础》，《河海大学学报（哲学社会科学版）》2012 年第 1 期。

113. 王正平:《面对“水难”的水伦理思考》,《探索与争鸣》2010 年第 8 期。

114. 李映红、黄明理:《论河流的主体性及其内在价值——兼论互主体的河流伦理理念》,《道德与文明》2012 年第 1 期。

115. 沈蓓绯、纪玲妹:《节水型社会背景下的水伦理体系建构》,《河海大学学报(哲学社会科学版)》2010 年第 4 期。

116. 田海平:《环境伦理的基本问题及其展现的哲学改变》,《道德与文明》2007 年第 3 期。

117. 李彩虹:《国际水资源分配的伦理考量》,《河海大学学报》2008 年第 9 期。

118. 吴齐:《水伦理在水资源保护与水权管理中的价值》,《人民长江》2008 年第 18 期。

119. 邱文彦:《海洋新伦理——跨世代的环境正义》,《应用伦理研究通讯》2006 年第 37 期。

120. 曹顺仙、王国聘:《全球化视阈下大坝科技的水伦理审视》,《生态经济》2010 第 10 期。

121.[英] 费克利・哈桑:《建立全球“水伦理”刻不容缓》,《科技潮》1999 年第 9 期。

122. 张真宇、胡述范:《走向和解:一种新的河流伦理观》,《中国水利》2003 年第 8 期。

123. 曹顺仙、王国聘:《论生态危机的全球化》,《生态经济》2009 年第 9 期。

124. 王刚、吕建华:《论海洋伦理及其内涵》,《湖北社会科学》2007 年第 7 期。

125. 周宁、宁宁:《孙中山的互助进化思想》,《兰州学刊》2006 年第 2 期。

126. 吕建华、吴失:《论海洋伦理及其建构》,《中国海洋大学学报(社会科学版)》2012 年第 3 期。

127. 韩星:《儒教是教非教之争的历史起源及启示》,《宗教学研究》2002 年第 2 期。

128. 张涅:《"人定胜天"思想的历史考查和认识》,《东岳论丛》2000 年第 2 期。

129. 佘正荣:《生命共同体:生态伦理学的基础范畴》,《南京林业大学学报(人文社会科学版)》2006 年第 1 期。

130.[苏] P.C. 卡尔宾斯卡娅:《人与自然的共同进化问题》,《国外社会科学》1989 年第 4 期。

131. 孙国庆:《中国内河航运回顾与展望》,《中国水运》2001 年第 1 期。

132. 华利:《毛泽东水利思想初探》,《毛泽东思想论坛》1997 年第 2 期。

133. 顾颉刚:《五德终始说下的政治和历史》,《清华大学学报(自然科学版)》1930 年第 1 期。

134. 马涛、陈家宽:《全球化背景下的生物多样性国际合作》,载薄燕主编:《环境问题与国际关系》,人民出版社 2007 年版。

135. 北京大学哲学系外国哲学史教研室:《赫拉克利特著作残篇》,载《西方哲学原著选读》(上卷),商务印书馆 1981 年版。

136. 甘绍平:《我们需要何种生态伦理?》,载曹孟勤、卢风主编:《中国环境哲学 20 年》(第 2 辑),南京师范大学出版社 2012 年版。

二、外文部分

137.Roderick F. Nash, *The Rights of Nature, A History of Environmental Ethics*, Madison : The University of Wisconsin Press,1989.

138.Donald Worster, *The Wealth of Nature. Environmental History and the Ecological Imagination*, New York : Oxford university Press,1993.

139.Wilhelm Windelband, *An Introduction to Philosophy*, New York : Henry Holt and Company, 1921.

140.Descartes, *Principles of Philosophy*, Dordrecht : D. Reidel Publishing

Company, 1983.

141.Margulis, Lynn Mark McMenamin and Liya Nikolaevna Khakhina etc., *Concept of Symbiogenesis. Editor's Introduction to the English Test*, New Haven : Yale University Press, 1992.

142.Mark Cioe, *The Rhine. An Eco-Biography, 1815–2000*, Seattle : University of Washington Press, 2002.

143.Bill Devall, George Sessions, *Deep Ecology. Living as If Nature Mattered*, Salt Lake City : Peregrine Smith Books,1985.

144.Li, Lillian M., *Fighting Famine in North China State, Market, and Environmental Decline,1960–1990s*, Stanford : Stanford University Press, 2006.

145.Carolyn Merchant, *Radical Ecology. The Search For a Livable World*, New York : Routledge, Chapman & Hall, 1992.

146.J.Baird Callicott and Roger T. Ames ed., *Nature in Asian Traditions of Thought. Essays in Environmental Philosophy*, New York : State University of New York Press,1989.

147.Garrett Hardin,"The Tragedy of the Commons" ,*Science*, 1968（162）.

148.Baird Callicott, "The Metaphysical Implications of Ecology" , *Environmental Ethics*, 1986 (8)

后 记

本书是我主持的相关课题的研究成果。选择水伦理生态哲学基础作为研究对象，对我来说，不是一件容易的事情。一方面，问题的触动和理论的牵引，使我对当代生态环境问题和生态哲学领域的研究情有独钟。对江南水乡水环境污染、水生态破坏等水问题的关注日益成为喝太湖水长大的我的“乡愁”。与此同时，南京林业大学王国聘教授的长期引领、教育以及与国内外生态哲学领域知名学者的广泛交流，滋养着我结合本土问题开展生态哲学研究的学术兴趣。但情趣转化为学术成果却不是件轻而易举的事。另一方面，选题的跨学科性和越时空性使本书在写作过程中遭遇了知、情、意、行等诸多方面的挑战。既要增进对传统中西方相关哲学、伦理学知识的学习和认识，又要跟踪当代生态哲学研究的前沿，深化对其理论内涵的理解和把握。

八年的坚持和探究使我深感在生态哲学本土化进程中基于中国问题展开基础性理论研究的艰难。无论是问题评判还是理论探究都心怀敬畏和忐忑。对此，特别感谢人民出版社的支持；由衷感谢人民出版社洪琼先生的指点、包容和辛勤付出，没有他耐心、细致的审阅，就不会有本书相对完善的出版。

我的工作单位南京林业大学江苏环境与发展研究中心和马克思主义学院是个团结进取的大集体，本书得以出版，离不开环境与发展研究中心王国聘教授对我的提携和帮助，离不开马克思主义学院全体同人的鼓励、支持，在此深表感谢!

在本书出版之时，我还要感谢江苏省教育厅、江苏省规划办、教育部社科司等相关部门的资助，感谢家人、研究生无私的关爱和鼎力相助。

限于本人的学术水平，本书不当之处在所难免，敬请各位前辈、同人批评指正！我也会秉持学习只有进行时、研究永远在路上的学术品性，坚持在理论与实践相结合的学术道路上不断前行。

曹顺仙

2018 年 7 月 8 日

责任编辑：洪　琼

图书在版编目（CIP）数据

水伦理的生态哲学基础研究 / 曹顺仙 著. —北京：人民出版社，2018.12
ISBN 978－7－01－019581－0

I. ①水…　II. ①曹…　III. ①水－伦理学－研究　IV. ① P33－02

中国版本图书馆 CIP 数据核字（2018）第 167311 号

水伦理的生态哲学基础研究

SHUILUNLI DE SHENGTAI ZHEXUE JICHU YANJIU

曹顺仙　著

人民出版社 出版发行
（100706　北京市东城区隆福寺街 99 号）

北京中科印刷有限公司印刷　新华书店经销

2018 年 12 月第 1 版　2018 年 12 月北京第 1 次印刷
开本：710 毫米 ×1000 毫米 1/16　印张：24
字数：330 千字

ISBN 978－7－01－019581－0　定价：79.00 元

邮购地址 100706　北京市东城区隆福寺街 99 号
人民东方图书销售中心　电话（010）65250042　65289539